2022 개정 교육과정에 맞춰
백점 과학은 이렇게 바뀌었어요.

2022 교육과정 주요 변화	백점 과학

자기주도학습 강조

학생 스스로 공부 계획을 세워 실천하고 평가
할 수 있도록 자기주도성을 키웁니다.

하루 4쪽 학습 구성

하루 4쪽 학습으로 학생 스스로 계획을 세우고
학습을 관리할 수 있습니다.

기초 소양 교육 강화

미래 변화에 대응하기 위해 필요한 역량으로
언어 소양, 수리 소양, 디지털 소양 교육을
강화합니다.

어휘와 문해력 학습 제공

과목별 교과 어휘 학습과 디지털 문해력
학습으로 언어 소양과 디지털 소양 역량을
키웁니다.

언어 소양

텍스트의 맥락을 이해하여 글쓰기 등으로
표현하고 소통하는 능력

수리 소양

다양한 상황에서 수학적 정보를 이해하고
해석하며 활용하는 능력

디지털 소양

디지털 도구를 사용하여 정보를 수집하고
분석하여 문제를 해결하는 능력

평가 방식 다양화

학생들의 학습 성취도에 따라 개인별 맞춤형
평가 및 서술형 평가를 확대합니다.

수행 평가 및 수준별 단원 평가 제공

다양한 서술형 유형 및 수행 평가 비중을 확대
하였습니다.

맞춤형 평가에 대비하여 수준별 단원 평가를
단원별 A단계, B단계 2회 제공합니다.

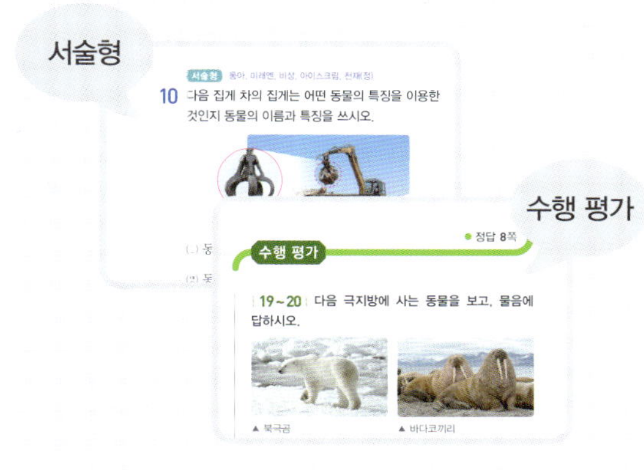

학습 진도표

이용 방법

- 계획한 날짜를 쓰기
- 학습을 끝낸 후 색칠하기

1. 힘과 우리 생활

1회 (10~13쪽)
밀거나
당길 때의 힘

월   일

2. 동물의 생활

3회 (44~47쪽)
물에
사는 동물

월   일

2회 (40~43쪽)
땅에
사는 동물

월   일

1회 (36~39쪽)
동물의 분류

월   일

4회 (48~51쪽)
사막이나 극지방에
사는 동물

월   일

5회 (52~55쪽)
환경에 따른
동물의 특징과 이용

월   일

6회 (56~59쪽)
마무리 평가

월   일

4. 생물의 한살이

1회 (88~91쪽)
배추흰나비의
한살이

월   일

평가북
단원 평가

월   일

6회 (82~85쪽)
마무리 평가

월   일

2회 (92~95쪽)
다양한 동물의
한살이

월   일

3회 (96~99쪽)
씨가 싹 트는 데
필요한 조건

월   일

4회 (100~103쪽)
식물이 자라는 데
필요한 조건

월   일

백점 과학과 내 교과서 비교하기

활용 방법

1. 오늘 공부할 단원과 내용을 찾습니다.
2. 내가 배우는 교과서의 출판사명에서 공부할 내용에 해당하는 쪽수를 찾습니다.
3. 찾은 쪽수와 해당하는 백점 과학은 몇 쪽인지 확인합니다.

단원명	1. 힘과 우리 생활 ① 밀거나 당길 때의 힘 ② 수평 잡기로 무게 비교하기 ③ 저울로 무게 비교하기 ④ 용수철저울로 무게 비교하기 ⑤ 지레와 빗면	2. 동물의 생활 ① 동물의 분류 ② 땅에 사는 동물 ③ 물에 사는 동물 ④ 사막이나 극지방에 사는 동물 ⑤ 환경에 따른 동물의 특징과 이용	3. 식물의 생활 ① 잎의 특징에 따라 분류하기 ② 들이나 산에 사는 식물 ③ 강이나 연못에 사는 식물 ④ 사막이나 높은 산에 사는 식물 ⑤ 갯벌의 식물, 식물의 특징 이용	4. 생물의 한살이 ① 배추흰나비의 한살이 ② 다양한 동물의 한살이 ③ 씨가 싹 트는 데 필요한 조건 ④ 식물이 자라는 데 필요한 조건 ⑤ 다양한 식물의 한살이
백점 과학 쪽수	8~33	34~59	60~85	86~111

교과서별 쪽수	출판사	1. 힘과 우리 생활	2. 동물의 생활	3. 식물의 생활	4. 생물의 한살이
	동아출판	10~31	32~55	56~77	78~101
	미래엔	8~33	34~59	60~85	86~11˙
	비상교육	12~37	38~63	64~89	90~117
	지학사	16~41	42~65	66~91	92~117
	아이스크림 미디어	14~35	36~59	60~83	84~111
	천재교과서 (이상원)	16~41	42~65	66~91	92~117
	천재교과서 (정용재)	10~35	36~61	62~87	88~119

백점

과학 3·1

개념북

구성과 특징

개념북 자기주도학습을 위한 **"하루 4쪽"** 구성

(개념 학습 + 문제 학습)

| **개념 학습** | 핵심 개념을 학습한 후 핵심 문장 쓰기를 통해 개념을 쉽게 이해할 수 있습니다.

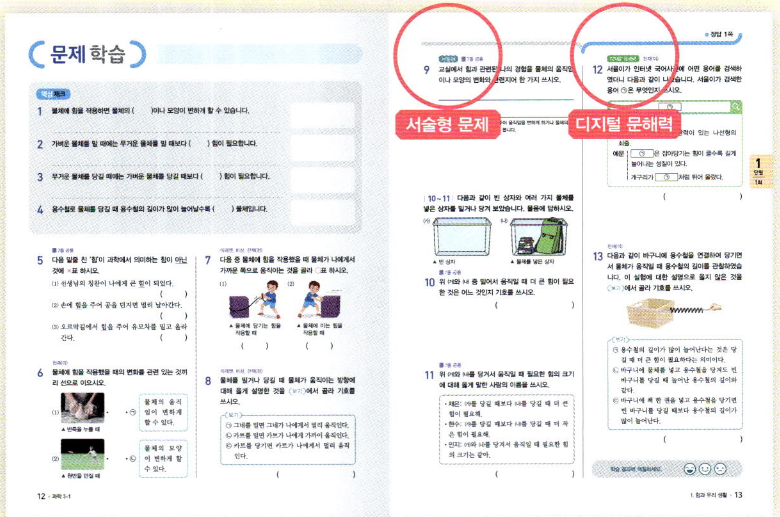

| **문제 학습** | 핵심 체크 문제와 서술형 문제 등 다양한 유형의 문제를 통해 실력을 쌓을 수 있습니다.
디지털 문해력: 디지털 매체 소재를 활용한 문제

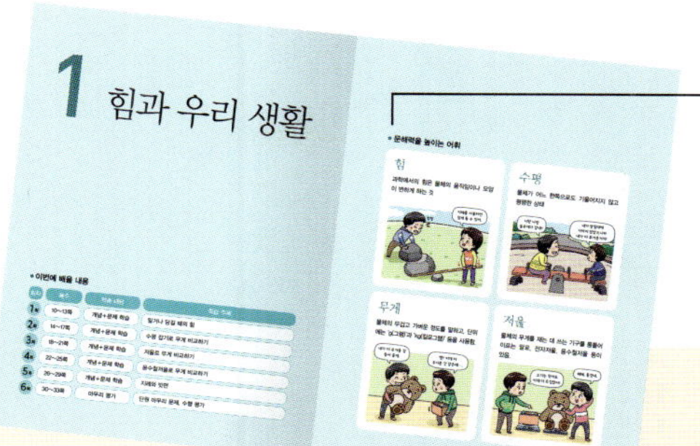

문해력을 높이는 어휘
교과서 어휘의 뜻과 그림 속
이야기를 통해 문해력 향상

평가북 맞춤형 평가 대비
수준별 단원 평가

마무리 평가

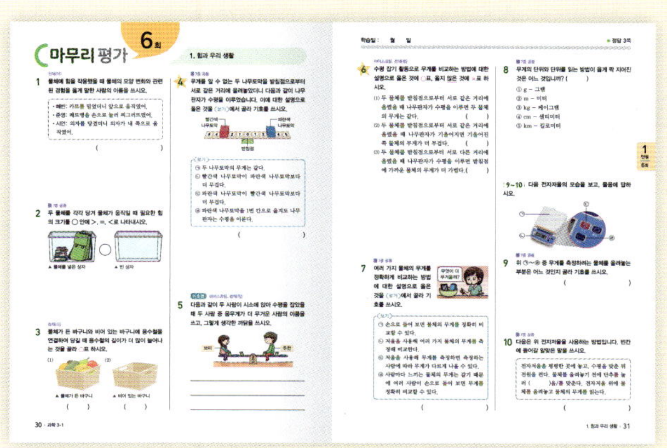

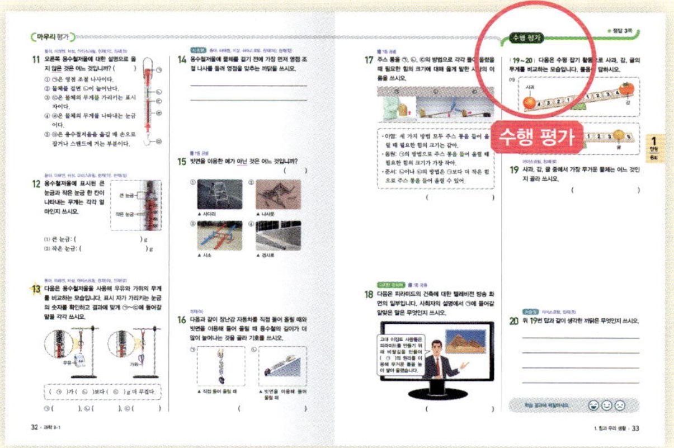

한 단원을 마무리하며 실력을 점검할 수 있습니다.
수행 평가: 학교 수행 평가에 대비할 수 있는 문제

단원 핵심 개념

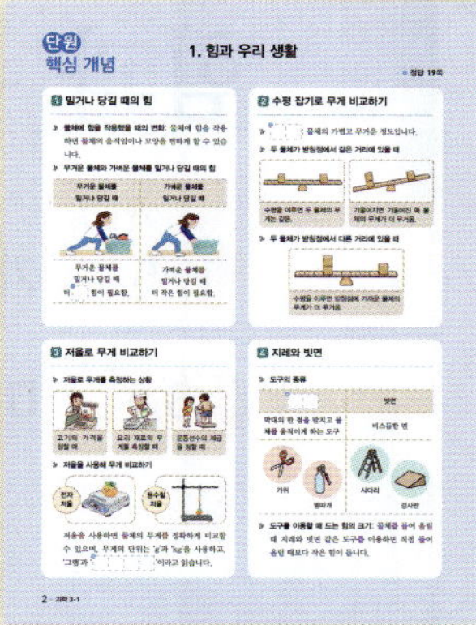

단원 핵심 개념을 정리하고, 배운 내용을 확인할 수
있습니다.

단원 평가 A단계, B단계

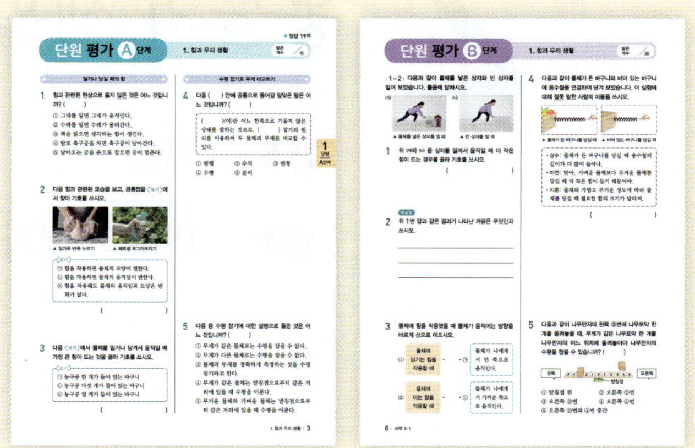

단원별 학습 성취도를 확인하고, 학교 단원 평가에 대
비할 수 있도록 수준별로 A단계, B단계로 구성하였습
니다.

차 례

실험실 안전 수칙

○ 안전한 탐구 활동을 위해 실험실 안전 수칙을 익히고, 잘 지키도록 합니다.

실험하기 전

실험실에서는 항상 선생님의 안내에 따라요.

소화기의 위치와 사용 방법을 알아 둬요.

실험실에서는 항상 실험복과 보안경을 착용하고, 긴 머리를 단정히 묶어요.

실험하는 동안

날카로운 물체는 조심히 다뤄요.

실험 기구의 사용 방법을 확인하고 사용해요.

핫플레이트를 사용할 때 화상을 입지 않게 가까이하지 않고, 반드시 면장갑을 착용해요

실험실에서 장난치거나 뛰어다니지 않아요.

기체가 발생하는 실험은 환기가
잘되는 실험실에서 해야 해요.

젖은 손으로 전기 기구의
전선을 만지지 않아요.

시험관 입구가 사람을
향하지 않게 해요.

함부로 실험 재료의 맛을 보거나,
냄새를 맡지 않아요.

실험실에서는 음식을 먹거나
음료수를 마시지 않아요.

사용한 약품은 선생님의 안내에
따라 정해진 곳에 버려요.

사용한 실험 기구는 선생님의
안내에 따라 깨끗이 씻어요.

실험 기구와 주변을 정리하고,
반드시 손을 깨끗이 씻어요.

1 힘과 우리 생활

힘

과학에서의 힘은 물체의 움직임이나 모양이 변하게 하는 것

수평

물체가 어느 한쪽으로도 기울어지지 않고 평평한 상태

무게

물체의 무겁고 가벼운 정도를 말하고, 단위는 'g(그램)'과 'kg(킬로그램)' 등을 사용함.

저울

물체의 무게를 재는 데 쓰는 기구를 통틀어 이르는 말로, 전자저울, 용수철저울 등이 있음.

1 우리 생활 속 힘

(1) 생활 속 힘과 관련된 경험 ✚

(2) 물체에 힘을 *작용했을 때 변화

① 물체에 힘을 작용하면 물체의 움직임을 변하게 할 수 있습니다.
멈춰 있던 물체가 움직이기도 하고, 움직이던 물체가 멈추기도 해요.

힘을 주어 그네를 밀면 그네가 움직입니다.

축구공을 발로 차면 축구공이 날아갑니다.

원반을 던지면 멀리 날아갑니다.

② 물체에 힘을 작용하면 물체의 모양이 변하게 할 수 있습니다.

두꺼운 밀가루 반죽을 누르면 얇게 펼 수 있습니다.

고무 밴드를 잡아 당기면 길게 늘일 수 있습니다.

손에 힘을 주어 페트병을 찌그러뜨릴 수 있습니다.

2 물체를 밀거나 당길 때의 힘

(1) 물체를 밀거나 당겨 본 경험

① 교실에서 의자에 앉으려고 의자를 당겼습니다. ➡ 물체에 당기는 힘을 작용하면 물체가 나에게서 가까운 쪽으로 움직입니다.

② 마트에서 장을 볼 때 카트를 밀었습니다. ➡ 물체에 미는 힘을 작용하면 물체가 나에게서 먼 쪽으로 움직입니다. ✚

(2) 무거운 물체와 가벼운 물체를 밀 때의 특징

① 물체의 무거운 정도에 따라 움직일 때 필요한 힘의 크기가 다릅니다.

② 물체가 무거울수록 물체를 밀어서 움직일 때 더 큰 힘이 필요합니다.

③ 물체가 가벼울수록 물체를 밀어서 움직일 때 더 작은 힘이 필요합니다.

✚ **힘의 의미**

우리는 일상생활에서 힘이라는 말을 여러 가지 뜻으로 사용합니다. 과학에서의 힘은 물체의 움직임이나 모양을 변하게 하는 것을 말합니다. '공부하기가 힘들다.', '선생님의 말씀이 힘이 된다.'의 힘은 과학에서 말하는 힘이 아닙니다.

✚ **물체에 힘을 작용했을 때 물체가 움직이는 방향**

물체에 힘을 작용하는 방향에 따라 물체가 움직이는 방향이 달라지기도 합니다. 물체에 미는 힘을 작용하면 물체가 나에게서 먼 쪽으로 움직이고, 물체에 당기는 힘을 작용하면 물체가 나에게서 가까운 쪽으로 움직입니다.

용어 사전

★ **작용** 어떠한 현상이나 행동을 생기게 하는 것. 또는 그런 현상이나 행동.

교과서 | 대표 탐구

무거운 물체와 가벼운 물체를 밀 때의 특징

| 과정 |

❶ 한 상자는 여러 가지 물체를 넣고, 다른 상자는 비워 둡니다.

❷ 두 상자를 각각 밀어 보며 느낀 힘의 크기를 비교해 봅니다.

| 결과 |

물체를 넣은 상자를 밀 때	빈 상자를 밀 때
물체를 넣은 상자를 밀 때 더 큰 힘이 들었음.	빈 상자를 밀 때 더 작은 힘이 들었음.

정리

무거운 물체를 밀 때에는 큰 힘이 필요하고, 가벼운 물체를 밀 때에는 무거운 물체를 밀 때보다 작은 힘이 필요합니다.

(3) 무거운 물체와 가벼운 물체를 당길 때의 특징

① 물체가 든 바구니와 비어 있는 바구니에 *용수철을 연결하여 바구니가 움직일 때의 용수철 길이를 관찰합니다. ➕

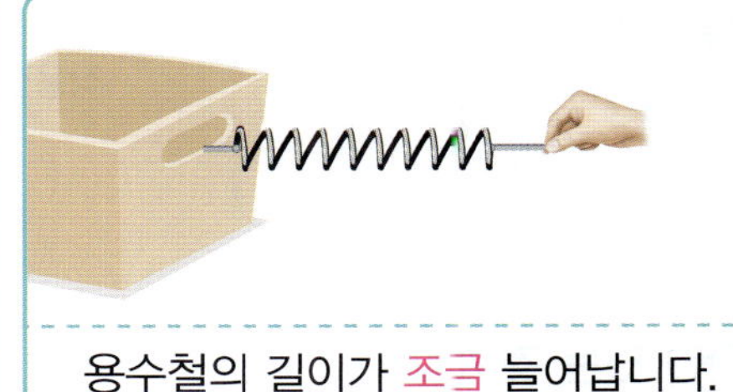

물체가 든 바구니를 당길 때	비어 있는 바구니를 당길 때
용수철의 길이가 많이 늘어납니다.	용수철의 길이가 조금 늘어납니다.

② 가벼운 물체보다 무거운 물체를 당길 때 용수철의 길이가 많이 늘어나는 까닭은 무거운 물체를 당길 때 더 큰 힘이 필요하기 때문입니다.

탐구 팩트 물체의 크기가 클수록 무거운 걸까?

물체의 크기가 크다고 해서 무거운 것은 아니야. 작은 크기의 쇠구슬이 큰 크기의 플라스틱 구슬보다 무거운 것을 생각하면 이해할 수 있어.

➕ **용수철의 성질**

용수철은 잡아당기는 힘이 클수록 길게 늘어나는 성질이 있습니다.

용어 사전

★ **용수철** 나선형으로 된 쇠줄. 힘을 작용하면 모양이 변하고 힘을 제거하면 원래의 모양으로 돌아가려는 성질이 있음.

핵심만 한번 더 쓰면서 정리 !

무거운 물체를 밀거나 당길 때에는 큰 힘 이 필요함.

물체의 무거운 정도에 따른 힘의 크기

가벼운 물체를 밀거나 당길 때에는 작은 힘이 필요함.

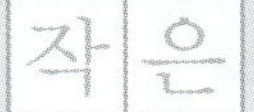

핵심 체크

1 물체에 힘을 작용하면 물체의 (   )이나 모양이 변하게 할 수 있습니다.

2 가벼운 물체를 밀 때에는 무거운 물체를 밀 때보다 (   ) 힘이 필요합니다.

3 무거운 물체를 당길 때에는 가벼운 물체를 당길 때보다 (   ) 힘이 필요합니다.

4 용수철로 물체를 당길 때 용수철의 길이가 많이 늘어날수록 (   ) 물체입니다.

■ 7종 공통

5 다음 밑줄 친 '힘'이 과학에서 의미하는 힘이 **아닌** 것에 ×표 하시오.

(1) 선생님의 칭찬이 나에게 큰 <u>힘</u>이 되었다.
(   )

(2) 손에 <u>힘</u>을 주어 공을 던지면 멀리 날아간다.
(   )

(3) 오르막길에서 <u>힘</u>을 주어 유모차를 밀고 올라 간다.
(   )

천재(이)

6 물체에 힘을 작용했을 때의 변화를 관련 있는 것끼 리 선으로 이으시오.

(1) ▲ 반죽을 누를 때

· ㉠ 물체의 움직임이 변하게 할 수 있다.

(2) ▲ 원반을 던질 때

· ㉡ 물체의 모양이 변하게 할 수 있다.

미래엔, 비상, 천재(정)

7 다음 중 물체에 힘을 작용했을 때 물체가 나에게서 가까운 쪽으로 움직이는 것을 골라 ○표 하시오.

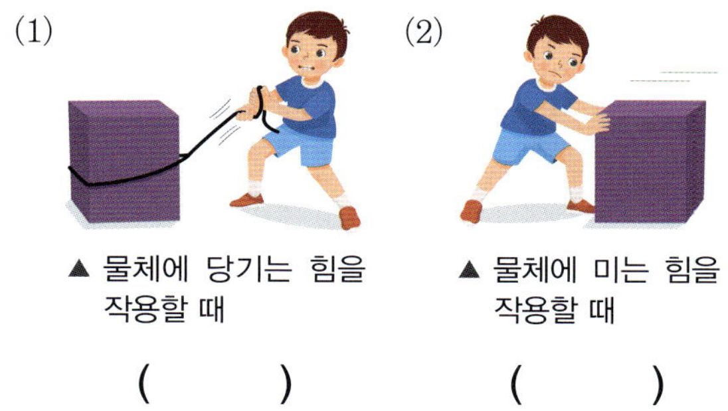

(1) ▲ 물체에 당기는 힘을 작용할 때
(   )

(2) ▲ 물체에 미는 힘을 작용할 때
(   )

미래엔, 비상, 천재(정)

8 물체를 밀거나 당길 때 물체가 움직이는 방향에 대해 옳게 설명한 것을 (보기)에서 골라 기호를 쓰시오.

(보기)
㉠ 그네를 밀면 그네가 나에게서 멀리 움직인다.
㉡ 카트를 밀면 카트가 나에게 가까이 움직인다.
㉢ 카트를 당기면 카트가 나에게서 멀리 움직 인다.

(   )

서술형 📖 7종 공통

9 교실에서 힘과 관련된 나의 경험을 물체의 움직임이나 모양의 변화와 관련지어 한 가지 쓰시오.

____

도움말 교실에서 물체에 힘을 주어 움직임을 변하게 하거나 물체의 모양을 변하게 했던 경험을 떠올려 봅니다.

| **10~11** | 다음과 같이 빈 상자와 여러 가지 물체를 넣은 상자를 밀거나 당겨 보았습니다. 물음에 답하시오.

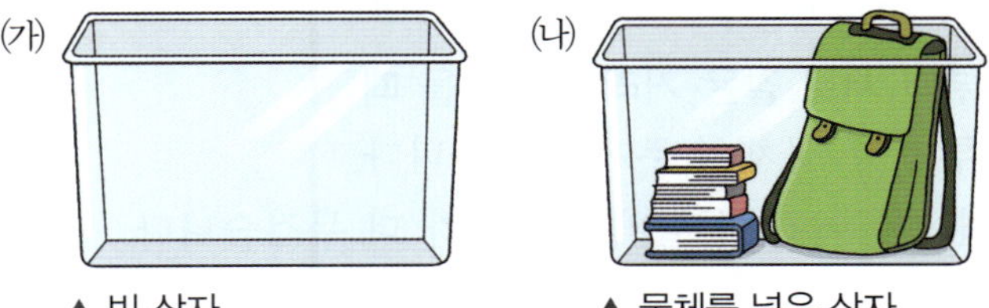

(가) ▲ 빈 상자

(나) ▲ 물체를 넣은 상자

📖 7종 공통

10 위 (가)와 (나) 중 밀어서 움직일 때 더 큰 힘이 필요한 것은 어느 것인지 기호를 쓰시오.

( )

📖 7종 공통

11 위 (가)와 (나)를 당겨서 움직일 때 필요한 힘의 크기에 대해 옳게 말한 사람의 이름을 쓰시오.

- 채은: (가)를 당길 때보다 (나)를 당길 때 더 큰 힘이 필요해.
- 현수: (가)를 당길 때보다 (나)를 당길 때 더 작은 힘이 필요해.
- 민지: (가)와 (나)를 당겨서 움직일 때 필요한 힘의 크기는 같아.

( )

디지털 문해력 천재(이)

12 서율이가 인터넷 국어사전에 어떤 용어를 검색하였더니 다음과 같이 나왔습니다. 서율이가 검색한 용어 ㉠은 무엇인지 쓰시오.

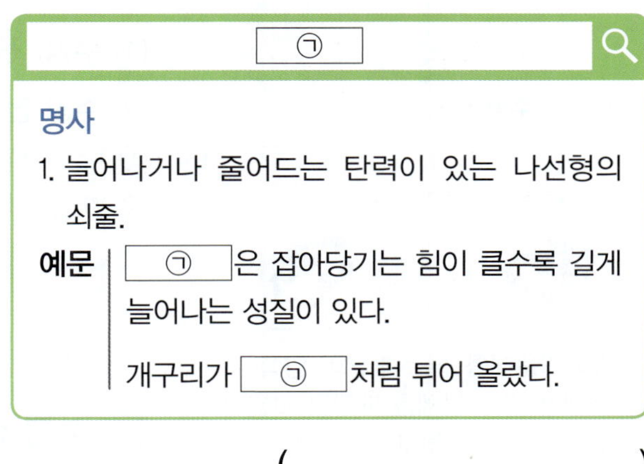

명사

1. 늘어나거나 줄어드는 탄력이 있는 나선형의 쇠줄.

예문 | ㉠ 은 잡아당기는 힘이 클수록 길게 늘어나는 성질이 있다.

개구리가 ㉠ 처럼 튀어 올랐다.

( )

천재(이)

13 다음과 같이 바구니에 용수철을 연결하여 당기면서 물체가 움직일 때 용수철의 길이를 관찰하였습니다. 이 실험에 대한 설명으로 옳지 <u>않은</u> 것을 (보기)에서 골라 기호를 쓰시오.

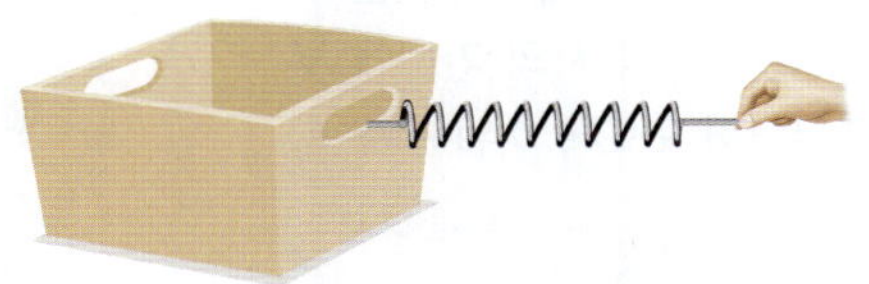

(보기)

㉠ 용수철의 길이가 많이 늘어난다는 것은 당길 때 더 큰 힘이 필요하다는 의미이다.

㉡ 바구니에 물체를 넣고 용수철을 당겨도 빈 바구니를 당길 때 늘어난 용수철의 길이와 같다.

㉢ 바구니에 책 한 권을 넣고 용수철을 당기면 빈 바구니를 당길 때보다 용수철의 길이가 많이 늘어난다.

( )

학습 결과에 색칠하세요.   

1 단원 1회

1 수평 잡기

(1) **수평**: 물체가 어느 한쪽으로도 기울어지지 않고 평평한 상태를 말합니다.

(2) **수평 잡기**

① 나무판자의 가운데 아래에 받침대가 위치하도록 놓으면 수평이 됩니다.

② 받침대가 나무판자를 받치고 있는 점을 받침점이라고 합니다. ➕

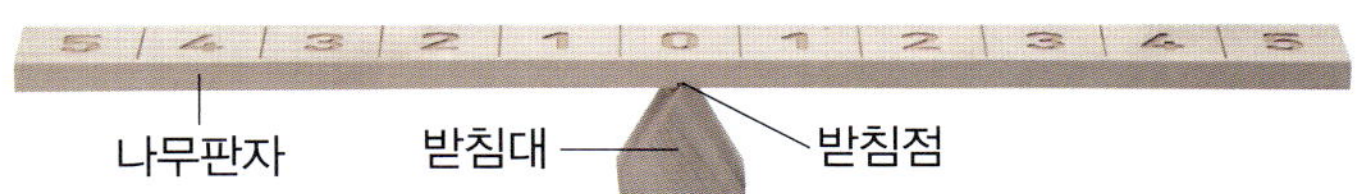

2 수평 잡기로 물체의 무게 비교하기

(1) **무게**: 물체의 가볍고 무거운 정도를 무게라고 합니다. 수평이 된 나무판자 양쪽에 두 물체를 올려 무게를 비교할 수 있습니다.

(2) **두 물체를 받침점으로부터 서로 같은 거리에 올렸을 때**

① 나무판자가 수평을 이루면 두 물체의 무게는 같습니다.

② 나무판자가 기울어지면 기울어진 쪽 물체의 무게가 더 무겁습니다.

교과서　대표 탐구　실험동영상

수평 잡기 활동으로 무게 비교하기

| 과정 |

❶ 플라스틱 자를 휴지 심 위에 올려놓고 고무줄로 고정한 뒤, 플라스틱 자가 수평을 이루게 합니다.

❷ 무게가 같은 나무토막을 플라스틱 자의 양 끝에 각각 올리고, 플라스틱 자의 움직임을 관찰합니다.

❸ 나무토막 한 개와 나무토막 두 개를 플라스틱 자의 양 끝에 각각 올리고, 플라스틱 자의 움직임을 관찰합니다.

| 결과 |

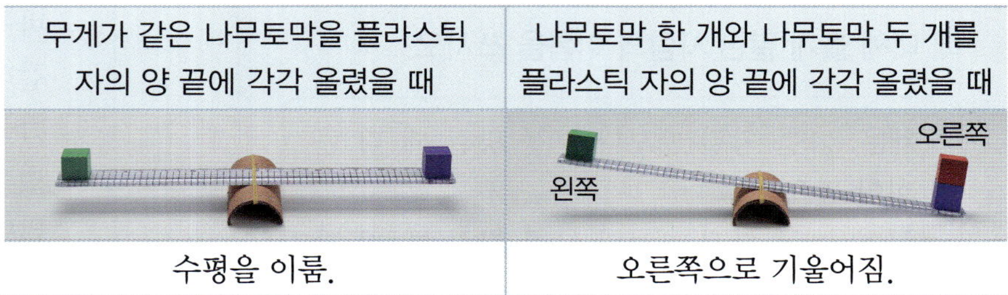

무게가 같은 나무토막을 플라스틱 자의 양 끝에 각각 올렸을 때	나무토막 한 개와 나무토막 두 개를 플라스틱 자의 양 끝에 각각 올렸을 때
수평을 이룸.	오른쪽으로 기울어짐.

정리

중심에서 같은 거리에 무게가 같은 물체를 올려놓으면 수평을 이루고, 무게가 다른 물체를 올려놓으면 무거운 쪽으로 기울어집니다.

➕ 모빌로 수평 잡기

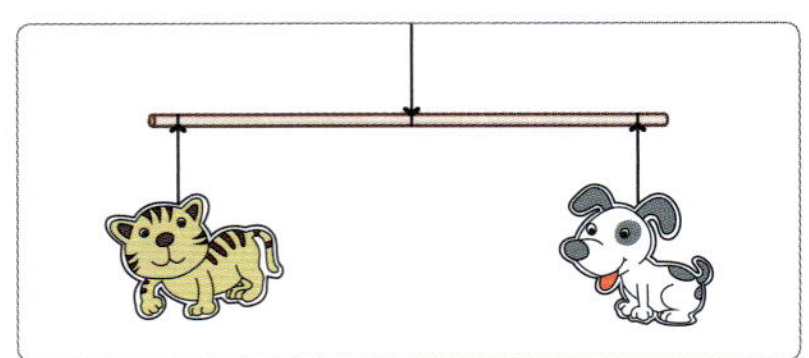

막대의 가운데를 실로 매달아 양쪽 끝에 무게가 같은 물체를 매달면 모빌의 수평을 잡을 수 있습니다.

탐구 팩트　플라스틱 자가 수평을 이루게 하려면 어떻게 해야 할까?

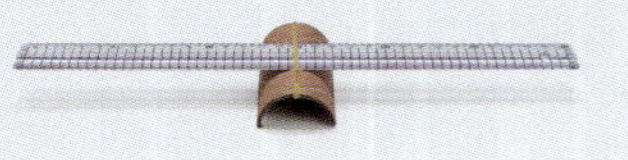

용어 사전

★ **모빌**　여러 가지 모양의 조각을 가느다란 철사, 실 등으로 매달아 수평을 이루게 한 것.

(3) **두 물체를 받침점으로부터 서로 다른 거리에 올렸을 때**: 나무판자가 수평을 이루면 받침점에 가까운 물체의 무게가 더 무겁습니다.

3 *시소에서 수평 잡기 →시소는 수평 잡기의 원리를 이용한 놀이 기구예요.

(1) **몸무게가 같은 두 사람의 수평 잡기**: 두 사람이 시소의 받침점으로부터 같은 거리에 앉으면 시소의 수평을 잡을 수 있습니다.

(2) **몸무게가 다른 두 사람의 수평 잡기**: 무거운 사람이 가벼운 사람보다 시소의 받침점에서 가까운 쪽에 앉으면 시소의 수평을 잡을 수 있습니다.

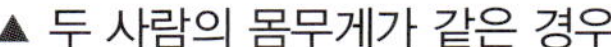

▲ 두 사람의 몸무게가 같은 경우

▲ 두 사람의 몸무게가 다른 경우

➕ 수평 잡기를 이용한 양팔저울

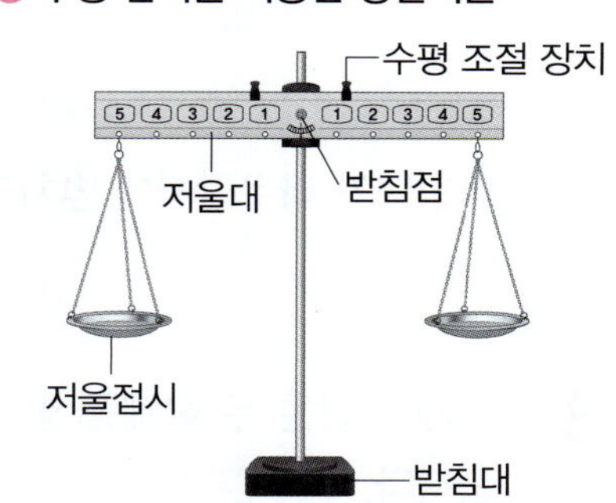

양팔저울은 수평 잡기를 이용한 저울로, 긴 저울대의 양쪽 끝에 저울접시가 매달려 있고 저울대의 가운데에 받침점이 있습니다. 수평 조절 장치로 저울대의 수평을 맞춘 후 저울접시에 물체를 올려놓아 무게를 비교할 수 있습니다.

용어 사전

✱ **시소** 긴 널빤지의 한가운데를 괴어, 그 양쪽 끝에 사람이 타고 서로 오르락내리락하는 놀이 기구.

핵심만 한번 더 쓰면서 정리 !

두 물체가 받침점으로부터 서로 같은 거리에 있을 때	나무판자가 수평을 이루면 → 두 물체의 무게는 　같　음　.
	나무판자가 기울어지면 → 기울어진 쪽 물체의 무게가 더 　무　거　움　.
두 물체가 받침점으로부터 서로 다른 거리에 있을 때	나무판자가 수평을 이루면 → 받침점에 더 　가　까　운　 물체의 무게가 더 무거움.

핵심 체크

1 물체가 어느 한쪽으로도 기울어지지 않고 평평한 상태를 ( )이라고 합니다.

2 받침대가 나무판자를 받치고 있는 점을 ( )이라고 합니다.

3 무게가 같은 두 물체를 받침점으로부터 ( ) 거리에 올리면 나무판자가 수평을 이룹니다.

4 몸무게가 무거운 사람이 가벼운 사람보다 시소의 받침점에서 ( ) 쪽에 앉아야 시소의 수평을 잡을 수 있습니다.

■ 7종 공통

5 다음 빈칸에 공통으로 들어갈 알맞은 말은 무엇인지 쓰시오.

> • ( )은/는 물체의 가볍고 무거운 정도를 말한다.
> • 수평인 나무판자 양쪽에 두 물체를 올려 ( )을/를 비교할 수 있다.

( )

■ 7종 공통

6 다음과 같이 수평을 이룬 플라스틱 자의 양 끝에 나무토막을 한 개씩 올렸더니 수평을 이루었습니다. ㉠과 ㉡ 나무토막의 무게를 비교하여 ○ 안에 >, =, <로 나타내시오.

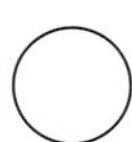

㉠ 나무토막의 무게	○	㉡ 나무토막의 무게

■ 7종 공통

7 무게가 같은 나무토막으로 나무판자의 수평을 잡으려고 합니다. 나무토막 한 개를 오른쪽 몇 번에 올려놓아야 하는지 번호를 쓰시오.

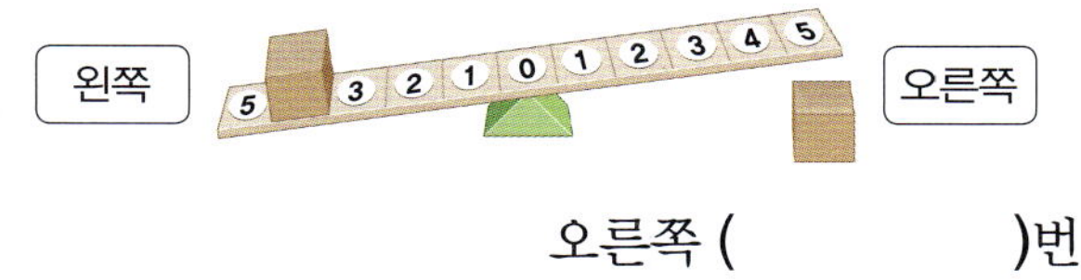

오른쪽 ( )번

아이스크림, 천재(정)

8 나무판자가 수평을 잡은 모습을 보고, 알 수 있는 사실로 옳은 것을 (보기)에서 골라 기호를 쓰시오.

> (보기)
> ㉠ 사과보다 배가 더 무겁다.
> ㉡ 배보다 사과가 더 무겁다.
> ㉢ 사과와 배의 무게는 같다.

( )

서술형 ▮ 7종 공통

9 크기와 무게가 같은 나무토막 세 개를 나무판자 위에 다음과 같이 올려놓으면 나무판자는 어떻게 되는지 쓰시오.

> 왼쪽 ④번에 나무토막 한 개를 올려놓고, 오른쪽 ④번에 나무토막 두 개를 올려놓는다.
>
> 왼쪽 5 4 3 2 1 0 1 2 3 4 5 오른쪽
> 받침점

___

도움말 받침점으로부터 같은 거리에 무게가 다른 물체를 올려놓았을 때 나무판자가 어떻게 되는지 생각해 봅니다.

▮ 7종 공통

10 수평 잡기를 이용해 지우개, 가위, 풀의 무게를 비교한 결과가 다음과 같을 때 무게가 가장 무거운 것은 어느 것인지 쓰시오.

> • 받침점으로부터 같은 거리에 지우개와 풀을 올렸더니 나무판자가 수평이 되었다.
> • 받침점으로부터 같은 거리에 지우개와 가위를 올렸더니 나무판자가 가위 쪽으로 기울어졌다.
> • 받침점으로부터 같은 거리에 가위와 풀을 올렸더니 나무판자가 가위 쪽으로 기울어졌다.

( )

아이스크림, 천재(정)

11 다음 빈칸에 들어갈 알맞은 말에 각각 ○표 하시오.

> 무게가 서로 다른 나무토막으로 수평을 잡으려면 ㉠ (가벼운, 무거운) 나무토막을 ㉡ (가벼운, 무거운) 나무토막보다 받침점에 더 가까이 놓아야 한다.

디지털 문해력 ▮ 7종 공통

12 선생님께서 수평 잡기를 이용한 놀이 기구에 대해 조사해 오라고 하셨습니다. 재준이는 숙제를 하기 위해 인터넷으로 아래와 같이 검색하였습니다. 재준이가 클릭해야 하는 이미지는 어느 것입니까?

( )

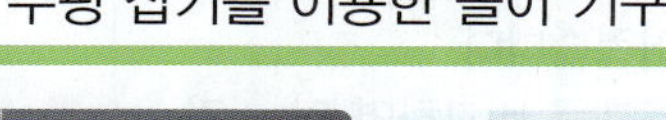

양팔저울 만들기 – 집에서 만…
블로그

재미있는 시소 타기 – 원리를…
블로그

미끄럼틀 제작 업체 – 안전한…
카페

비눗방울 놀이
블로그

아이스크림, 천재(정)

13 다음과 같이 두 사람이 시소에 앉아 수평을 잡았습니다. 두 사람 중 몸무게가 더 가벼운 사람의 이름을 쓰시오.

( )

학습 결과에 색칠하세요.   

1 저울의 필요성

(1) 저울이 필요한 까닭: 물체를 손으로 들어 보면 어느 물체가 더 무거운지 *어림할 수 있지만, 사람마다 무게를 다르게 느낄 수 있기 때문에 물체의 무게를 정확히 비교할 수 없습니다. 저울을 사용하면 물체의 무게를 정확하게 *측정할 수 있습니다. ➕

(2) 여러 가지 저울

① 저울을 사용해 물체의 무게를 측정하면 저울의 숫자와 단위를 확인해 무게를 정확하게 알 수 있습니다.

② 무게의 단위: 'g'과 'kg'을 사용하고, '그램'과 '킬로그램'이라고 읽습니다.

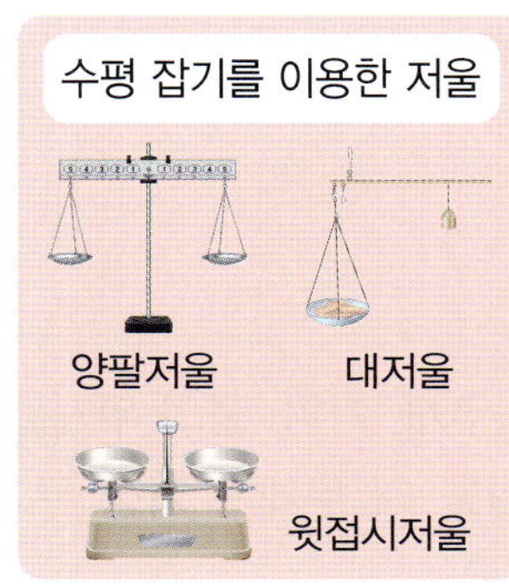

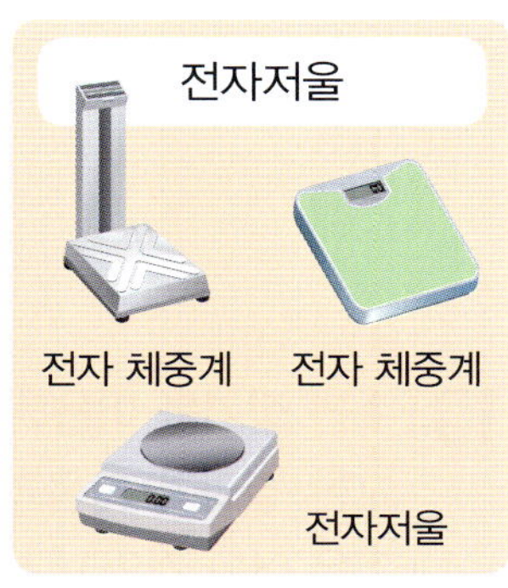

(3) 저울을 사용해 무게를 측정해야 하는 상황 ➕

① 우체국: 우편물의 무게를 저울로 측정하여 무게에 따라 요금을 정합니다.

② 마트: 고기나 채소의 무게를 저울로 측정하여 무게에 따라 가격을 정합니다.

③ 요리할 때: 재료의 무게를 저울로 측정하여 음식의 맛을 일정하게 냅니다.

④ 공항: 비행기에 실을 가방의 무게를 저울로 측정합니다.

⑤ 건강 검진: 몸무게를 체중계로 측정하여 몸무게의 변화를 비교합니다.

⑥ 음식물 쓰레기 종량기에 들어 있는 전자저울로 음식물 쓰레기의 무게를 측정하여 요금을 정합니다.

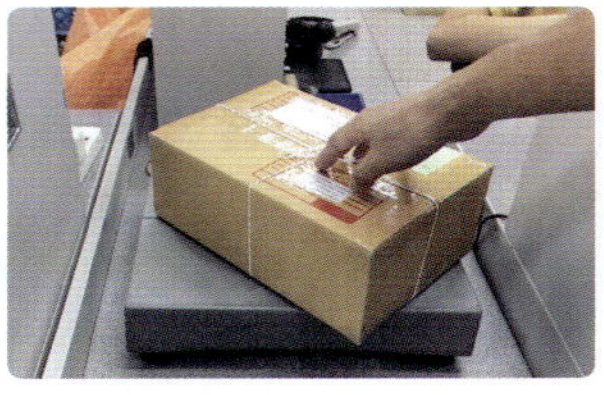

▲ 우편물의 무게 측정

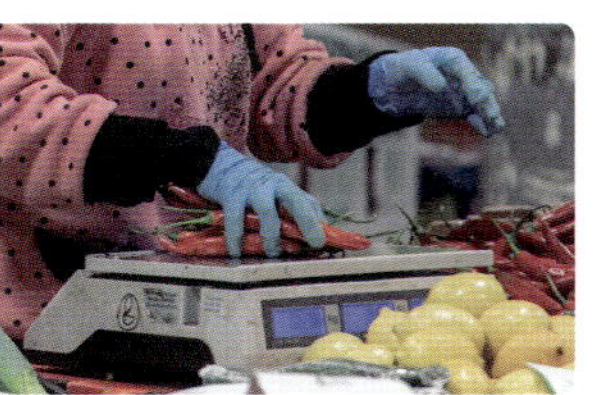

▲ 고기나 채소의 무게 측정

▲ 요리 재료의 무게 측정

▲ 비행기에 실을 가방의 무게 측정

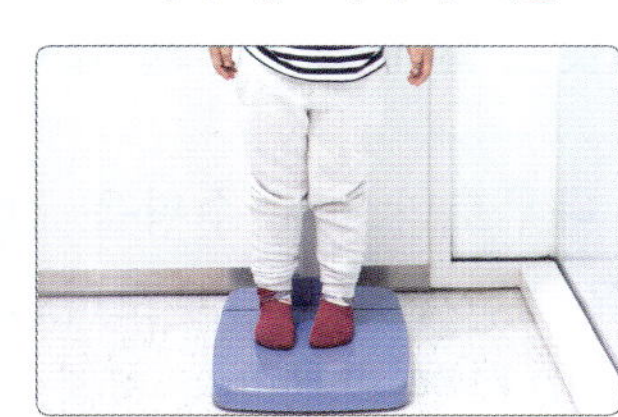

▲ 몸무게 측정

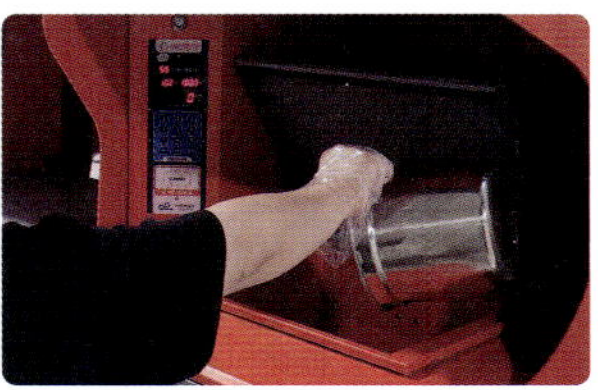

▲ 음식물 쓰레기의 무게 측정

➕ **무게를 비교하는 방법의 차이점**

· 손으로 물체를 들어 무게를 비교하면 무게가 비슷한 물체는 무게를 정확하게 비교하기 어렵습니다.

· 수평 잡기로 무게를 비교하면 어느 것이 무거운지는 알 수 있으나 얼마나 차이가 나는지 정확하게 알 수 없습니다.

· 저울로 무게를 재면 물체의 무게를 정확하게 비교할 수 있습니다.

➕ **태권도 경기를 하기 전에 운동선수들의 몸무게를 정확하게 측정하는 까닭**

운동선수의 몸무게에 따라 *체급을 정확하게 나누어야 몸무게가 비슷한 선수끼리 공정하게 경기를 할 수 있기 때문입니다.

용어 사전

★ **어림** 대강 짐작으로 헤아림.

★ **측정** 일정한 양을 기준으로 하여 같은 종류의 다른 양의 크기를 잼.

★ **체급** 권투, 레슬링, 유도, 역도, 태권도 등에서 선수의 몸무게에 따라 매겨진 등급.

2 전자저울로 물체의 무게 비교하기

(1) 전자저울의 생김새

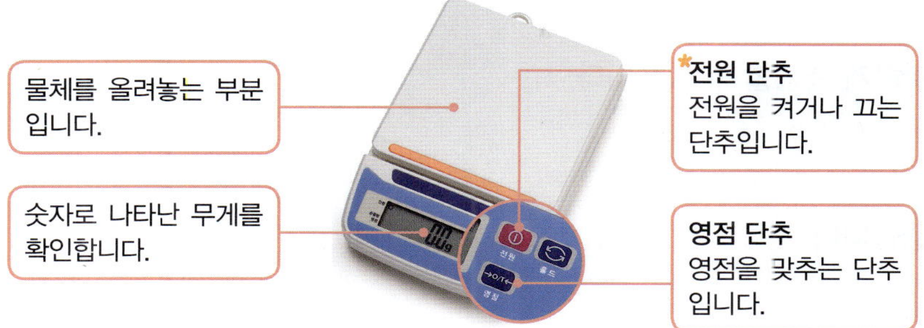

(2) 전자저울 사용 방법 → 먼저 저울로 잴 수 있는 무게 *범위를 확인하고 사용해요.

공기 방울이 원의 가운데에 오면 수평이 돼요.

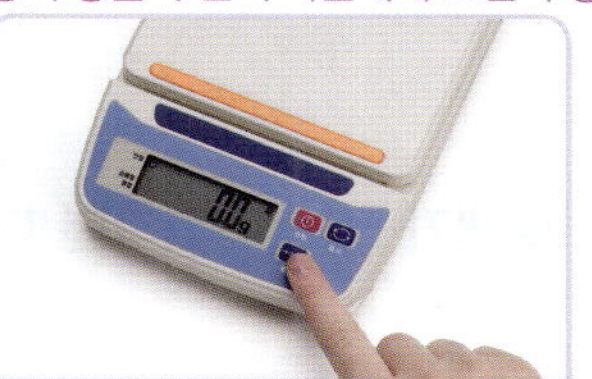
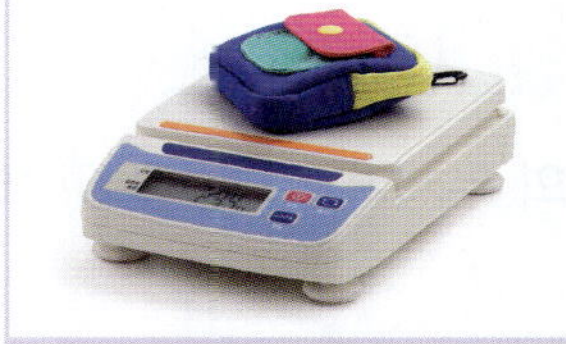

❶ 평평한 곳에 전자저울을 놓고 수평을 맞춥니다.

❷ 전원을 켜고 영점 단추를 눌러 영점을 맞춥니다.

❸ 전자저울 위에 물체를 올려놓고 물체의 무게를 읽습니다.

(3) 여러 가지 물체의 무게 비교하기

손으로 들어서 물체의 무게 비교하기

무거운 순서: 가위 > 지갑 > 가방 고리

전자저울로 물체의 무게 비교하기

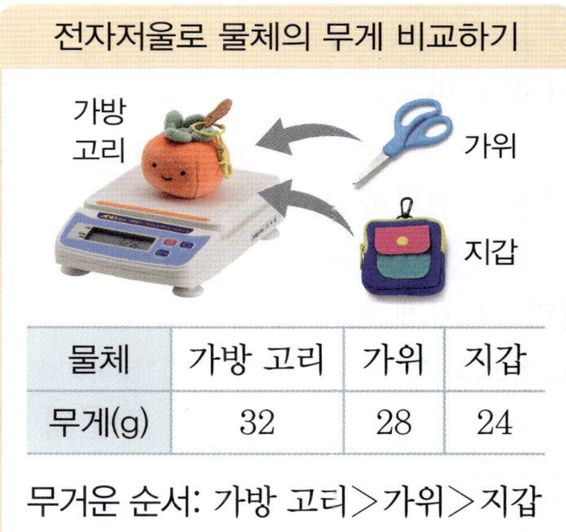

물체	가방 고리	가위	지갑
무게(g)	32	28	24

무거운 순서: 가방 고리 > 가위 > 지갑

➡ 물체의 무게를 손으로 어림하면 정확한 무게를 알 수 없습니다. 저울을 사용하면 물체의 무게를 정확하게 비교할 수 있습니다. ✚

✚ 저울의 발전

수평 잡기의 원리를 이용하여 막대와 줄로 간단하게 만들어진 형태임.

⬇

무거운 물체를 매달수록 길이가 더 늘어나는 용수철의 성질을 이용함.

⬇

현대에는 숫자로 무게를 표시해 주는 전자저울이 많이 이용됨.

1 단원 3회

용어 사전

* **전원** 전기 도구에 전기를 이어 주는 장치.
* **범위** 어떤 활동이나 상태가 미치거나 벌어질 수 있는 정해진 시간·공간, 또는 한계

핵심만 한번 더 쓰면서 정리 !

물체의 무게를 정확하게 비교하기 위해서 [저 울] 을 사용함.

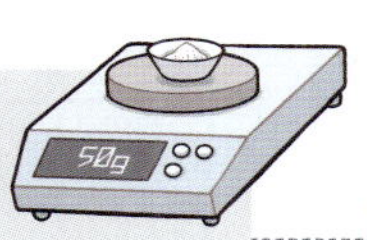
물체의 무게를 정확히 비교하는 방법

무게의 단위는 g, kg을 사용하고, g은 [그 램] , kg은 킬로그램이라고 읽음.

문제 학습

1 (　　　)을 사용하면 물체의 무게를 정확하게 측정할 수 있습니다.

2 무게의 단위 중 'kg'은 (　　　)이라고 읽습니다.

3 태권도 경기 전 운동선수들의 몸무게를 정확하게 측정하는 까닭은 몸무게에 따라 (　　　)을 나누기 위해서입니다.

4 전자저울로 무게를 측정했을 때 컵의 무게가 70 g, 숟가락의 무게가 50 g이었다면 더 무거운 물체는 (　　　)입니다.

📖 7종 공통

5 손으로 물체의 무게를 비교할 때 불편한 점을 <u>잘못</u> 말한 사람의 이름을 쓰시오.

> • 찬형: 물체의 무게 차이를 정확하게 비교할 수 있어.
> • 예준: 무게가 비슷한 물체는 무게를 정확하게 비교하기 어려워.
> • 수빈: 같은 물체라도 사람에 따라 그 무게를 다르게 느낄 수 있어서 정확히 비교하기 어려워.

(　　　　　　)

📖 7종 공통

6 물체의 무게를 정확하게 비교하기 위해 필요한 것은 어느 것인지 골라 ◯표 하시오.

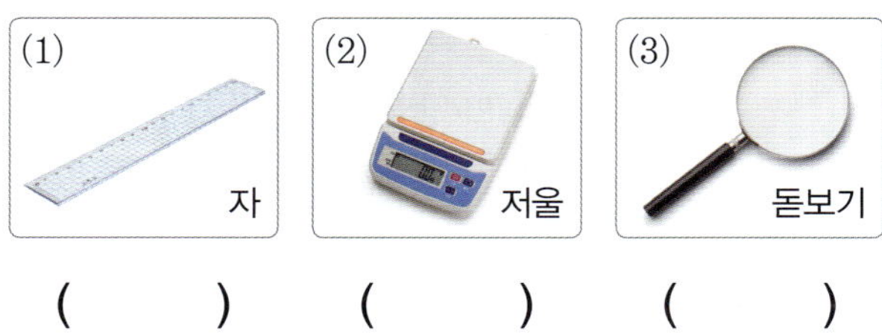

(1) 자　　(2) 저울　　(3) 돋보기

(　　　)　　(　　　)　　(　　　)

📖 7종 공통

7 무게를 나타내는 단위로 옳은 것을 (보기)에서 두 가지 골라 기호를 쓰시오.

(　　　　　　　　　)

동아, 미래엔, 비상, 아이스크림, 천재(이), 천재(정)

8 저울의 원리가 나머지와 다른 하나는 어느 것입니까? (　　　)

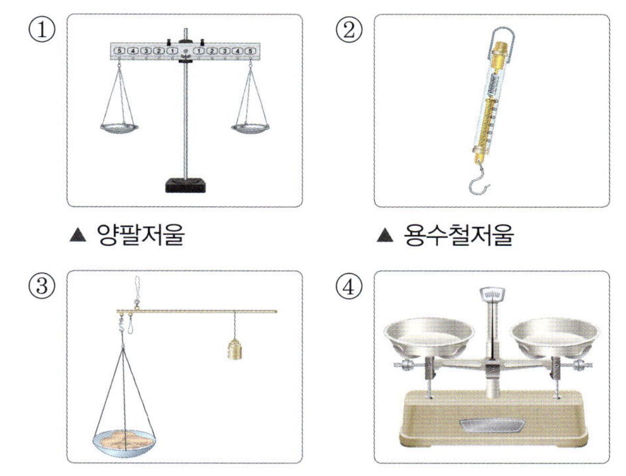

① ▲ 양팔저울　　② ▲ 용수철저울　　③ ▲ 대저울　　④ ▲ 윗접시저울

📗 7종 공통

9 생활 속에서 저울을 사용해 무게를 측정하는 예로 옳지 <u>않은</u> 것은 어느 것입니까? (   )

① 운동선수의 체급을 정할 때
② 우체국에서 우편물을 보낼 때
③ 건강 검진에서 몸무게를 잴 때
④ 공항에서 비행기에 실을 가방의 무게를 잴 때
⑤ 신발 가게에서 발 크기에 맞는 신발을 고를 때

[서술형] **📗 7종 공통**

10 다음 전자저울을 보고, ㉠과 ㉡ 단추의 역할이 무엇인지 각각 쓰시오.

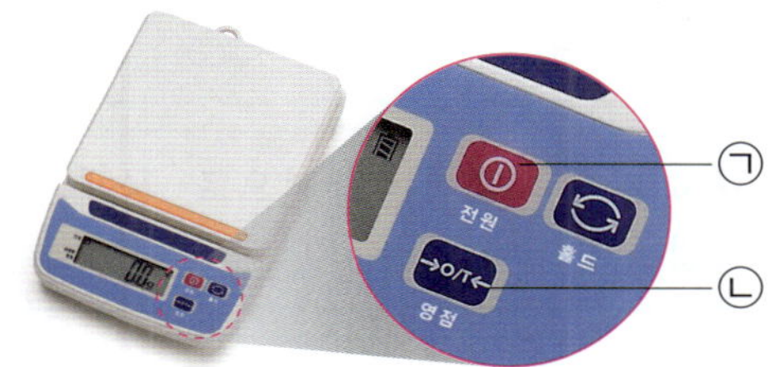

㉠: _______________________________

㉡: _______________________________

도움말 ㉠은 전원 단추, ㉡은 영점 단추입니다.

📗 7종 공통

11 전자저울을 사용하여 사과와 배의 무게를 측정한 결과가 다음과 같았을 때, 무게가 더 무거운 것은 어느 것인지 쓰시오.

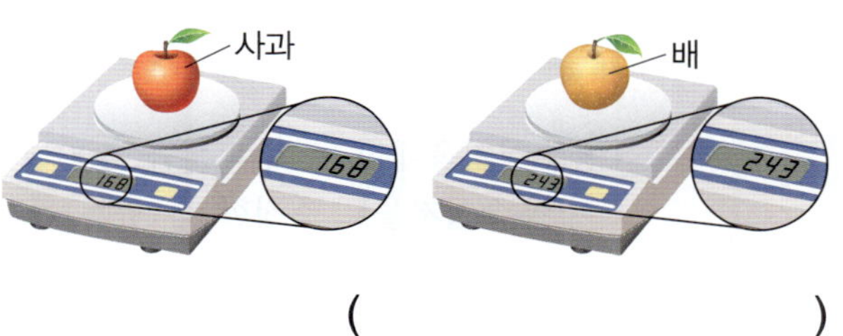

(   )

[디지털 문해력] **📗 7종 공통**

12 다음은 인터넷 기사의 일부분입니다. 빈칸에 들어갈 알맞은 말은 무엇인지 쓰시오.

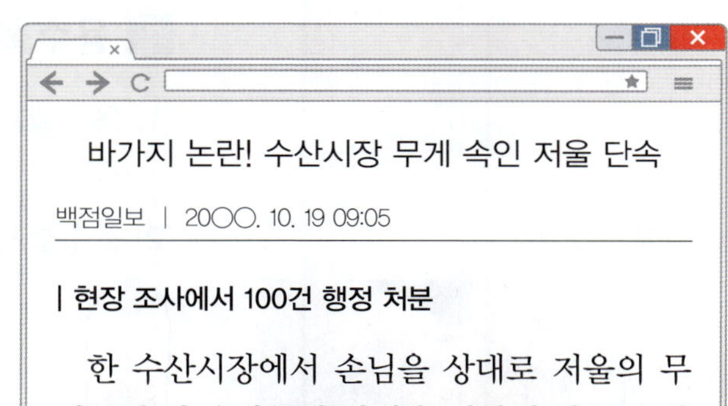

바가지 논란! 수산시장 무게 속인 저울 단속

백점일보 | 20○○. 10. 19 09:05

| 현장 조사에서 100건 행정 처분

　한 수산시장에서 손님을 상대로 저울의 무게를 속여 수산물의 가격을 비싸게 받는 수법을 사용하는 경우가 적발되었습니다.
　한 가게의 상인은 수산물을 바구니에 담아 전자저울에 올리더니 바구니의 무게라며 300 g을 빼고 가격을 계산하였습니다. 하지만 바구니의 무게는 600 g이었습니다. 바구니의 무게를 모르는 손님이라면 몇 만원을 날리게 됩니다.
　이러한 수법에 당하지 않으려면 전자저울 위에 바구니를 먼저 올려놓은 뒤 저울의 (　　　　)을/를 맞추고 수산물을 올려야 정확한 무게를 측정할 수 있습니다.

(   )

📗 7종 공통

13 다음은 전자저울로 여러 가지 물체의 무게를 측정한 결과를 표로 나타낸 것입니다. 물체의 무게를 비교하여 무거운 것부터 순서대로 쓰시오.

물체	필통	연필	지우개	풀
무게(g)	78	11	24	32

(   ) → (   ) → (   ) → (   )

학습 결과에 색칠하세요. 

② 개념 학습

1 용수철저울

(1) **용수철저울**: 용수철에 매단 물체의 무게가 일정하게 늘어나면, 용수철의 길이가 일정하게 늘어나는 성질을 이용하여 만든 저울입니다.

(2) **용수철저울 각 부분의 이름과 역할**

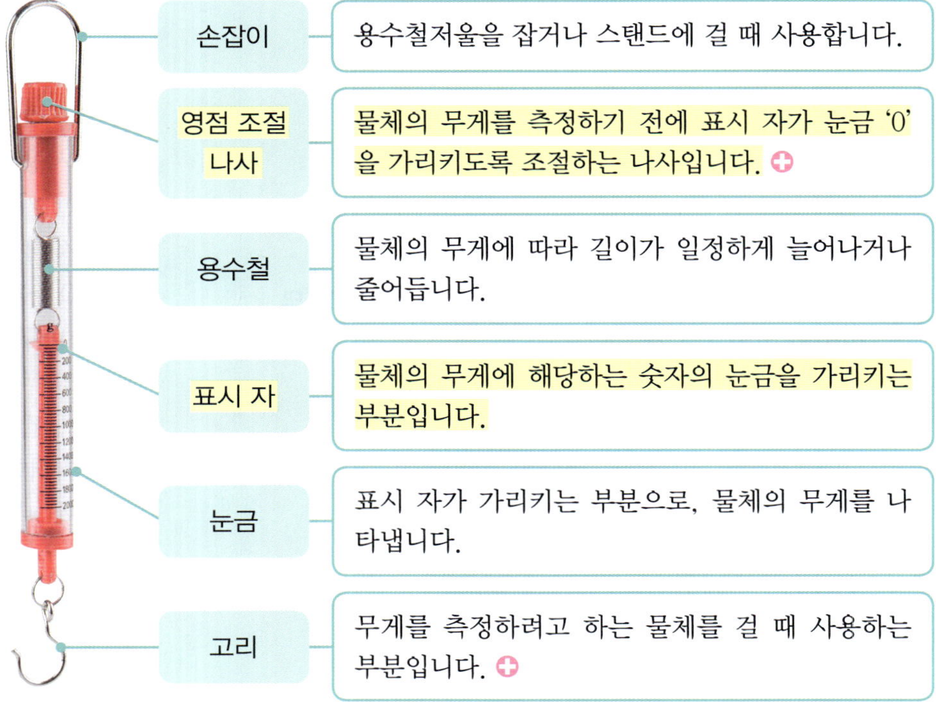

부분	역할
손잡이	용수철저울을 잡거나 스탠드에 걸 때 사용합니다.
영점 조절 나사	물체의 무게를 측정하기 전에 표시 자가 눈금 '0'을 가리키도록 조절하는 나사입니다. ⊕
용수철	물체의 무게에 따라 길이가 일정하게 늘어나거나 줄어듭니다.
표시 자	물체의 무게에 해당하는 숫자의 눈금을 가리키는 부분입니다.
눈금	표시 자가 가리키는 부분으로, 물체의 무게를 나타냅니다.
고리	무게를 측정하려고 하는 물체를 걸 때 사용하는 부분입니다. ⊕

(3) **용수철저울의 눈금과 단위**

① 용수철저울에는 g과 kg 등의 단위가 표시되어 있습니다.

② 용수철저울에 표시된 큰 눈금과 작은 눈금 한 칸이 나타내는 무게가 각각 얼마인지 확인합니다.

③ 용수철저울은 저울마다 물체의 무게를 측정할 수 있는 최대 눈금이 표시되어 있습니다. 측정하고자 하는 물체의 무게 범위를 생각하여 사용할 용수철저울을 선택해야 합니다.

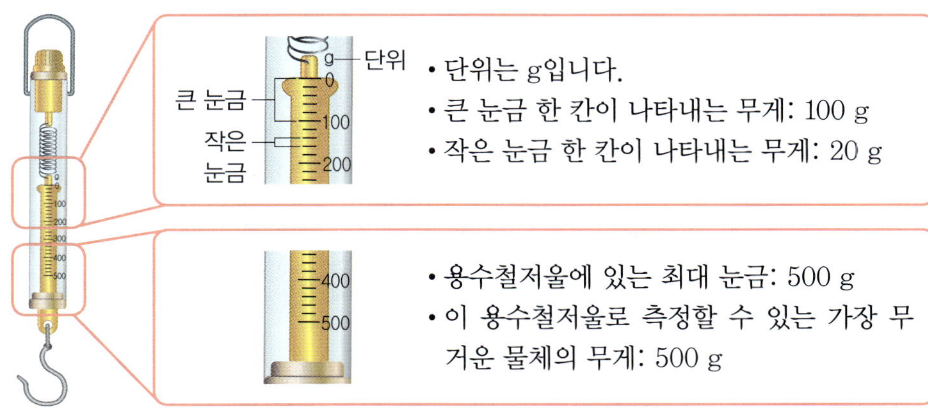

• 단위는 g입니다.
• 큰 눈금 한 칸이 나타내는 무게: 100 g
• 작은 눈금 한 칸이 나타내는 무게: 20 g

• 용수철저울에 있는 최대 눈금: 500 g
• 이 용수철저울로 측정할 수 있는 가장 무거운 물체의 무게: 500 g

⊕ 영점 조절 나사

영점 조절 나사를 함부로 돌리면 나사와 용수철이 연결된 부분이 망가질 수 있으므로, 영점 조절 나사를 천천히 돌리며 영점을 맞춥니다.

⊕ 용수철저울의 고리에 걸 수 없는 물체의 무게 측정하기

용수철저울의 고리에 걸 수 없는 물체는 *지퍼 백을 사용하여 무게를 측정할 수 있습니다. 구멍을 뚫은 지퍼 백을 고리에 걸고 영점을 맞춘 다음, 지퍼 백에 물체를 넣고 무게를 측정합니다.

용어 사전

★ **지퍼 백** 지퍼 장치가 되어 있는, 비닐로 만든 포장 봉투.

2 용수철저울로 무게 비교하기

(1) 용수철저울 사용 방법

❶ 용수철저울의 눈금을 보고, 측정할 수 있는 무게의 범위를 확인합니다.

❷ 스탠드를 평평한 곳에 놓고 용수철저울의 손잡이를 스탠드에 걸어 줍니다.

❸ 영점 조절 나사를 돌려 표시 자를 눈금 '0'에 맞춥니다.

❹ 고리에 물체를 걸고 표시 자가 움직이지 않을 때, 표시 자가 가리키는 눈금의 숫자를 단위와 같이 읽습니다. ➕

➕ **용수철저울의 눈금을 읽는 방법**

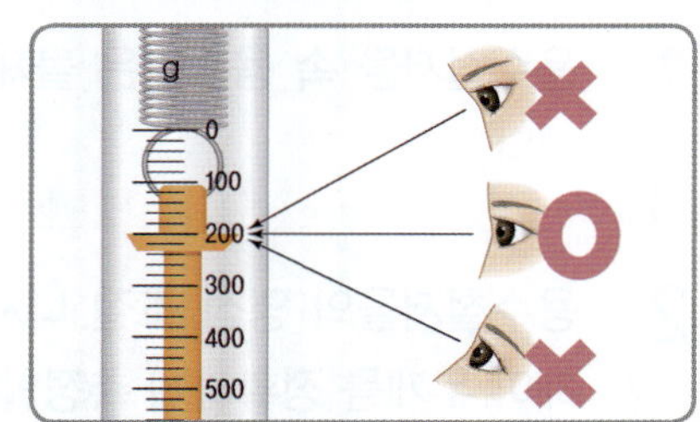

표시 자의 움직임이 멈추면 표시 자와 *눈높이를 맞추어 눈금을 읽습니다. 표시 자보다 눈높이가 높거나 낮으면 눈금을 정확하게 읽을 수 없습니다.

(2) 용수철저울로 측정한 물체의 무게 읽기 ⓔ

물체	가위	사인펜	색연필	필통
측정한 무게	100 g	140 g	160 g	180 g

① 가위 100 g, 사인펜 140 g, 색연필 160 g, 필통 180 g이므로 무거운 순서는 '필통＞색연필＞사인펜＞가위'입니다.

② 가장 무거운 필통은 가장 가벼운 가위보다 80 g 더 무겁습니다.

용어 사전

✶ **눈높이**　관측할 때 수평으로부터 관측하는 사람의 눈까지의 높이.

핵심만 한번 더 쓰면서 정리 !

문제 학습

1 용수철저울 속 용수철은 물체의 (　　　)에 따라 길이가 일정하게 늘어나거나 줄어듭니다.

2 용수철저울의 영점 조절 나사를 조절하여 표시 자가 눈금의 '(　　　)'을 가리키도록 해야 무게를 정확하게 측정할 수 있습니다.

3 용수철저울의 눈금을 읽을 때에는 (　　　)와 눈높이를 맞추어 눈금을 읽습니다.

4 용수철저울로 측정한 지우개의 무게가 20 g이고 우유의 무게가 120 g일 때, 우유는 지우개보다 (　　　) g 더 무겁습니다.

동아, 미래엔, 비상, 아이스크림, 천재(이), 천재(정)

5 오른쪽 용수철저울을 보고, ㉠~㉢ 부분의 이름을 각각 쓰시오.

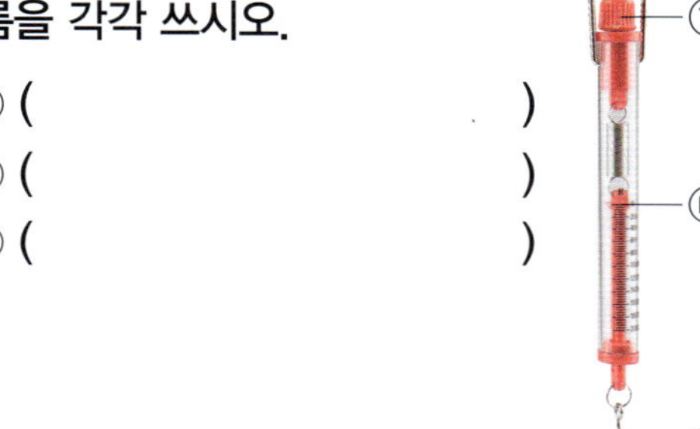

㉠ (　　　　　　　　)

㉡ (　　　　　　　　)

㉢ (　　　　　　　　)

서술형　동아, 미래엔, 비상, 아이스크림, 천재(이), 천재(정)

6 위 **5**번의 용수철저울에서 ㉢ 부분의 역할은 무엇인지 쓰시오.

____

____

도움말　용수철저울로 물체의 무게를 측정하려면 물체를 어떻게 해야 하는지 생각해 봅니다.

동아, 미래엔, 비상, 아이스크림, 천재(이), 천재(정)

7 오른쪽 용수철저울로 무게를 측정할 수 없는 물체는 어느 것입니까? (　　　)

① 25 g인 고무공

② 50 g인 테니스공

③ 150 g인 야구공

④ 300 g인 배구공

⑤ 600 g인 농구공

동아, 미래엔, 비상, 아이스크림, 천재(이), 천재(정)

8 용수철저울에 대한 설명으로 옳은 것은 ○표, 옳지 않은 것은 ×표 하시오.

⑴ 수평 잡기의 원리를 이용한 저울이다.

(　　　)

⑵ 물체의 무게에 따라 저울 속 용수철의 길이가 달라진다.　(　　　)

⑶ 아무리 가볍거나 무거운 물체라도 같은 용수철저울로 무게를 측정할 수 있다.　(　　　)

9 다음은 용수철저울로 물체의 무게를 측정하는 과정을 순서 없이 나타낸 것입니다. 순서대로 기호를 쓰시오.

> ㉠ 고리에 물체를 건다.
> ㉡ 스탠드를 평평한 곳에 놓고 용수철저울을 건다.
> ㉢ 영점 조절 나사를 돌려 표시 자를 눈금 '0'에 맞춘다.
> ㉣ 표시 자가 가리키는 눈금의 숫자와 단위를 같이 읽어 물체의 무게를 측정한다.

(　　　) → (　　　) → (　　　) → (　　　)

10 용수철저울의 눈금을 읽을 때 눈높이로 옳은 것을 골라 기호를 쓰시오.

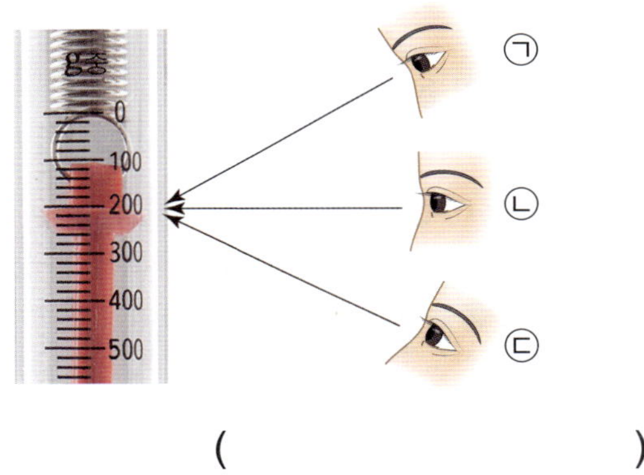

(　　　　　　　　)

11 오른쪽은 용수철저울에 물체를 걸었을 때 저울의 눈금과 표시 자의 모습입니다. 용수철저울에 건 물체의 무게는 몇 g인지 쓰시오.

(　　　　　　) g

12 선생님께서 학급 블로그에 '용수철저울'의 특징을 한 가지씩 댓글로 쓰는 과제를 내 주셨습니다. 다음 댓글을 보고 <u>잘못</u> 답한 사람의 이름을 쓰시오.

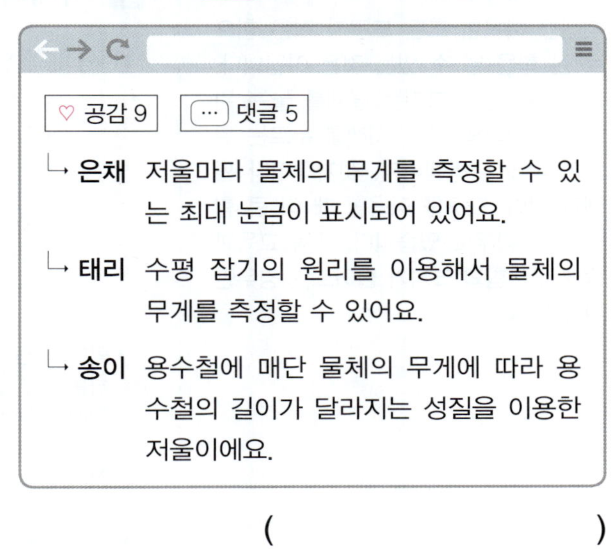

(　　　　　　　　)

13 다음은 용수철저울로 여러 가지 물체의 무게를 측정한 결과입니다. 가장 무거운 물체와 가장 가벼운 물체의 결과를 각각 골라 기호를 쓰시오.

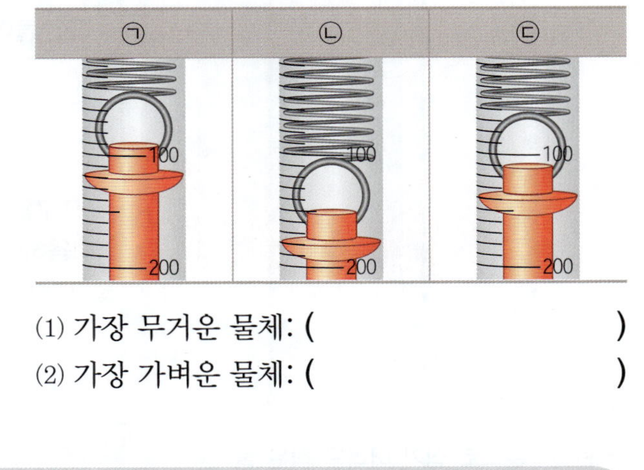

(1) 가장 무거운 물체: (　　　　　　　　)
(2) 가장 가벼운 물체: (　　　　　　　　)

학습 결과에 색칠하세요.

지레와 빗면

지레를 이용한 모든 도구가 작은 힘으로 큰 힘을 낼 수 있는 것은 아닙니다. 지레에서 힘의 크기는 물체를 놓는 위치와 받침대의 위치, 지레를 누르는 위치에 따라 달라집니다. 젓가락이나 *핀셋과 같이, 도구를 이용할 때 더 큰 힘이 드는 경우도 있습니다. 초등 교육과정에서는 힘의 크기가 줄어드는 경우만 관찰합니다.

탐구 팩트 도구를 이용할 때 힘의 크기를 확인하는 방법은 무엇일까?

용수철이나 힘 측정기를 이용해서 물체를 들어 올리면 용수철이 늘어난 길이나 힘 측정기 화면에 나타난 숫자로 힘의 크기를 확인할 수 있어.

용어 사전

★ **핀셋** 손으로 집기 어려운 작은 물건을 집는 데에 쓰는 족집게와 비슷한 도구.

1 지레와 빗면을 이용할 때 드는 힘의 크기

(1) 지레와 빗면

지레	빗면
• 막대의 한 점을 받치고 물체를 움직이게 하는 도구를 지레라고 합니다. • 지레를 사용하여 물체를 움직이게 하면 손으로 물체를 움직이게 하는 것보다 힘이 적게 듭니다.	• 비스듬한 면을 빗면이라고 합니다. • 빗면을 따라 물체를 밀어 올리면 직접 물체를 드는 것보다 힘이 적게 듭니다.

(2) 지레와 빗면을 이용해 물체 들어 올리기

① 물체를 들어 올리기 위해서는 물체의 무게만큼 힘이 필요합니다.

② 지레나 빗면과 같은 도구를 이용하면 물체를 들어 올릴 때 드는 힘의 크기가 작아집니다.

실험동영상

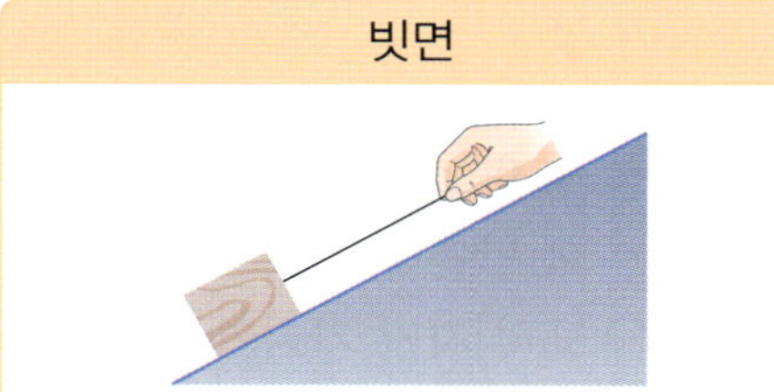

교과서 대표 탐구

도구를 이용하여 무거운 물체 들어 올리기

| 과정 |

❶ 주스 통을 위로 천천히 들어 올려 봅니다.

받침대는 중심에서 왼쪽 편에 있게 해요.

❷ 나무판자의 왼쪽 끝에 주스 통을 놓고 나무판자의 오른쪽 끝을 눌러 봅니다.

❸ 나무판자의 아래쪽 끝에 주스 통을 놓고 밀어 올려 봅니다.

나무판자를 놓기 전 오른쪽 끝부분에 책을 쌓아 두어요.

| 결과 |

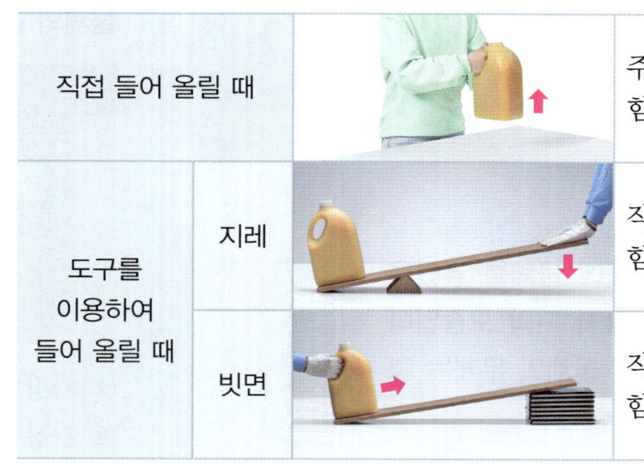

직접 들어 올릴 때		주스 통을 들어 올릴 때 힘이 많이 듭니다.
도구를 이용하여 들어 올릴 때	지레	직접 들어 올릴 때보다 힘이 적게 듭니다.
	빗면	직접 들어 올릴 때보다 힘이 적게 듭니다.

정리

도구를 이용해 물체를 들어 올리면 직접 들어 올릴 때보다 힘이 적게 듭니다.

2 지레와 빗면을 이용한 도구 ⊕

(1) 지레를 이용한 도구

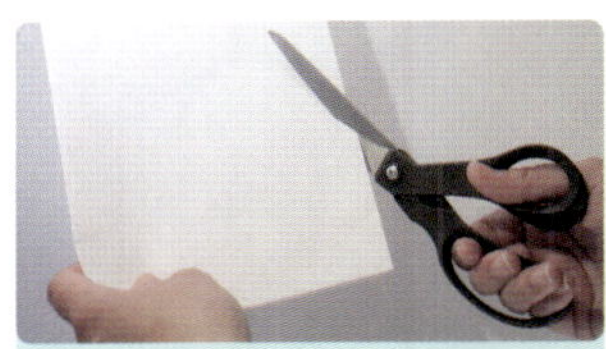

가위를 사용하면 물체를 쉽게 자를 수 있습니다.

호두 까는 기구를 사용하면 단단한 껍질을 쉽게 깔 수 있습니다.

병따개를 사용하면 병뚜껑이나 마개를 쉽게 딸 수 있습니다.

*장도리는 단단하게 박혀 있는 못을 쉽게 빼낼 수 있습니다.

손톱깎이를 사용하면 손톱을 쉽게 깎을 수 있습니다.

손수레는 무거운 짐을 쉽게 나를 수 있습니다.

(2) 빗면을 이용한 도구 ⊕

사다리차를 사용하면 높은 곳까지 무거운 짐을 옮길 수 있습니다.

경사로를 이용하면 유모차나 휠체어를 쉽게 밀고 올라갈 수 있습니다.

나사못은 못 둘레에 나선으로 홈이 파여 있어 쉽게 고정할 수 있습니다.

구불구불한 산길로 가면 작은 힘을 사용해 산을 오를 수 있습니다.

지퍼는 두 줄로 늘어선 이를 서로 맞물리게 하거나 떨어지게 합니다.

트럭 경사면을 이용하면 무거운 물건을 쉽게 트럭 안으로 옮길 수 있습니다.

⊕ 지레와 빗면을 이용한 놀이 기구

▲ 시소

▲ 미끄럼틀

시소는 지레를 이용한 놀이 기구이고, 미끄럼틀은 빗면을 이용한 놀이 기구입니다.

1
단원
5회

⊕ 고인돌을 만든 방법

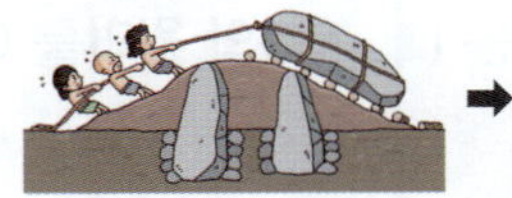 

우리 조상들은 고인돌을 만들 때 빗면의 원리를 이용하였습니다. 땅을 파고 받침돌을 세운 뒤 받침돌 주변에 흙을 쌓아 빗면을 만듭니다. 통나무를 깔고 덮개돌을 올려놓고 빗면을 이용해 끌어 올린 후 덮개돌을 얹은 다음 흙을 치워 고인돌을 완성합니다.

핵심만 한번 더 쓰면서 정리 !

막대의 한 점을 받치고 물체를 움직이게 하는 도구 **예** 가위, 병따개

지 레　**빗 면**

비스듬한 면 **예** 사다리차, 경사로, 나사못

지레나 빗면과 같은 도구를 이용하면 물체를 들어 올릴 때 힘이 적게 듦.

문제 학습

핵심 체크

1 막대의 한 점을 받치고 물체를 움직이게 하는 도구를 (   )라고 합니다.

2 비스듬한 면을 (   )이라고 합니다.

3 물체를 직접 들어 올리기 위해서는 물체의 (   )만큼 힘이 필요합니다.

4 병따개는 (   )의 원리를 이용하여 병뚜껑을 쉽게 딸 수 있습니다.

7종 공통

5 지레의 모습을 나타낸 것을 찾아 ○표 하시오.

(1)

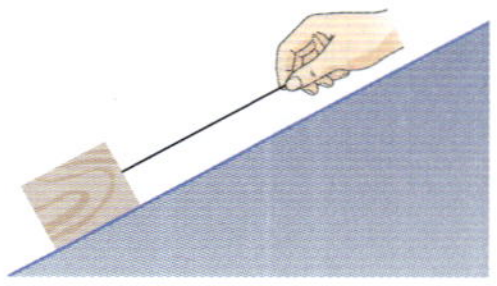

(   )

(2)

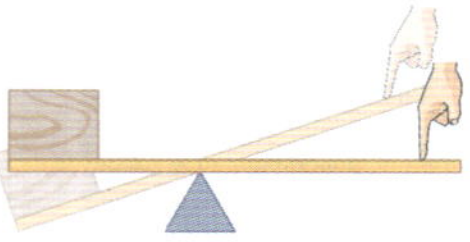

(   )

7종 공통

6 작은 힘으로 물체를 쉽게 움직일 수 있는 도구가 아닌 것을 골라 기호를 쓰시오.

㉠

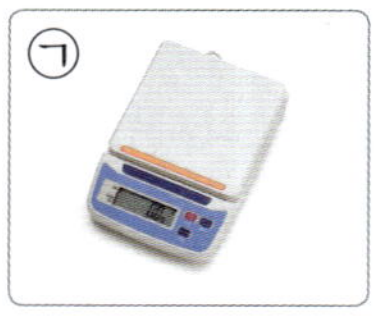

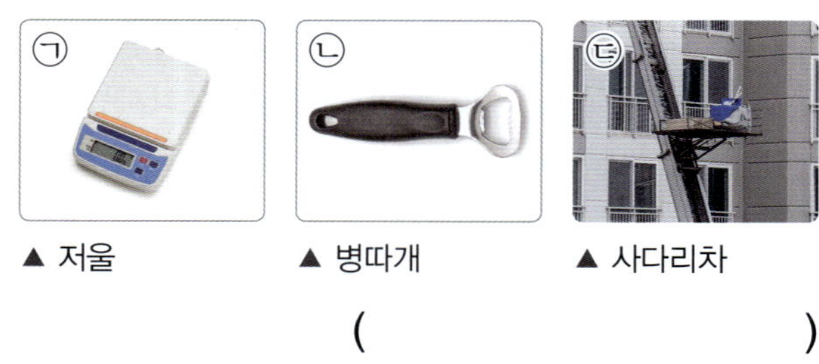

▲ 저울

㉡

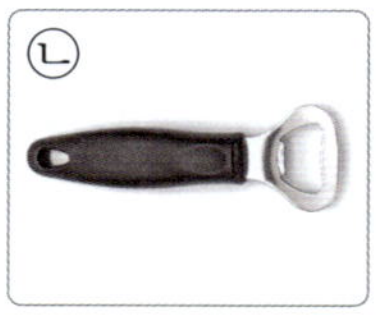

▲ 병따개

㉢

▲ 사다리차

(   )

| 7~8 | 다음과 같이 주스 통을 들어 올리는 모습을 보고, 물음에 답하시오.

(가)

(나)

7종 공통

7 위 (가)와 (나) 중 주스 통을 들어 올릴 때 힘이 더 적게 드는 경우는 어느 것인지 기호를 쓰시오.

(   )

서술형 7종 공통

8 위 7번 답을 참고하여 물체를 직접 들어 올릴 때와 도구를 사용할 때 필요한 힘의 크기를 비교하여 쓰시오.

도움말 (가)는 물체를 직접 들어 올리는 모습이고, (나)는 도구를 사용하여 물체를 들어 올리는 모습입니다.

| 9~10 | 여러 가지 도구를 보고, 물음에 답하시오.

(가)

▲ 가위

(나)
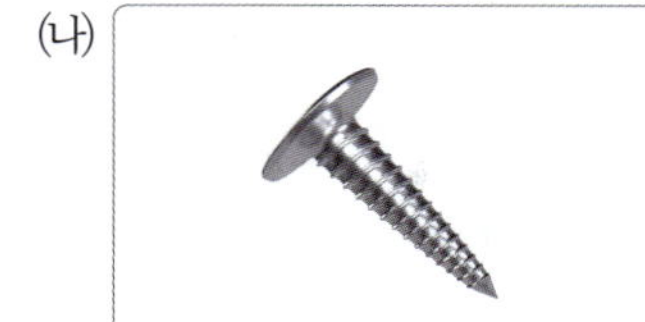
▲ 나사못

(다)

▲ 경사로

(라)

▲ 장도리

9 위 (가)~(라) 중 유모차나 휠체어를 쉽게 밀고 올라갈 수 있도록 하기 위한 도구는 어느 것인지 기호를 쓰시오.

( )

10 위 (가)~(라)를 지레를 이용한 도구와 빗면을 이용한 도구로 구분하여 각각 기호를 쓰시오.

지레를 이용한 도구	빗면을 이용한 도구
(1)	(2)

11 다음 빈칸에 공통으로 들어갈 알맞은 말은 무엇인지 쓰시오.

- 비스듬한 면을 ( )(이)라고 한다.
- 트럭 경사면은 ( )을/를 이용한 도구로, 무거운 물건을 쉽게 트럭 안으로 옮길 수 있다.

( )

---

12 다음은 '고인돌의 신비'라는 제목의 영상 화면입니다. 이 영상의 설명에서 빈칸에 들어갈 알맞은 말은 무엇인지 쓰시오.

( )

13 오른쪽 도구에 대해 옳게 설명한 사람의 이름을 쓰시오.

- 선아: 손톱을 깎을 때 더 큰 힘이 필요한 도구야.
- 형빈: 지레를 이용해 작은 힘으로 큰 힘을 낼 수 있는 도구야.
- 무열: 빗면을 이용해 물체를 쉽게 들어 올릴 수 있는 도구야.

( )

학습 결과에 색칠하세요.   

천재(이)

1 물체에 힘을 작용했을 때 물체의 모양 변화와 관련된 경험을 옳게 말한 사람의 이름을 쓰시오.

> • 혜빈: 카트를 밀었더니 앞으로 움직였어.
> • 준영: 페트병을 손으로 눌러 찌그러뜨렸어.
> • 시언: 의자를 당겼더니 의자가 내 쪽으로 움직였어.

( )

7종 공통

2 두 물체를 각각 당겨 물체가 움직일 때 필요한 힘의 크기를 ○ 안에 >, =, <로 나타내시오.

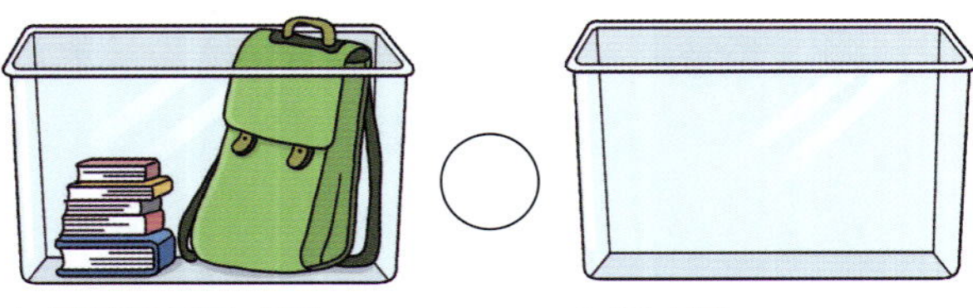

▲ 물체를 넣은 상자   ▲ 빈 상자

천재(이)

3 물체가 든 바구니와 비어 있는 바구니에 용수철을 연결하여 당길 때 용수철의 길이가 더 많이 늘어나는 것을 골라 ○표 하시오.

(1)   (2)

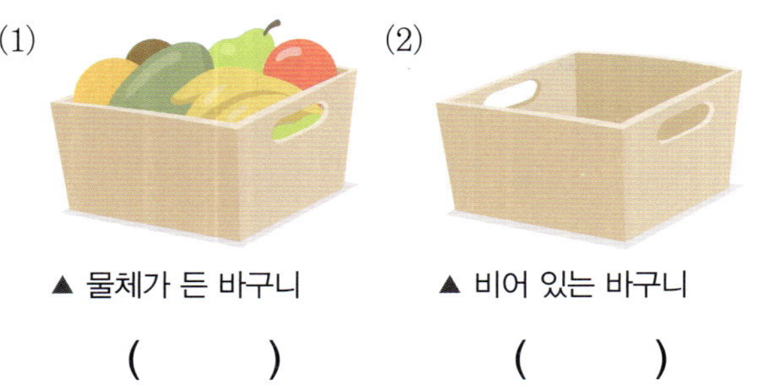

▲ 물체가 든 바구니   ▲ 비어 있는 바구니

( )   ( )

7종 공통

4 무게를 알 수 없는 두 나무토막을 받침점으로부터 서로 같은 거리에 올려놓았더니 다음과 같이 나무판자가 수평을 이루었습니다. 이에 대한 설명으로 옳은 것을 (보기)에서 골라 기호를 쓰시오.

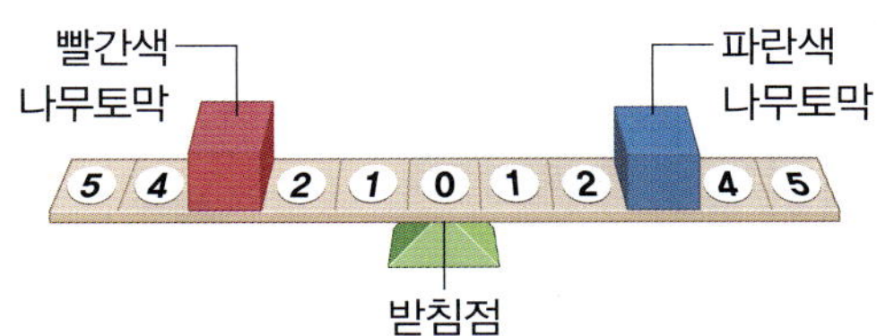

> (보기)
> ㉠ 두 나무토막의 무게는 같다.
> ㉡ 빨간색 나무토막이 파란색 나무토막보다 더 무겁다.
> ㉢ 파란색 나무토막이 빨간색 나무토막보다 더 무겁다.
> ㉣ 파란색 나무토막을 1번 칸으로 옮겨도 나무판자는 수평을 이룬다.

( )

서술형 아이스크림, 천재(정)

5 다음과 같이 두 사람이 시소에 앉아 수평을 잡았을 때 두 사람 중 몸무게가 더 무거운 사람의 이름을 쓰고, 그렇게 생각한 까닭을 쓰시오.

____

____

____

6 수평 잡기 활동으로 무게를 비교하는 방법에 대한 설명으로 옳은 것에 ○표, 옳지 <u>않은</u> 것에 ×표 하시오.

(1) 두 물체를 받침점으로부터 서로 같은 거리에 올렸을 때 나무판자가 수평을 이루면 두 물체의 무게는 같다.　　　　　　　　(　　　)

(2) 두 물체를 받침점으로부터 서로 같은 거리에 올렸을 때 나무판자가 기울어지면 기울어진 쪽 물체의 무게가 더 무겁다.　　(　　　)

(3) 두 물체를 받침점으로부터 서로 다른 거리에 올렸을 때 나무판자가 수평을 이루면 받침점에 가까운 물체의 무게가 더 가볍다.(　　　)

7 여러 가지 물체의 무게를 정확하게 비교하는 방법에 대한 설명으로 옳은 것을 〈보기〉에서 골라 기호를 쓰시오.

〈보기〉

㉠ 손으로 들어 보면 물체의 무게를 정확히 비교할 수 있다.

㉡ 저울을 사용해 여러 가지 물체의 무게를 측정해 비교한다.

㉢ 저울을 사용해 무게를 측정하면 측정하는 사람에 따라 무게가 다르게 나올 수 있다.

㉣ 사람마다 느끼는 물체의 무게는 같기 때문에 여러 사람이 손으로 들어 보면 무게를 정확히 비교할 수 있다.

(　　　　　　　)

8 무게의 단위와 단위를 읽는 방법이 옳게 짝 지어진 것은 어느 것입니까? (　　　)

① g − 그램
② m − 미터
③ kg − 케이그램
④ cm − 센티미터
⑤ km − 킬로미터

|9~10| 다음 전자저울의 모습을 보고, 물음에 답하시오.

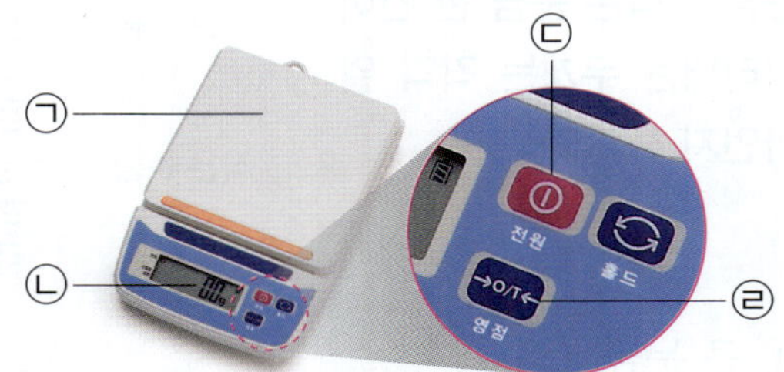

9 위 ㉠~㉣ 중 무게를 측정하려는 물체를 올려놓는 부분은 어느 것인지 골라 기호를 쓰시오.

(　　　　　　　)

10 다음은 위 전자저울을 사용하는 방법입니다. 빈칸에 들어갈 알맞은 말을 쓰시오.

전자저울을 평평한 곳에 놓고, 수평을 맞춘 뒤 전원을 켠다. 물체를 올려놓기 전에 단추를 눌러 (　　　)을/를 맞춘다. 전자저울 위에 물체를 올려놓고 물체의 무게를 읽는다.

(　　　　　　　)

11 오른쪽 용수철저울에 대한 설명으로 옳지 <u>않은</u> 것은 어느 것입니까? (   )

① ㉠은 영점 조절 나사이다.

② 물체를 걸면 ㉡이 늘어난다.

③ ㉢은 물체의 무게를 가리키는 표시 자이다.

④ ㉣은 물체의 무게를 나타내는 눈금 이다.

⑤ ㉤은 용수철저울을 옮길 때 손으로 잡거나 스탠드에 거는 부분이다.

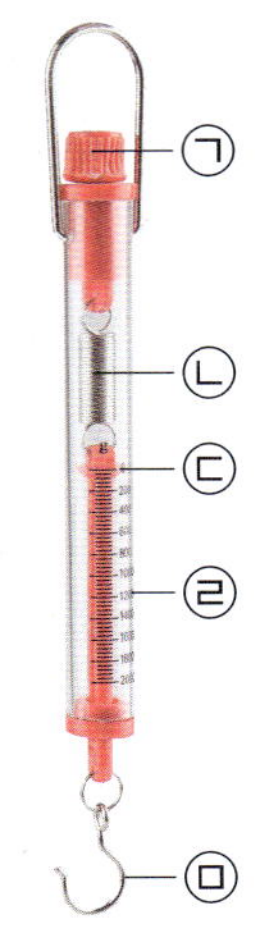

12 용수철저울에 표시된 큰 눈금과 작은 눈금 한 칸이 나타내는 무게는 각각 얼마인지 쓰시오.

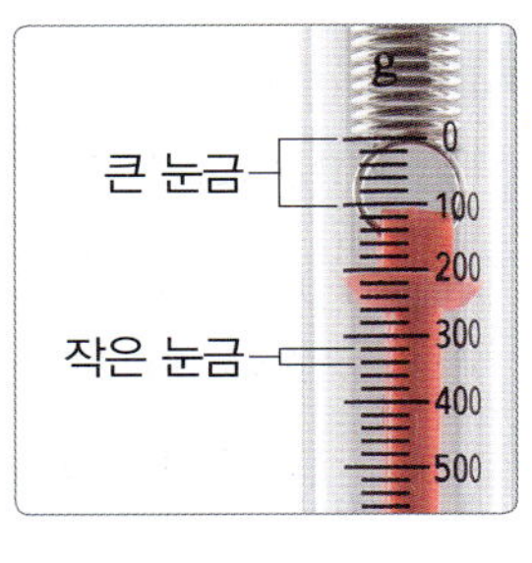

⑴ 큰 눈금: (   ) g

⑵ 작은 눈금: (   ) g

13 다음은 용수철저울을 사용해 우유와 가위의 무게를 비교하는 모습입니다. 표시 자가 가리키는 눈금의 숫자를 확인하고 결과에 맞게 ㉠~㉢에 들어갈 말을 각각 쓰시오.

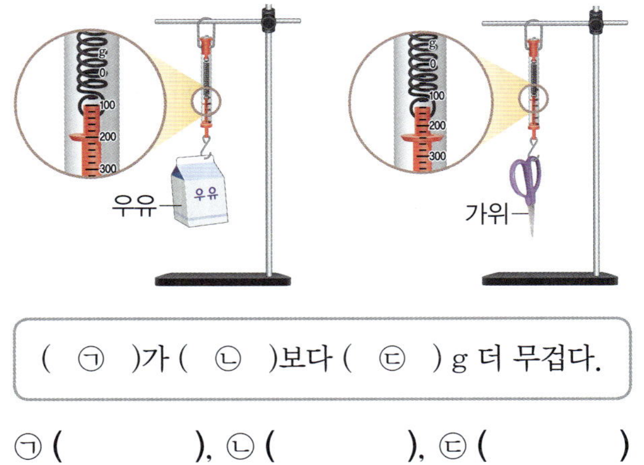

(㉠)가 (㉡)보다 (㉢) g 더 무겁다.

㉠ (   ), ㉡ (   ), ㉢ (   )

14 용수철저울에 물체를 걸기 전에 가장 먼저 영점 조절 나사를 돌려 영점을 맞추는 까닭을 쓰시오.

____

____

15 빗면을 이용한 예가 <u>아닌</u> 것은 어느 것입니까?

(   )

① ▲ 사다리

② ▲ 나사못

③ ▲ 시소

④ ▲ 경사로

16 다음과 같이 장난감 자동차를 직접 들어 올릴 때와 빗면을 이용해 들어 올릴 때 용수철의 길이가 더 많이 늘어나는 것을 골라 기호를 쓰시오.

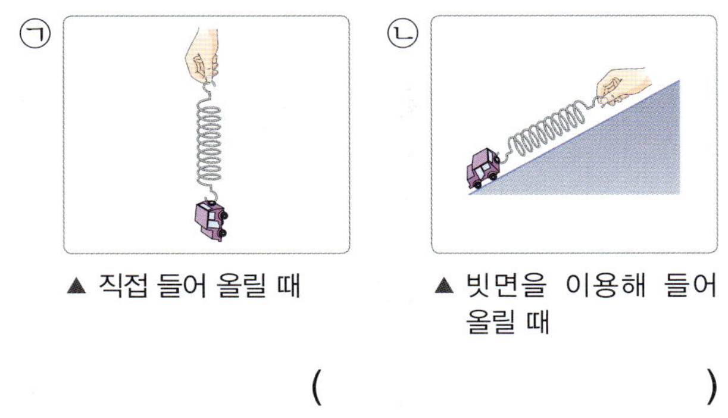

▲ 직접 들어 올릴 때   ▲ 빗면을 이용해 들어 올릴 때

(   )

7종 공통

17 주스 통을 ㉠, ㉡, ㉢의 방법으로 각각 들어 올렸을 때 필요한 힘의 크기에 대해 옳게 말한 사람의 이름을 쓰시오.

- 아영: 세 가지 방법 모두 주스 통을 들어 올릴 때 필요한 힘의 크기는 같아.
- 동원: ㉠의 방법으로 주스 통을 들어 올릴 때 필요한 힘의 크기가 가장 작아.
- 준서: ㉡이나 ㉢의 방법은 ㉠보다 더 작은 힘으로 주스 통을 들어 올릴 수 있어.

( )

디지털 문해력 **7종 공통**

18 다음은 피라미드의 건축에 대한 텔레비전 방송 화면의 일부입니다. 사회자의 설명에서 ㉠에 들어갈 알맞은 말은 무엇인지 쓰시오.

( )

19~20 다음은 수평 잡기 활동으로 사과, 감, 귤의 무게를 비교하는 모습입니다. 물음에 답하시오.

(가)

(나)

아이스크림, 천재(정)

19 사과, 감, 귤 중에서 가장 무거운 물체는 어느 것인지 골라 쓰시오.

( )

서술형 아이스크림, 천재(정)

20 위 **19**번 답과 같이 생각한 까닭은 무엇인지 쓰시오.

____

____

____

____

학습 결과에 색칠하세요. 

2 동물의 생활

● 이번에 배울 내용

동물

생물을 크게 둘로 구분할 때 하나로, 다른 생물을 잡아먹어서 양분을 얻어 살아감.

분류

대상의 공통점과 차이점을 찾고, 이를 바탕으로 기준을 정해 대상을 무리 짓는 것

생활 방식

생활해 나가는 일정한 방법이나 형식으로, 동물은 환경에 따라 다양한 생활 방식을 가지고 있음.

환경

생물이 살아가는 데 영향을 미치는 자연적 조건이나 상태

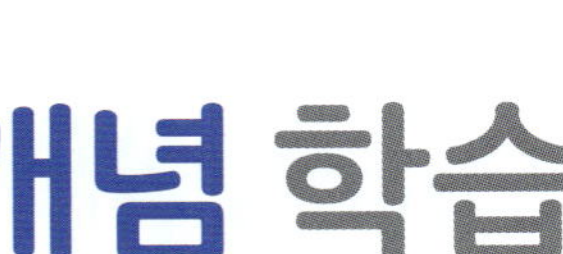

개념 학습

1 여러 가지 동물의 생김새

➕ **동물이 사는 다양한 환경**
- 동물은 들이나 숲, 강, 바다, 사막, 극지방 등에서 삽니다.
- 들이나 숲에는 풀과 나무가 많고, 강이나 바다에는 물이 많습니다.
- 사막은 모래가 많고 비가 거의 내리지 않으며, 덥습니다.
- 극지방은 눈과 얼음으로 덮여 있고 매우 춥습니다.

고라니	공벌레	개미
• 사는 곳: 땅(산, 풀숲) ➕ • 온몸이 털로 덮여 있고 다리가 두 쌍임. • 수컷은 큰 송곳니가 튀어나와 있음.	• 사는 곳: 땅(돌 아래) • 몸이 여러 개의 마디로 되어 있고 *더듬이가 있음. • 날개가 없고 다리가 일곱 쌍임.	• 사는 곳: 땅 위와 땅속 • 몸이 머리, 가슴, 배로 구분됨. • 더듬이가 있으며 다리가 세 쌍임.
붕어	**낙타**	**오징어**
• 사는 곳: 물(하천, 호수) • 몸이 납작하고 둥근 모양이며 *지느러미가 있음. • 몸이 *비늘로 덮여 있음.	• 사는 곳: 땅(사막) • 등에 혹이 있고 다리가 두 쌍이며 발바닥이 넓적함.	• 사는 곳: 물(바다) • 몸통, 머리, 다리 순으로 되어 있음. • 다리가 열 개이고 몸통에 지느러미가 있음.
뱀	**물까치**	**물방개**
• 사는 곳: 땅 위와 땅속 • 몸이 길고 비늘로 덮여 있으며 다리가 없음.	• 사는 곳: 땅(나무 위) • 몸이 *깃털로 덮여 있고 날개가 있으며 다리가 한 쌍임.	• 사는 곳: 물(하천, 호수) • 몸이 넓적한 타원형임. • 더듬이와 날개가 있으며 다리가 세 쌍임.
꼬리박각시	**북극곰**	**전복**
• 사는 곳: 땅(숲, 화단) • 주둥이가 빨대처럼 긺. • 더듬이 한 쌍과 날개 두 쌍, 다리가 세 쌍 있음.	• 사는 곳: 땅(북극) • 몸이 흰털로 덮여 있고 다리가 두 쌍임. • 귀와 꼬리가 몸집에 비해 작음.	• 사는 곳: 물(바다) • 구멍이 있는 한 장의 단단한 껍데기로 덮여 있음. • 한 쌍의 더듬이와 눈이 있음.

용어 사전

⭐ **더듬이** 후각, 촉각 등을 맡아보고 먹이를 찾고 적을 막는 역할을 함.

⭐ **지느러미** 물고기 등이 몸의 균형을 유지하거나 헤엄치는 데 쓰는 기관. 등, 배, 가슴, 꼬리 등에 붙어 있음.

⭐ **비늘** 물고기나 뱀 등의 생물의 겉 피부를 덮고 있는 얇고 단단하게 생긴 작은 조각.

⭐ **깃털** 새의 몸 표면을 덮고 있는 털.

2 동물 분류하기

(1) 비슷한 특징을 가진 동물끼리 분류하기

① 분류는 탐구 대상의 *공통점과 *차이점을 찾고, 이를 바탕으로 하여 분류 기준을 정해 대상을 무리 짓는 것입니다.

② 동물은 다리가 있는 것과 다리가 없는 것, 날개가 있는 것과 날개가 없는 것 등 여러 가지 기준을 정하여 분류할 수 있습니다. ➕

③ 동물을 특징에 따라 분류해 보면, 동물의 생김새와 생활 방식을 더 깊게 이해할 수 있습니다.

(2) 분류 기준을 세우고 동물 분류하기

▲ 고라니

▲ 공벌레

▲ 붕어

▲ 오징어

▲ 뱀

▲ 물까치

▲ 물방개

▲ 꼬리박각시

분류 기준: 다리가 있는가?	
그렇다.	그렇지 않다.
고라니, 공벌레, 오징어, 물까치, 물방개, 꼬리박각시	붕어, 뱀

분류 기준: 날개가 있는가?	
그렇다.	그렇지 않다.
물까치, 물방개, 꼬리박각시	고라니, 공벌레, 붕어, 오징어, 뱀

분류 기준: 지느러미가 있는가?	
그렇다.	그렇지 않다.
붕어, 오징어	고라니, 공벌레, 뱀, 물까치, 물방개, 꼬리박각시

➕ **분류 기준을 정하는 방법**

· 동물을 자세히 관찰하고 공통점과 차이점을 찾아 분류 기준을 정합니다.

· 분류 기준 중에서 여러 사람이 분류한 결과가 사람에 따라 달라질 수 있는 것은 분류 기준으로 알맞지 않습니다. ㉠ '키가 큰가?', '생김새가 아름다운가?' 등은 사람마다 *판단하는 기준이 다르기 때문에 분류 기준으로 알맞지 않습니다.

용어 사전

⭐ **공통점** 둘 또는 그 이상의 여럿 사이에 두루 통하는 점.

⭐ **차이점** 서로 같지 아니하고 다른 점.

⭐ **판단** 어떤 사물에 대하여 여러 사정을 따져서 자기의 생각을 분명하게 정하는 것.

핵심만 **한번 더 쓰면서** 정리 !

분류 기준을 정할 때에는 먼저 동물을 자세히 관찰하고 ⬚공⬚통⬚점 과 차이점을 찾음.

기준을 정해 동물 분류하기

동물을 특징에 따라 분류해 보면 동물의 생김새와 ⬚생⬚활⬚ ⬚방⬚식 을 이해할 수 있음.

1 물까치, 고라니, 개미 중에서 더듬이가 있고 다리가 세 쌍인 동물은 (　　　)입니다.

2 뱀과 붕어는 몸이 (　　　)로 덮여 있습니다.

3 (　　　)는 탐구 대상의 공통점과 차이점을 찾고, 이를 바탕으로 하여 기준을 정해 대상을 무리 짓는 것을 말합니다.

4 붕어, 꼬리박각시, 전복 중에서 날개가 있는 동물로 분류할 수 있는 것은 (　　　)입니다.

📖 7종 공통

5 땅에서 사는 동물을 골라 기호를 쓰시오.

▲ 공벌레　　　▲ 물방개　　　▲ 붕어

(　　　　　　　　　)

📖 7종 공통

6 여러 가지 동물에 대한 설명으로 옳지 <u>않은</u> 것은 어느 것입니까? (　　　)

① 개미는 몸이 머리, 가슴, 배로 구분된다.
② 낙타는 등에 혹이 있고 다리가 두 쌍이다.
③ 공벌레는 날개가 없고 다리가 일곱 쌍이다.
④ 뱀은 몸이 길고 비늘로 덮여 있으며 다리가 없다.
⑤ 물방개는 더듬이와 날개가 있고 다리가 두 쌍이다.

📖 7종 공통

7 다음 동물들의 공통점으로 옳은 것은 어느 것입니까? (　　　)

> 오징어, 북극곰, 물까치

① 날개가 없다.　　　② 다리가 있다.
③ 물에서 산다.　　　④ 더듬이가 있다.
⑤ 지느러미가 있다.

📖 7종 공통

8 고라니와 오징어의 차이점으로 옳은 것에 ○표 하시오.

(1) 고라니는 물에서 살고, 오징어는 땅에서 산다.
(　　　)

(2) 고라니는 다리가 있고, 오징어는 다리가 없다.
(　　　)

(3) 고라니는 지느러미가 없고, 오징어는 지느러미가 있다.
(　　　)

9 서술형 📖7종 공통

동물을 분류하는 기준으로 알맞지 <u>않은</u> 것을 (보기)에서 골라 기호를 쓰고, 그 까닭을 쓰시오.

(보기)
ⓐ 땅에 사는가?   ⓑ 크기가 큰가?
ⓒ 다리가 있는가?   ⓓ 지느러미가 있는가?

(1) 알맞지 않은 것: (   )

(2) 까닭: ___________________________

____

도움말 분류 기준은 누가 분류하더라도 결과가 같아야 해요.

10 📖7종 공통

동물을 다음과 같이 분류했을 때, 옳게 분류하지 <u>못한</u> 동물을 찾아 쓰시오.

분류 기준: 더듬이가 있는가?	
그렇다.	그렇지 않다.
공벌레, 개미, 꼬리박각시, 물까치	고라니, 낙타, 뱀, 북극곰

(   )

11 📖7종 공통

동물을 다음과 같이 분류한 기준으로 옳은 것을 찾아 ○표 하시오.

물까치, 물방개, 꼬리박각시	고라니, 오징어, 공벌레

(1) 땅에 사는 것과 물에 사는 것   (   )

(2) 날개가 있는 것과 날개가 없는 것   (   )

(3) 다리가 있는 것과 다리가 없는 것   (   )

12 📖7종 공통

동물을 다음과 같이 분류했을 때 (   ) 안에 들어갈 분류 기준으로 옳은 것은 어느 것입니까?

(   )

분류 기준: ( )	
그렇다.	그렇지 않다.
개미, 북극곰	붕어, 전복

① 물에 사는가?   ② 날개가 있는가?
③ 다리가 있는가?   ④ 더듬이가 있는가?
⑤ 지느러미가 있는가?

13 디지털 문해력 📖7종 공통

다음은 인터넷으로 검색한 오징어 요리 레시피입니다. 요리 과정을 보고 <u>잘못된</u> 부분의 기호를 쓰시오.

(   )

학습 결과에 색칠하세요.     

개념 학습

1 땅에 사는 동물의 특징

① 땅에 사는 동물은 생김새와 생활 방식이 다양합니다.
② 다리가 있어서 걷거나 뛰어다니는 동물도 있고, 다리가 없어서 기어서 이동하는 동물도 있습니다.
③ 날개가 있어 날아다니는 동물도 있습니다.

2 땅에 사는 동물의 생김새와 생활 방식

(1) 걷거나 기어 다니는 동물

① 고라니와 토끼는 다리가 있어서 땅 위를 걷거나 뛰어다닙니다.
② 뱀은 다리가 없어서 땅 위와 땅속을 기어서 이동합니다.
③ 주로 땅속에서 사는 땅강아지와 두더지는 땅을 파기에 알맞은 모양의 앞다리를 가지고 있습니다. ➕

동물	사는 곳	생김새와 생활 방식
고라니	땅 위	• 몸이 짙은 갈색이고 털로 덮여 있음. • 두 쌍의 다리로 걷거나 뛰어다님.
토끼		• 귀가 크고 몸이 털로 덮여 있음. • 두 쌍의 다리 중 뒷다리는 길고 튼튼해서 잘 뛰어다닐 수 있음.
공벌레		• 몸은 어두운 회색 또는 갈색임. • 몸은 여러 개의 마디로 되어 있고 머리에 더듬이가 있음. → 위험을 느끼면 몸을 동그랗게 말아요. • 일곱 쌍의 다리로 이동함.
땅강아지	땅속	• 몸이 머리, 가슴, 배의 세 부분으로 구분됨. • 앞다리가 몸에 비해 크고, 삽이나 *갈퀴처럼 생겨서 땅을 파기에 알맞음. → 날개가 있어 날아다니기도 해요.
두더지		• 몸이 어두운 흑갈색의 털로 덮여 있고, 꼬리가 짧음. • 땅을 팔 때 주로 사용하는 앞다리는 삽처럼 넓적하며, 두꺼운 발톱이 있고, 눈이 거의 보이지 않음.
개미	땅 위와 땅속	• 몸은 검은색이고 몸이 머리, 가슴, 배로 구분됨. • 다리가 세 쌍이고, 마디가 있음. → 큰턱으로 땅을 파서 땅속에 집을 지어요 • 머리에 긴 더듬이가 있고, 턱이 발달함.
뱀		• 다리가 없고 비늘로 덮인 긴 몸으로 기어서 이동함. ➕ • 혀는 가늘고 길며 끝이 두 개로 갈라져 있음.

➕ **땅에 사는 동물**

• 땅 위에서 사는 동물: 고라니, 토끼, 공벌레, 개, 여우, 소 등
• 땅속에서 사는 동물: 땅강아지, 두더지, 지렁이, 매미 애벌레 등
• 땅 위와 땅속을 오가며 사는 동물: 뱀, 개미 등

➕ **개미와 뱀이 이동하는 모습**

개미는 다리가 있어서 걸어서 이동하고, 뱀은 다리가 없어서 기어서 이동합니다.

용어 사전

★ **갈퀴** 낙엽이나 지푸라기, 곡식 등을 긁어모으는 데 쓰는 기구로, 한쪽 끝이 휘어진 갈고리 모양의 대쪽이나 철사 여러 개를 묶어서 만듦.

(2) 날아다니는 동물

① 물까치, 참새, 직박구리와 같은 새나 잠자리, 장수풍뎅이, 매미와 같은 *곤충은 날개가 있어 날 수 있습니다. ➕

② 날아다니는 동물은 대부분 몸의 크기에 비해 무게가 가볍습니다.

물까치	참새	직박구리
• 머리와 목의 윗부분은 검은색이고, 날개와 꽁지는 하늘색임. • 날개와 다리가 각각 한 쌍이 있음. • 날개가 깃털로 덮여 있음.	• 몸은 갈색 깃털로 덮여 있고, 검은색 줄무늬가 있음. • 날개와 다리가 각각 한 쌍이 있음. ➕ • 날개가 깃털로 덮여 있음.	• 머리와 목은 회색, 날개는 회갈색임. • 날개와 다리가 각각 한 쌍이 있음. • 날개가 깃털로 덮여 있음.

잠자리	장수풍뎅이	매미
• 몸이 가늘고 길며, 머리, 가슴, 배의 세 부분으로 구분됨. • 날개 두 쌍, 다리 세 쌍, 더듬이 한 쌍이 있음. • 날개가 얇고 투명함.	• 몸이 머리, 가슴, 배의 세 부분으로 구분됨. • 날개 두 쌍, 다리 세 쌍, 더듬이 한 쌍이 있음. • 겉 날개와 속 날개가 있으며, 속 날개는 종이처럼 얇음.	• 몸이 머리, 가슴, 배의 세 부분으로 구분됨. • 날개 두 쌍, 다리 세 쌍, 더듬이 한 쌍이 있음. • 머리가 크고, *겹눈이 튀어나와 있음.

➕ **날개는 있지만 날 수 없는 동물**

타조, 펭귄 등과 같은 동물은 날개가 있어도 날지 못합니다. 이들 대부분은 날개뼈가 작고 천적이 없는 곳에서 살기 때문에 날 수 있는 능력을 잃은 경우가 많습니다.

▲ 타조　　　　▲ 펭귄

➕ **참새와 독수리의 나는 모습**

참새는 나는 동안 계속 날갯짓을 하지만, 독수리는 주로 날개를 쭉 펴고 비행기처럼 날다가 간혹 날갯짓을 합니다.

용어 사전

★ **곤충** 몸이 머리, 가슴, 배로 구분되고 다리가 세 쌍인 동물.

★ **겹눈** 곤충 따위의 홑눈이 벌집 모양으로 여러 개 모여 된 눈.

핵심만 한번 더 쓰면서 정리 !

다 리 가 있는 동물은 걷거나 뛰어서 이동함.

땅에 사는 동물

다리가 없는 동물은 기 어 서 이동함.

날 개 가 있어 날아다니는 동물도 있음.

핵심 체크

1 고라니, 토끼, 뱀 중에서 다리가 없어서 기어 다니는 동물은 (   )입니다.

2 주로 땅속에 사는 땅강아지와 두더지는 땅을 파기에 알맞은 모양의 (   )를 가지고 있습니다.

3 직박구리, 장수풍뎅이, 참새 중에서 날개가 두 쌍인 동물은 (   )입니다.

4 날아다니는 동물은 (   )가 있고, 대부분 몸의 크기에 비해 무게가 가볍습니다.

📘 7종 공통

5 땅에 사는 동물을 주로 사는 곳에 따라 분류했습니다. 잘못 분류한 동물을 모두 찾아 쓰시오.

땅 위에서 사는 동물	고라니, 두더지
땅속에서 사는 동물	땅강아지, 토끼
땅 위와 땅속을 오가며 사는 동물	뱀

(   )

📘 7종 공통

6 개미와 공벌레의 공통점으로 옳은 것은 어느 것입니까? (   )

① 날개가 있다.
② 땅속에서 산다.
③ 몸이 파란색이다.
④ 다리가 세 쌍이다.
⑤ 머리에 더듬이가 있다.

📘 7종 공통

7 땅에 사는 동물에 대한 설명으로 옳은 것을 두 가지 찾아 ○표 하시오.

(1) 뱀은 몸이 길고 비늘로 덮여 있다. (   )

(2) 토끼는 귀가 크고 몸이 깃털로 덮여 있다.
(   )

(3) 땅강아지와 두더지는 땅을 파기에 알맞은 모양의 앞다리를 가지고 있다. (   )

서술형 📘 7종 공통

8 다음 (보기)에서 다리가 없는 동물을 찾아 기호를 쓰고, 이 동물이 어떻게 이동하는지 쓰시오.

(보기)
㉠ 소   ㉡ 뱀   ㉢ 토끼
㉣ 고라니   ㉤ 두더지   ㉥ 땅강아지

(1) 다리가 없는 동물: (   )

(2) 이동 방법: ___________________________

____

도움말 다리가 없는 동물은 걷거나 뛰어다닐 수 없어요.

동아

9 물까치에 대한 설명에는 ○표, 매미에 대한 설명에는 △표 하시오.

(1) 날개가 두 쌍, 다리가 세 쌍 있다. (　　　)

(2) 다리와 날개가 각각 한 쌍이 있다. (　　　)

(3) 깃털로 덮인 날개를 이용해 날 수 있다.
(　　　)

📖 7종 공통

10 다음 동물에 대한 설명으로 옳은 것은 어느 것입니까? (　　　)

▲ 장수풍뎅이　　　▲ 참새　　　▲ 직박구리

① 장수풍뎅이는 새이다.
② 참새와 직박구리는 곤충이다.
③ 모두 날개가 있어서 날 수 있다.
④ 참새와 직박구리는 날개가 두 쌍이다.
⑤ 장수풍뎅이는 날개가 깃털로 덮여 있다.

📖 7종 공통

11 날아다니는 동물의 공통적인 특징으로 옳은 것은 어느 것입니까? (　　　)

① 다리가 없다.
② 날개가 있다.
③ 모두 새이다.
④ 몸에 비해 날개가 작다.
⑤ 대부분 몸의 크기에 비해 무게가 무겁다.

동아

12 다음 (　　　) 안에 들어갈 동물로 알맞은 것에 ○표 하시오.

▲ 독수리　　　　　▲ 참새

> ㉠(독수리, 참새)는 나는 동안 계속 날갯짓을 하지만, ㉡(독수리, 참새)는 주로 날개를 쭉 펴고 비행기처럼 날다가 간혹 날갯짓을 한다.

디지털 문해력　📖 7종 공통

13 선생님께서 학급 블로그에 '새가 날 수 있는 까닭'을 한 가지씩 댓글로 쓰는 과제를 내 주셨습니다. 다음 댓글을 보고 옳게 답한 사람의 이름을 쓰시오.

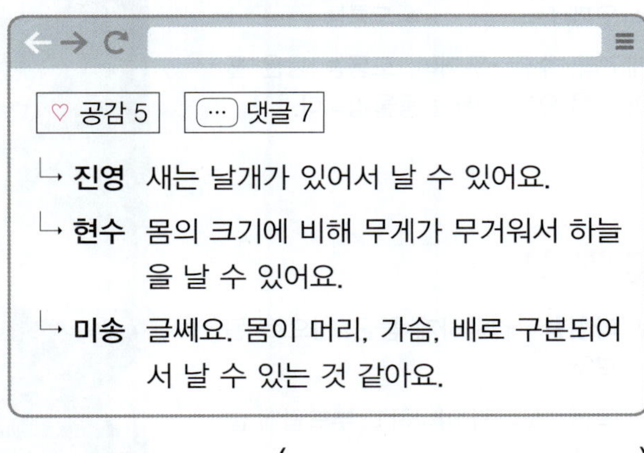

(　　　　　　　　　　)

학습 결과에 색칠하세요.　  

2단원 2회

개념 학습   물에 사는 동물

1 물에 사는 동물

① 강이나 호수의 물속에 사는 동물: 물방개, 붕어, 다슬기 등이 있습니다.

② 강가나 호숫가에 사는 동물: 개구리, 수달, 오리, 왜가리 등이 있습니다.

③ 갯벌에 사는 동물: 조개, 게, 낙지, 갯지렁이 등이 있습니다.

④ 바닷속에 사는 동물: 돌고래, 바다거북, 오징어, 고등어, 상어, 전복, 가오리, 산호 등이 있습니다.

2 물에 사는 동물의 생김새와 생활 방식

(1) 강이나 호수에 사는 동물 ➕

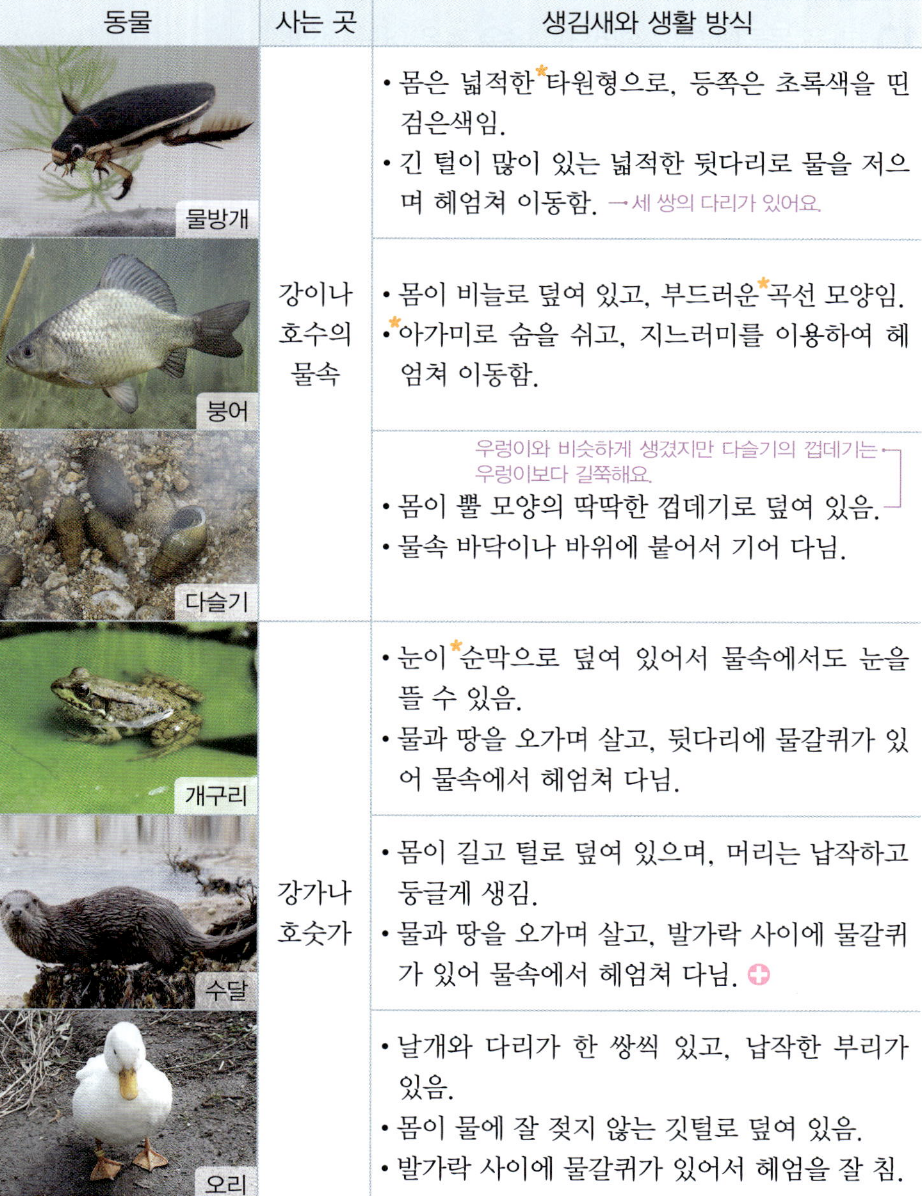

동물	사는 곳	생김새와 생활 방식
물방개	강이나 호수의 물속	• 몸은 넓적한 *타원형으로, 등쪽은 초록색을 띤 검은색임. • 긴 털이 많이 있는 넓적한 뒷다리로 물을 저으며 헤엄쳐 이동함. → 세 쌍의 다리가 있어요.
붕어		• 몸이 비늘로 덮여 있고, 부드러운 *곡선 모양임. • *아가미로 숨을 쉬고, 지느러미를 이용하여 헤엄쳐 이동함.
다슬기		우렁이와 비슷하게 생겼지만 다슬기의 껍데기는 우렁이보다 길쭉해요. • 몸이 뿔 모양의 딱딱한 껍데기로 덮여 있음. • 물속 바닥이나 바위에 붙어서 기어 다님.
개구리	강가나 호숫가	• 눈이 *순막으로 덮여 있어서 물속에서도 눈을 뜰 수 있음. • 물과 땅을 오가며 살고, 뒷다리에 물갈퀴가 있어 물속에서 헤엄쳐 다님.
수달		• 몸이 길고 털로 덮여 있으며, 머리는 납작하고 둥글게 생김. • 물과 땅을 오가며 살고, 발가락 사이에 물갈퀴가 있어 물속에서 헤엄쳐 다님. ➕
오리		• 날개와 다리가 한 쌍씩 있고, 납작한 부리가 있음. • 몸이 물에 잘 젖지 않는 깃털로 덮여 있음. • 발가락 사이에 물갈퀴가 있어서 헤엄을 잘 침.

➕ 강과 바다를 오가며 사는 동물

▲ 연어

연어처럼 강과 바다를 오가며 사는 동물도 있습니다.

➕ 물과 땅을 오가며 사는 동물

▲ 두꺼비   ▲ 도롱뇽

개구리, 수달, 두꺼비, 도롱뇽 등은 물과 땅을 오가며 사는 동물입니다.

용어 사전

✳ **타원형** 길쭉하게 둥근 원으로 된 모양.

✳ **곡선** 모나지 아니하고 부드럽게 굽은 선.

✳ **아가미** 물속에서 사는 동물, 특히 어류에 발달한 호흡 기관.

✳ **순막** 얇고 투명한 막으로, 아래에서 위로 닫을 수 있고 눈을 보호함.

(2) 갯벌과 바다에 사는 동물

동물	사는 곳	생김새와 생활 방식
조개	갯벌	• 몸이 두 장의 딱딱한 껍데기로 덮여 있음. • 아가미로 숨을 쉬고, 갯벌을 기어 다님.
게		• 몸이 딱딱한 껍데기로 덮여 있음. • 다리는 집게발 두 개와 걷거나 헤엄치는 데 이용하는 다리 여덟 개로 총 열 개이며, 아가미로 숨을 쉼.
돌고래	바닷속	• 몸은 회색빛으로 부드러운 곡선 모양이고, 지느러미를 이용해 헤엄침. • 물 위로 뛰어올라 숨을 쉬고, 무리를 지어 생활함.
전복		• 물속 바위에 붙어서 기어 다님. • 둥근 모양의 단단한 껍데기로 덮여 있고, 껍데기에 구멍이 솟아 있음.
고등어		• 몸이 부드러운 곡선 모양이고 비늘로 덮여 있으며, 등쪽은 푸른빛을 띰. • 지느러미로 물속을 헤엄쳐 다니고, 무리를 지어 생활함. ✚

(3) 물에 사는 동물의 특징

① 물에 사는 동물 중에는 물속에서 헤엄치는 동물도 있고, 바닥에 붙어 기어서 이동하거나 걸어서 이동하는 동물도 있습니다.

② 물에 사는 동물은 지느러미, 물갈퀴, 다리로 헤엄쳐 다니는 등 물속에서 살기에 알맞은 생김새와 생활 방식을 가지고 있습니다.

✚ 붕어나 고등어가 물속에서 살기에 알맞은 점

• 몸이 부드러운 곡선 모양이어서 물에서 이동하기에 좋습니다.
• 지느러미가 있어 물속을 헤엄쳐 다닙니다.
• 아가미가 있어 물속에서 숨을 쉴 수 있습니다.

2 단원 / 3회

용어 사전

✱ **집게발** 게나 가재 등의 발끝이 집게처럼 생긴 발.

핵심만 한번 더 쓰면서 정리 !

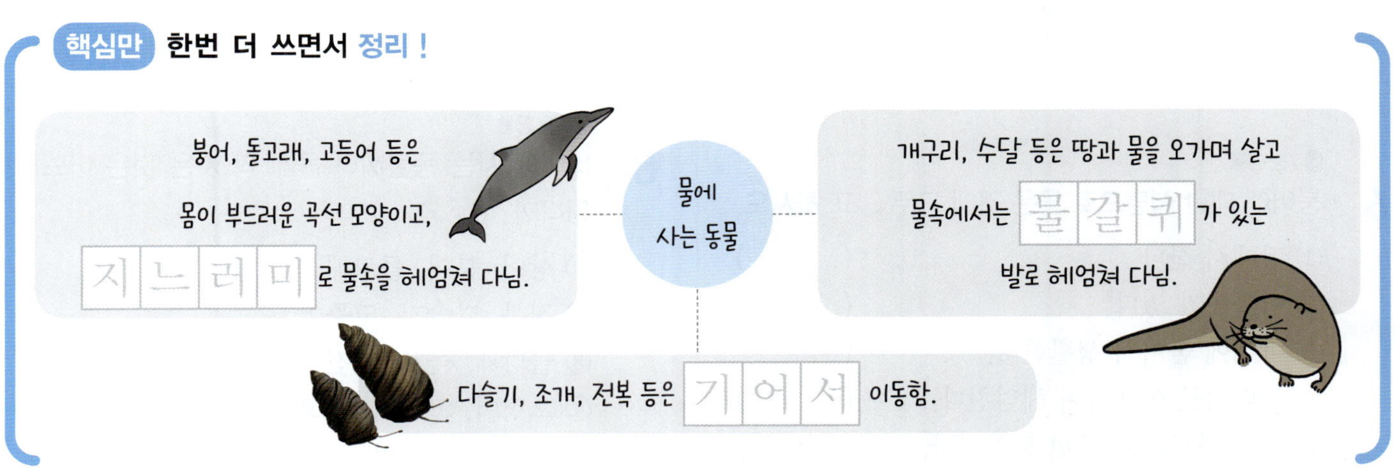

핵심 체크

1 붕어는 몸이 부드러운 곡선 모양이며, (　　　)로 헤엄쳐서 이동합니다.

2 물방개, 고등어, 다슬기 중에서 바다에 사는 동물은 (　　　)입니다.

3 물방개는 헤엄치기에 알맞게 생긴 (　　　)를 이용해 물속에서 이동합니다.

4 개구리, 전복, 돌고래 중에서 바닥을 기어 다니거나 바위에 붙어서 생활하는 동물은 (　　　)입니다.

동아, 비상, 아이스크림, 지학사, 천재(이)

5 오른쪽 물방개에 대한 설명으로 옳지 <u>않은</u> 것은 어느 것입니까? (　　　)

▲ 물방개

① 물에서 산다.
② 다리가 세 쌍 있다.
③ 더듬이와 날개가 있다.
④ 몸이 넓적한 타원형이다.
⑤ 지느러미를 이용해 헤엄을 친다.

7종 공통

7 다음 동물이 사는 곳은 어디입니까? (　　　)

▲ 개구리

▲ 다슬기

① 땅　　　　② 갯벌　　　　③ 바다
④ 사막　　　　⑤ 강이나 호수

7종 공통

6 붕어에 대한 설명으로 옳은 것에 모두 ○표 하시오.

(1) 땅에서 산다. (　　　)
(2) 아가미가 있다. (　　　)
(3) 바위에 붙어서 생활한다. (　　　)
(4) 뒷다리를 이용하여 헤엄친다. (　　　)
(5) 몸이 부드러운 곡선 모양이다. (　　　)

7종 공통

8 바다에 사는 동물끼리 옳게 짝 지은 것은 어느 것입니까? (　　　)

① 상어, 붕어, 돌고래
② 전복, 다슬기, 고등어
③ 물방개, 돌고래, 전복
④ 오징어, 고등어, 돌고래
⑤ 물방개, 바다거북, 다슬기

9 다음 블로그를 읽고, 어떤 동물에 관한 내용인지 쓰시오.

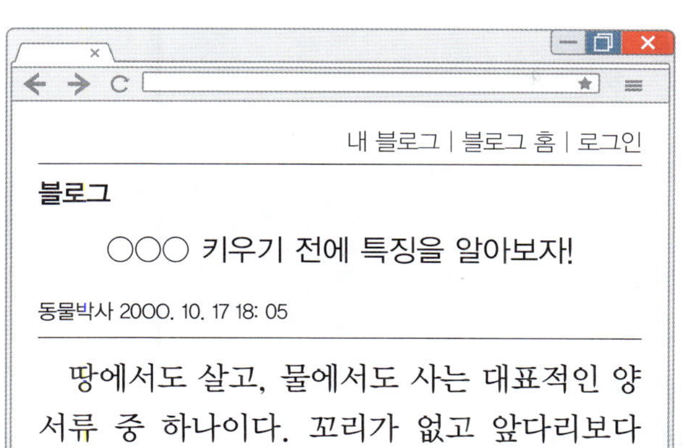

(   )

10 다슬기와 전복의 공통점으로 옳은 것을 (보기)에서 골라 기호를 쓰시오.

(보기)
㉠ 몸이 비늘로 덮여 있다.
㉡ 지느러미를 이용해 헤엄쳐 이동한다.
㉢ 바닥을 기어 다니거나 바위에 붙어서 생활한다.
㉣ 몸이 부드러운 곡선 모양이라서 물에서 헤엄치기에 알맞다.

(   )

11 갯벌에 사는 동물을 (보기)에서 모두 골라 쓰시오.

(보기)
게, 오리, 낙지, 수달, 조개,
개구리, 두더지, 고라니, 땅강아지

(   )

12 돌고래와 고등어의 공통점을 세 가지 쓰시오.

▲ 돌고래   ▲ 고등어

도움말 돌고래와 고등어가 사는 곳, 생김새, 생활 방식을 생각해 보세요.

13 다음 빈칸에 들어갈 알맞은 말을 쓰시오.

수달과 오리는 강가나 호숫가에 사는 동물로, 발가락 사이에 (   )이/가 있어 헤엄을 잘 친다.

(   )

학습 결과에 색칠하세요. 

1 사막에 사는 동물

(1) 사막의 환경
① 비가 거의 내리지 않아 물이 부족하고 매우 *건조합니다.
② 낮에는 햇볕이 뜨겁고 밤에는 매우 추우며, 모래바람이 강하게 붑니다.

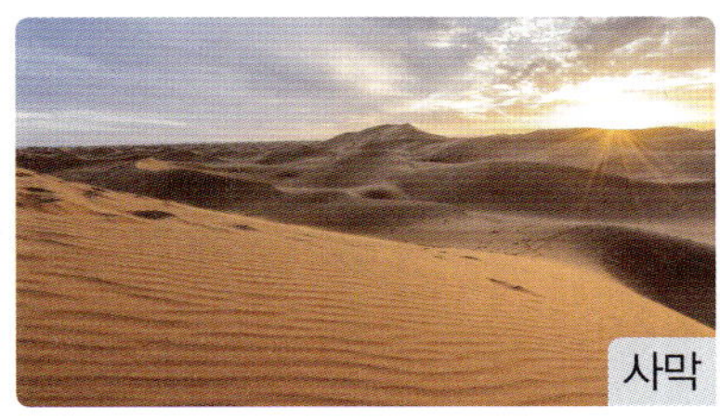
사막

(2) 사막에 사는 동물의 특징
① 사막에는 낙타, 사막여우, 미어캣, 사막 딱정벌레, 사막전갈, 이집트땅거북, 사막 뱀 등이 살고 있습니다. ➕
② 사막에 사는 동물은 다양한 생김새와 생활 방식으로 물을 얻고 체온을 조절합니다.

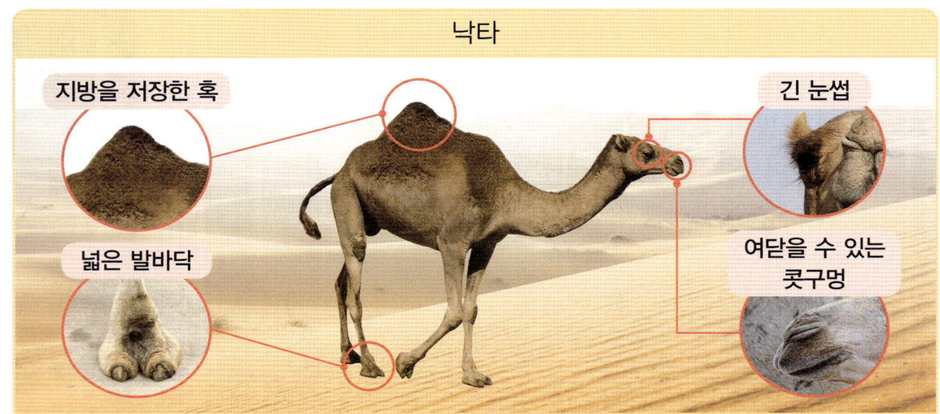

- 눈과 귀 주변에 긴 털이 나 있고 콧구멍을 여닫을 수 있어서 모래바람을 견딜 수 있습니다.
- 등에 *지방을 저장한 혹이 있어서 먹이가 없어도 며칠 동안 살 수 있습니다.
- 발바닥이 넓어서 모래가 많은 땅에서 발이 잘 빠지지 않습니다.

사막여우

미어캣

- 몸집이 작고, 몸에 비해 큰 귀로 몸속의 열을 밖으로 내보내서 체온 조절을 하며, 작은 소리도 잘 들을 수 있습니다.
- 발바닥에도 털이 있어 모래에 잘 빠지지 않습니다.

- 몸이 갈색의 털로 덮여 있고, 굴속에서 무리 지어 생활합니다.
- 낮에는 굴 밖으로 나와 두 발로 서서 햇볕을 쬡니다.
- 앞다리에 구부러진 발톱이 있어 굴을 파기에 알맞습니다.

➕ **사막 딱정벌레**

- 오돌토돌한 등껍질이 있어 새벽에 안개를 이용해 물을 모을 수 있습니다.
- 물구나무를 서서 몸에 있는 돌기에 맺힌 물을 입으로 흘려 보냅니다.

➕ **사막전갈**

몸이 딱딱한 껍데기로 덮여 있어서 몸 안에 있는 물이 밖으로 잘 빠져나가지 않습니다.

2 극지방에 사는 동물

(1) **극지방의 환경**: 눈과 *빙하로 덮여 있으며, 바람이 강하게 불고 매우 춥습니다.

(2) **극지방에 사는 동물의 특징**
① 극지방에는 북극곰, 북극여우, 황제펭귄, 바다코끼리, 순록 등이 살고 있습니다. ➕

② 극지방에 사는 동물은 다양한 생김새와 생활 방식으로 추위를 견딥니다.

극지방

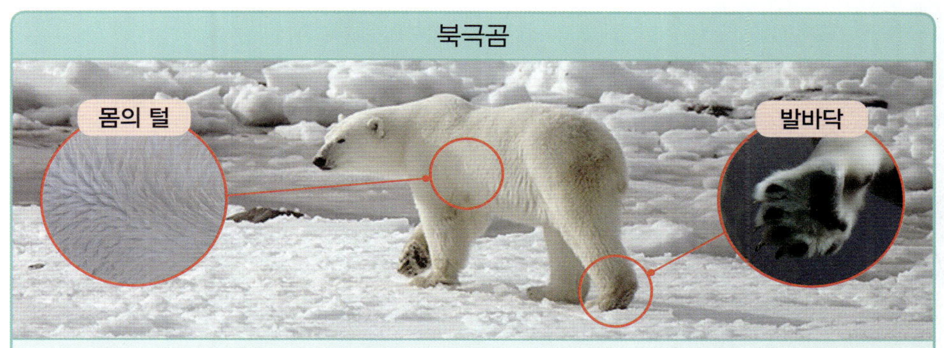
북극곰

- 몸집이 크고 피부가 두꺼우며 몸이 털로 덮여 있어 추위를 잘 견딥니다.
- 발가락 사이에 물갈퀴가 있어서 헤엄을 잘 칠 수 있습니다.
- 발바닥이 넓고 짧은 털이 나 있어서 얼음이나 눈 위에서도 잘 걷습니다.

북극여우

몸이 털로 촘촘하게 덮여 있고, 몸에 비해 귀가 작아서 몸속의 열이 쉽게 빠져나가지 않습니다. ➕

황제펭귄

물에 젖지 않는 깃털로 몸이 촘촘하게 덮여 있고, 무리 지어 생활하며 추위를 견딥니다.

2 단원 / 4회

➕ **바다코끼리**

- 몸집이 크고 피부가 두꺼워 추위를 견딜 수 있습니다.
- 주름이 많으며, 몸에 갈색의 털이 드문드문 나 있습니다.
- 뾰족한 *엄니로 얼음을 깨거나 얼음 위로 올라갈 수 있습니다.
- 무리를 지어 생활합니다.

➕ **사막여우와 북극여우의 생김새 비교**
- 사막여우는 몸집이 작고 귀가 큽니다.
- 북극여우는 몸집이 크고 귀가 작습니다.

용어 사전

★ **빙하** 오랜 시간 동안 쌓인 눈이 녹았다 어는 것을 반복하면서 만들어진 거대한 얼음덩어리.

★ **엄니** 크고 날카롭게 발달하여 있는 호랑이, 사자, 멧돼지, 바다코끼리 등의 이.

핵심만 한번 더 쓰면서 정리 !

| 사 | 막 |은 건조하고 모래바람이 강하게 불며, 낮에는 햇볕이 뜨겁고 밤에는 추움.

낙타는 귀와 눈 주변에 긴 털이 나 있고 등에 지방을 저장한 | 혹 |이 있음.

사막에 사는 동물

극지방에 사는 동물

| 극 | 지 | 방 |은 눈과 빙하로 덮여 있으며, 바람이 강하게 불고 매우 추움.

북극곰은 피부가 두껍고 발가락 사이에 | 물 | 갈 | 퀴 |가 있음.

문제 학습

1 낙타는 등에 (　　　)을 저장한 혹이 있어서 먹이가 없어도 며칠 동안 버틸 수 있습니다.

2 펭귄, 미어캣, 바다코끼리 중에서 사막에 사는 동물은 (　　　)입니다.

3 사막과 극지방 중 눈과 빙하로 덮여 있는 곳은 (　　　)입니다.

4 황제펭귄은 몸이 물에 젖지 않는 (　　　)로 덮여 있습니다.

📖 7종 공통

5 사막의 모습으로 알맞은 것을 골라 ○표 하시오.

(1) 　　(2) 

(　　　)　　　　　(　　　)

📖 7종 공통

6 다음은 사막에 사는 동물들입니다. 등에 지방을 저장한 혹이 있는 동물은 어느 것입니까? (　　　)

① 　　② 

▲ 낙타　　　　　▲ 사막 딱정벌레

③ 　　④ 

▲ 사막여우　　　　▲ 사막전갈

동아

7 미어캣에 대한 설명으로 옳은 것을 두 가지 고르시오. (　　　)

① 북극에서 산다.
② 굴속에서 무리를 지어 산다.
③ 몸이 하얀색 털로 덮여 있다.
④ 송곳니가 커서 굴을 파기에 알맞다.
⑤ 낮에는 굴 밖으로 나와 두 발로 서서 햇볕을 쬔다.

서술형　📖 7종 공통

8 낙타가 사막에서 살기에 유리한 점을 발바닥의 특징과 관련지어 쓰시오.

도움말 사막은 모래로 이루어진 땅이 많습니다. 낙타가 이런 사막의 환경에서 살아가기에 유리한 특징은 무엇인지 생각해 보세요.

디지털 문해력   동아, 미래엔, 비상, 아이스크림, 지학사, 천재(이)

9 다음은 국제 북극곰의 날을 맞이해서 온라인 대화방에서 나눈 대화입니다. 북극곰에 대해 **잘못** 말한 사람의 이름을 모두 찾아 쓰시오.

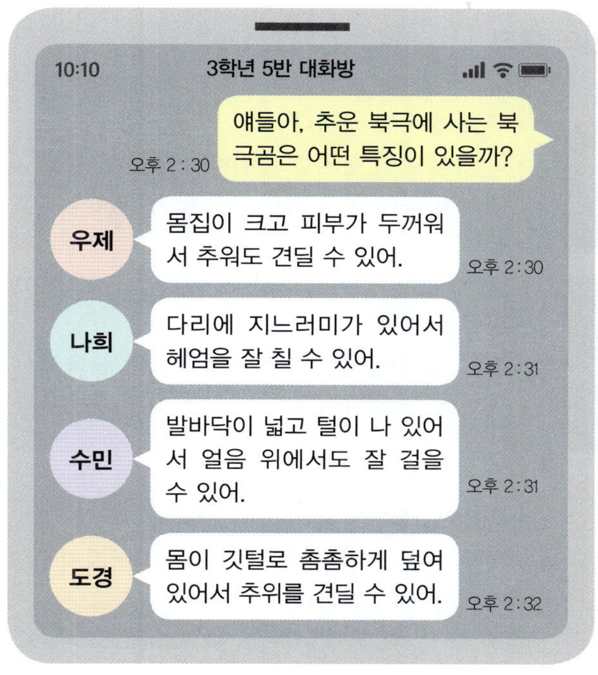

(   )

동아, 비상, 아이스크림, 지학사, 천재(이), 천재(정)

10 다음은 사막여우와 북극여우의 생김새를 비교한 것입니다. (   ) 안의 알맞은 말에 ○표 하시오.

▲ 사막여우

▲ 북극여우

> 사막여우는 몸집이 ㉠(작고, 크고)
> 귀가 ㉡(작지만, 크지만),
> 북극여우는 몸집이 ㉢(작고, 크고)
> 귀가 ㉣(작다, 크다).

동아, 미래엔, 비상, 지학사, 천재(이), 천재(정)

11 다음에서 설명하는 동물은 무엇인지 이름을 쓰시오.

> • 극지방에 사는 동물이다. 
> • 물에 젖지 않는 깃털로 몸이 촘촘하게 덮여 있다.
> • 무리 지어 생활하며 추위를 견딘다.

(   )

동아, 비상

12 극지방에 사는 바다코끼리에 대한 설명으로 옳지 **않은** 것을 두 가지 고르시오. (   )

① 매우 추운 곳에서 산다.
② 피부가 얇고 주름이 없다.
③ 긴 엄니 한 쌍이 튀어나와 있다.
④ 무리를 짓지 않고 홀로 생활한다.
⑤ 몸에 갈색 털이 드문드문 나 있다.

7종 공통

13 사막이나 극지방에 사는 동물의 공통점으로 옳은 것을 (보기)에서 골라 기호를 쓰시오.

(보기)
㉠ 날개가 있다.
㉡ 몸에 털이 많다.
㉢ 다리가 세 쌍이다.
㉣ 그 환경에 살기에 알맞은 생김새와 생활 방식을 가지고 있다.

(   )

학습 결과에 색칠하세요.     

2 단원 | 4회

1 환경에 따른 동물의 특징

(1) 환경에 따른 동물 발의 특징

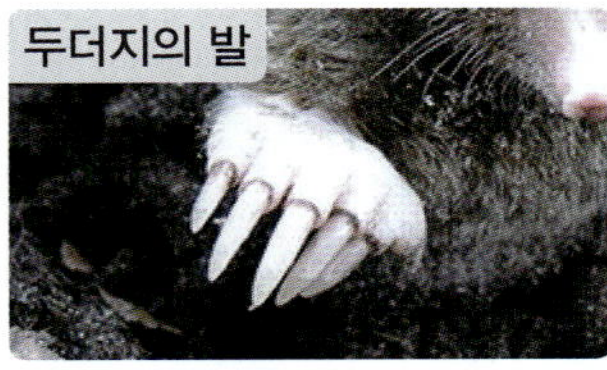

- 환경: 땅속에 삽니다.
- 특징: 앞발이 삽처럼 넓적하고 발톱이 길고 날카로워서 땅속에 굴을 파며 이동할 수 있습니다.

- 환경: 물에 삽니다.
- 특징: 발가락 사이에 물갈퀴가 있어 물속에서 쉽게 헤엄칠 수 있습니다.

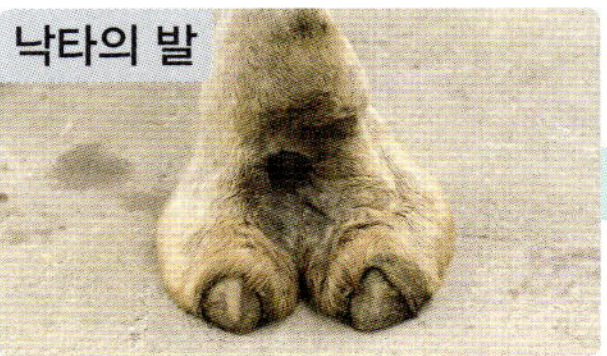

- 환경: 모래가 많은 사막에 삽니다.
- 특징: 발바닥이 넓어 모래에 발이 빠지지 않고, 사막에서 걷기 편합니다.

- 환경: 눈과 얼음으로 덮인 극지방에 삽니다.
- 특징: 발바닥이 두껍고 크며 발에 털이 많아 얼음 위를 미끄러지지 않고 걸어다닐 수 있습니다.

(2) 환경에 따른 동물의 생김새와 생활 방식

① 두더지, 오리, 낙타, 북극곰은 서로 다른 환경에 살고 있으며, 각각 사는 환경에 따라 발의 모양이 다릅니다. ➕

② 동물은 사는 환경에 따라 생김새와 생활 방식이 다양합니다.

2 생활 속 동물의 특징 이용

(1) 생활 속에서 동물의 특징을 이용한 예

- 오리의 발가락 사이에는 물갈퀴가 있어 헤엄을 잘 칠 수 있음.
- 오리 발의 특징을 이용해 헤엄치는 것을 도와주는 물놀이용 물갈퀴를 만들었음.

- 문어는 빨판을 이용해 어디에나 잘 달라붙음.
- 문어 빨판을 이용해 만든 흡착판은 매끄러운 곳에 잘 붙고, 다른 곳으로 옮길 때 쉽게 뗄 수 있음.

➕ **나무늘보의 발**

나무 위에서 사는 나무늘보의 발은 발톱이 갈고리 모양으로 휘어져 있어 나무에 매달릴 수 있습니다.

용어 사전

★ **흡착판** 어떤 것이 달라붙도록 만든 판.

집게 차의 집게

- 수리의 발은 움켜쥐는 힘이 강해 먹이를 잡으면 잘 놓치지 않음.
- 수리 발의 특징을 이용한 집게 차는 무거운 물건을 붙잡아 올릴 수 있음.

등산화의 밑창

- 산양 발바닥의 안쪽은 고무처럼 말랑해서 절벽에서 잘 미끄러지지 않음.
- 등산화의 밑창을 부드러운 고무로 만들어 잘 미끄러지지 않게 함.

흰고래 모양의 비행기

- 흰고래는 머리의 앞부분이 둥글게 튀어나와 있음.
- 흰고래의 생김새를 본떠서 만든 비행기는 큰 짐을 싣는 화물기로 이용됨.

고속 열차

- 산천어의 머리 모양은 *날렵한 곡선 모양임.
- 산천어의 머리 모양을 본떠서 만든 고속 열차는 빠르게 달릴 수 있음.

전신 수영복

- 상어의 비늘에는 미세한 돌기가 있어서 물이 흐를 때 소용돌이가 잘 생기지 않음.
- 상어 비늘의 특징을 이용해 만든 전신 수영복은 물의 *저항을 줄임.

윙슈트

- 하늘다람쥐는 날개막을 펼치고 하늘을 *활공함.
- 하늘다람쥐의 날개막을 본떠서 만든 윙슈트를 입으면 *스카이다이빙을 할 때 떨어지는 빠르기를 줄일 수 있음.

➕ 두더지의 특징을 이용한 굴착기

땅을 잘 파는 두더지 앞발의 특징을 이용해 *굴착기를 만들었습니다.

(2) 동물의 특징을 이용했을 때의 좋은 점
① 동물은 사는 곳에 알맞은 특징을 가지고 있습니다.
② 동물의 특징을 흉내내거나 이용하면 생활에 편리한 도구와 생활용품을 만들 수 있습니다. ➕

용어 사전

✱ **날렵한** 날쌔고 재빠른.

✱ **저항** 물체의 운동 방향과 반대 방향으로 작용하는 힘.

✱ **활공** 새가 날개를 움직이지 아니하고 나는 것.

✱ **스카이다이빙** 비행 중인 항공기에서 낙하산을 착용한 채 뛰어내려 목표 지점에 정확히 착지하는 것을 겨루는 경기.

✱ **굴착기** 땅이나 암석 따위를 파거나, 파낸 것을 처리하는 기계를 통틀어 이르는 말.

핵심만 한번 더 쓰면서 정리 !

두더지, 오리, 낙타, 북극곰은 서로 다른 환경에 살며, 사는 [환][경]에 따라 [발]의 모양이 다름. ⟶ 환경에 따른 발의 특징 ⟶ 생활 속 동물의 특징 이용 ⟶ 사람들은 [편][리]한 생활을 위해 동물의 특징을 이용하고 있음.

핵심 체크

1 두더지, 오리, 낙타 중에서 발에 물갈퀴가 있는 동물은 (   )입니다.

2 (   )의 저항을 줄이는 상어 비늘의 특징을 이용하여 전신 수영복을 만들었습니다.

3 등산화 바닥은 절벽에서 잘 미끄러지지 않는 (   ) 발바닥의 특징을 이용하여 만든 것입니다.

4 (   )는 날개막을 펼치고 하늘을 활공하는 하늘다람쥐의 특징을 이용하여 만든 것입니다.

▌ 7종 공통

5 물에서 살기에 알맞은 동물의 발에 ◯표 하시오.

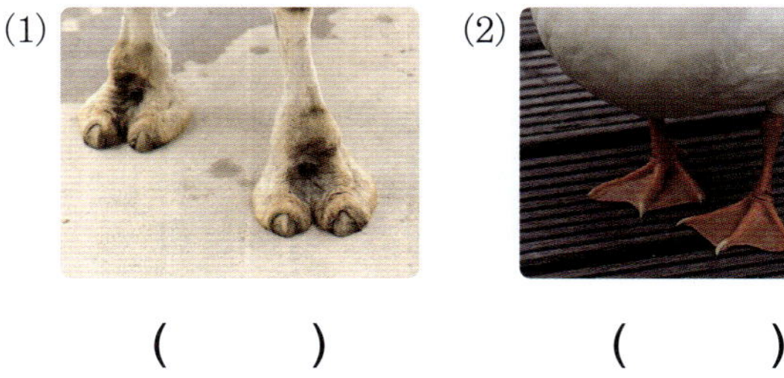

(1) (   ) (2) (   )

동아, 비상, 아이스크림, 천재(이), 천재(정)

6 두더지가 땅속에 굴을 파며 이동할 수 있는 까닭으로 옳은 것은 어느 것입니까? (   )

① 발에 털이 많기 때문이다.
② 발에 물갈퀴가 있기 때문이다.
③ 몸에 비해 귀가 크기 때문이다.
④ 몸이 깃털로 덮여 있기 때문이다.
⑤ 앞발이 삽처럼 넓적하며 발톱이 길고 날카롭기 때문이다.

▌ 7종 공통

7 다음 내용과 관계있는 동물은 어느 것입니까?
(   )

환경	모래가 많은 사막에서 산다.
발의 특징	• 발이 모래에 잘 빠지지 않는다. • 발바닥이 넓어 모래에서 걷기 편하다.

① 오리　　② 펭귄　　③ 낙타
④ 북극곰　　⑤ 두더지

천재(이)

8 나무늘보의 발톱이 갈고리 모양으로 휘어져 있어서 좋은 점을 옳게 말한 사람의 이름을 쓰시오.

- 예은: 나무에 잘 매달릴 수 있어.
- 민석: 물속에서 헤엄을 잘 칠 수 있어.
- 태현: 나무 사이를 잘 날아다닐 수 있어.
- 소희: 얼음 위에서도 잘 미끄러지지 않아.

(   )

9 문어 빨판의 특징을 이용해서 만든 것은 어느 것입니까? (   )

① 
▲ 윙슈트

② 
▲ 고속 열차

③ 
▲ 흡착판

④ 
▲ 전신 수영복

 동아, 미래엔, 비상, 아이스크림, 천재(정)

10 다음 집게 차의 집게는 어떤 동물의 특징을 이용한 것인지 동물의 이름과 특징을 쓰시오.

(1) 동물 이름: (   )

(2) 동물의 특징: _______________________

> **도움말** 집게 차의 집게는 무거운 물건을 꽉 잡아 집어 올릴 때 사용한다는 것을 참고하여 생각해 보세요.

동아

11 윙슈트는 어떤 동물의 특징을 이용해서 만든 것입니까? (   )

① 문어의 빨판　　② 상어의 비늘
③ 오리의 물갈퀴　　④ 산천어의 머리 모양
⑤ 하늘다람쥐의 날개막

 동아, 미래엔, 아이스크림

12 다음은 동물의 특징을 이용해서 만든 고속 열차에 대한 동영상 화면입니다. 이 영상과 관련된 동물 영상을 오른쪽에서 골라 기호를 쓰시오.

(   )

동아, 비상, 아이스크림, 지학사, 천재(정)

13 동물과 그 동물의 특징을 이용하여 만든 것을 찾아 바르게 선으로 이으시오.

(1) 
▲ 산양

·　·㉠
▲ 물놀이용 물갈퀴

(2)
▲ 오리

·　·㉡
▲ 등산화의 밑창

> 학습 결과에 색칠하세요.　  

마무리 평가 6회

7종 공통

1 여러 가지 동물에 대한 설명으로 옳은 것은 어느 것입니까? (   )

① 고라니는 땅에서 살고 다리가 한 쌍이다.

② 물까치는 몸이 비늘로 덮여 있고 날개가 없다.

③ 붕어는 물에서 살고 다리가 없으며 지느러미가 있다.

④ 오징어는 몸통에 지느러미가 있고 다리가 여덟 개이다.

⑤ 꼬리박각시는 더듬이 세 쌍, 날개 한 쌍, 다리 두 쌍이 있다.

7종 공통

2 동물을 다음과 같이 분류했을 때, (   ) 안에 들어갈 수 있는 분류 기준으로 옳은 것을 두 가지 고르시오. (   )

분류 기준: ( )	
그렇다.	그렇지 않다.
꼬리박각시, 물방개	붕어, 북극곰, 뱀

① 땅에 사는가? ② 날개가 있는가?

③ 다리가 있는가? ④ 더듬이가 있는가?

⑤ 지느러미가 있는가?

7종 공통

3 동물을 분류하는 기준으로 알맞지 <u>않은</u> 것을 (보기)에서 두 가지 골라 기호를 쓰시오.

(보기)
㉠ 키가 작은가?
㉡ 날개가 있는가?
㉢ 더듬이가 있는가?
㉣ 생김새가 아름다운가?

(   )

서술형 **7종 공통**

4 (보기)의 동물을 두 무리로 분류하려고 합니다. 분류 기준으로 알맞은 것을 골라 기호를 쓰고, 그 분류 기준에 따라 분류하시오.

(보기)
고라니, 뱀, 공벌레, 낙타, 전복, 두더지

㉠	몸집이 큰 것	몸집이 작은 것
㉡	날개가 있는 것	날개가 없는 것
㉢	다리가 있는 것	다리가 없는 것
㉣	지느러미가 있는 것	지느러미가 없는 것

⑴ 분류 기준으로 알맞은 것: (   )

⑵ 분류 기준에 따라 분류한 결과: __________

____

____

7종 공통

5 다음은 땅에 사는 동물이 주로 생활하는 곳을 정리한 것입니다. ㉠~㉢에 들어갈 동물이 옳게 짝 지어진 것은 어느 것입니까? (   )

(㉠)은/는 주로 땅 위에서 생활하고, (㉡)은/는 땅속에서 생활한다. (㉢)은/는 땅 위와 땅속을 오가며 생활한다.

	㉠	㉡	㉢
①	토끼	고라니	여우
②	뱀	두더지	토끼
③	고라니	땅강아지	뱀
④	땅강아지	뱀	고라니
⑤	전복	물방개	땅강아지

동아, 비상, 아이스크림, 천재(이), 천재(정)

6 오른쪽 동물에 대한 설명으로 옳은 것을 두 가지 고르시오. (　　　　)

▲ 두더지

① 시력이 좋다.
② 땅 위에서 산다.
③ 긴 발톱이 있다.
④ 몸이 비늘로 덮여 있다.
⑤ 앞다리가 땅을 파기 쉽도록 넓적한 삽 모양으로 생겼다.

📖 7종 공통

7 땅에 사는 동물에 대해 <u>잘못</u> 말한 사람의 이름을 쓰시오.

> • 다영: 날개가 있어서 날아다니는 동물도 있어.
> • 경민: 땅강아지는 땅을 파기에 알맞은 모양의 더듬이를 가지고 있어.
> • 소정: 개미는 다리가 있어서 걸어서 이동하고, 뱀은 다리가 없어서 기어서 이동해.

(　　　　　　　)

서술형 동아, 천재(정)

8 물까치와 잠자리의 공통점을 두 가지 쓰시오.

▲ 물까치

▲ 잠자리

____

____

동아

9 다음은 날아다니는 동물을 분류한 것입니다. ㈎와 ㈏에 대한 설명으로 옳은 것을 두 가지 고르시오.

(　　　　　)

㈎	㈏
참새, 직박구리	매미, 장수풍뎅이

① ㈎는 곤충이고, ㈏는 새이다.
② ㈎는 새이고, ㈏는 곤충이다.
③ ㈎는 날개가 한 쌍이고, ㈏는 날개가 두 쌍이다.
④ ㈎는 다리가 한 쌍이고, ㈏는 다리가 두 쌍이다.
⑤ ㈎는 날개가 깃털로 덮여 있고, ㈏는 날개가 비늘로 덮여 있다.

2
단원
6회

📖 7종 공통

10 강이나 호수에 사는 동물을 모두 골라 기호를 쓰시오.

▲ 다슬기　　▲ 고등어　　▲ 붕어
▲ 돌고래　　▲ 전복　　▲ 물방개

(　　　　　　　　　)

11
다음 동물 중 몸이 부드러운 곡선이고 지느러미를 이용해 헤엄치는 동물을 골라 이름을 쓰시오.

> 게, 오리, 수달, 돌고래, 개구리

(   )

12
물에 사는 동물에 대한 설명으로 옳지 <u>않은</u> 것은 어느 것입니까? (   )

① 전복은 지느러미를 이용해 헤엄친다.

② 도롱뇽은 물과 땅을 오가며 생활한다.

③ 물방개는 긴 뒷다리를 뻗어서 헤엄친다.

④ 다슬기는 바닥을 기어 다니거나 바위에 붙어서 생활한다.

⑤ 고등어는 몸이 비늘로 덮여 있고 무리를 지어 생활한다.

13
다음은 사막과 극지방의 환경과 사는 동물을 정리한 것입니다. 밑줄 친 내용 중 옳지 <u>않은</u> 것을 모두 골라 기호를 쓰시오.

구분	사막	극지방
환경	㉠비가 많이 내리고 모래바람이 많이 불며, 낮에는 ㉡매우 뜨겁다.	㉢눈과 얼음으로 덮여 있고 매우 춥다.
사는 동물	사막여우, ㉣낙타, ㉤북극곰	㉥미어캣, 북극여우, 바다코끼리

(   )

14 다음은 '동물원 친구들' 웹툰의 일부입니다. 말풍선의 빈칸에 들어갈 알맞은 말을 쓰시오.

(   )

15
다음 극지방에 사는 동물의 특징을 찾아 선으로 이으시오.

(1) 북극여우 •

•㉠ 물에 젖지 않는 깃털로 몸이 덮여 있음.

(2) 황제펭귄 •

•㉡ 몸이 털로 촘촘하게 덮여 있고, 귀가 작음.

동아, 비상, 아이스크림, 천재(이), 천재(정)

16 여러 동물의 발에 대한 설명으로 옳은 것에 ○표, 옳지 <u>않은</u> 것에 ×표 하시오.

(1) 오리는 발에 지느러미가 있어서 물속에서 헤엄칠 수 있다. (　　　)

(2) 낙타는 발바닥이 넓어 모래에 발이 잘 빠지지 않고 사막에서 걷기 편하다. (　　　)

(3) 두더지는 앞발이 삽처럼 넓적하고 발에 물갈퀴가 있어서 땅속에 굴을 파며 이동할 수 있다. (　　　)

동아, 아이스크림

17 생활 속에서 동물의 특징을 이용한 예로 옳지 <u>않은</u> 것을 골라 기호를 쓰시오.

동물의 특징을 이용한 예		이용한 동물의 특징
㉠	집게 차의 집게	먹이를 잡으면 놓치지 않는 수리의 발
㉡	고속 열차	날렵한 곡선 모양의 산천어 머리
㉢	흡착판	물갈퀴가 있는 오리의 발
㉣	등산화의 밑창	절벽에서 잘 미끄러지지 않는 산양의 발바닥

(　　　　　　)

서술형　동아

18 오른쪽 윙슈트의 모습은 어떤 동물의 특징을 이용해 만든 것인지 동물의 이름과 특징을 쓰시오.

(1) 동물 이름: (　　　　　　　　　)

(2) 이용한 동물의 특징: ________________

____

|19~20| 다음 극지방에 사는 동물을 보고, 물음에 답하시오.

▲ 북극곰

▲ 바다코끼리

동아, 비상

19 북극곰과 바다코끼리의 공통점으로 옳은 것을 두 가지 고르시오. (　　　　　)

① 피부가 두껍다.
② 긴 엄니 한 쌍이 있다.
③ 몸이 비늘로 덮여 있다.
④ 눈과 얼음으로 덮여 있고 매우 추운 곳에서 산다.
⑤ 비가 거의 내리지 않고 모래바람이 많이 부는 곳에서 산다.

서술형　동아, 미래엔, 비상, 아이스크림, 지학사, 천재(이)

20 북극곰이 북극에서 살기에 좋은 점을 (보기)와 같은 형태로 두 가지 쓰시오.

> (보기)
> 몸집이 크고 피부가 두꺼워서 추위를 견딜 수 있다.

____

____

____

____

학습 결과에 색칠하세요.   

2 단원 **6**회

3 식물의 생활

● 이번에 배울 내용

식물

생물을 크게 둘로 구분할 때 하나로, 풀이
나 나무 등을 말함.

잎

식물의 줄기나 가지에 붙어 있는, 대체로
납작하고 넓은 초록색 부분

잎자루

잎몸을 줄기나 가지에 붙어 있게 하는 자루
모양의 꼭지 부분

줄기

식물의 작은 가지나 잎이 붙는 중심이 되는
부분으로, 식물은 보통 뿌리, 줄기, 잎으로
이루어져 있음.

➕ 잎의 생김새

- 잎몸은 잎을 이루는 넓은 부분입니다.
- 잎맥은 잎에서 선처럼 보이는 부분으로, 물과 양분이 이동하는 통로이며, 잎의 형태를 유지해 줍니다. 잎맥은 퍼진 모양에 따라 그물맥과 나란히맥으로 나눌 수 있습니다.
- 잎자루는 잎몸 부분을 받치며 줄기에 붙어 있는 부분입니다. 잎자루에 달린 잎의 개수에 따라 홑잎과 겹잎으로 나눌 수 있습니다.

➕ 분류 기준을 세울 때 주의할 점
- 객관적이고 명확한 분류 기준을 세워야 합니다.
- 같은 분류 기준으로 분류하면 누가 분류하더라도 분류 결과가 같아야 합니다.

용어 사전

★ 가장자리 둘레나 끝에 해당되는 부분.

★ 톱니 톱 따위의 가장자리에 있는 뾰족뾰족한 이.

1 여러 가지 식물의 잎 관찰하기 ➕

식물		잎의 특징
단풍나무		• 손바닥 모양으로 *가장자리가 여러 갈래로 갈라져 있으며, 가장자리 모양이 *톱니 모양임. • 만져 보면 얇고 부드러움.
감나무		• 잎은 넓적하며 가장자리 모양이 매끄럽고 끝부분이 뾰족함. • 만져 보면 두껍고 뻣뻣하며 매끈매끈함.
강아지풀		• 잎은 길쭉한 모양이며 끝부분은 뾰족하고 잎맥이 나란함. • 가장자리 모양이 매끄럽고 만져 보면 꺼끌꺼끌함.
소나무		• 잎은 길쭉한 바늘 모양이고, 잎이 두 개 모여 있음. • 만져 보면 매끈매끈함.
토끼풀		• 잎은 대개 동그란 모양의 잎 세 개가 한곳에 함께 나 있고 가장자리 모양이 톱니 모양임. • 만져 보면 얇고 부드러움.

2 잎의 특징에 따라 식물 분류하기

(1) 잎을 분류하는 기준

① 식물 종류에 따라 잎의 특징이 다르기 때문에 잎의 전체적인 모양, 가장자리 모양, 잎의 끝 모양, 잎맥의 모양, 잎자루에 달린 잎의 개수 등을 기준으로 식물을 분류할 수 있습니다. ➕

② 분류 기준으로 알맞은 것: '잎의 전체적인 모양이 길쭉한가?', '잎의 가장자리 모양이 톱니 모양인가?', '잎의 끝 모양이 뾰족한가?', '잎맥이 그물 모양인가?', '잎자루에 달린 잎의 개수가 한 개인가?' 등은 누가 분류하더라도 같은 결과가 나오므로 분류 기준으로 알맞습니다.

③ 분류 기준으로 알맞지 않은 것: '잎의 크기가 큰가?', '잎의 모양이 예쁜가?' 등은 사람에 따라 분류 결과가 다르기 때문에 잎의 분류 기준으로 알맞지 않습니다.

(2) 분류 기준에 따라 식물 분류하기

① 여러 가지 식물의 잎을 공통적인 특징에 따라 분류하면 식물을 더 잘 이해할 수 있습니다. ➕

② 잎뿐만 아니라 뿌리, 줄기, 꽃, *열매의 생김새의 특징에 따라 분류할 수 있습니다.

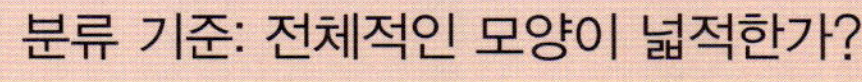

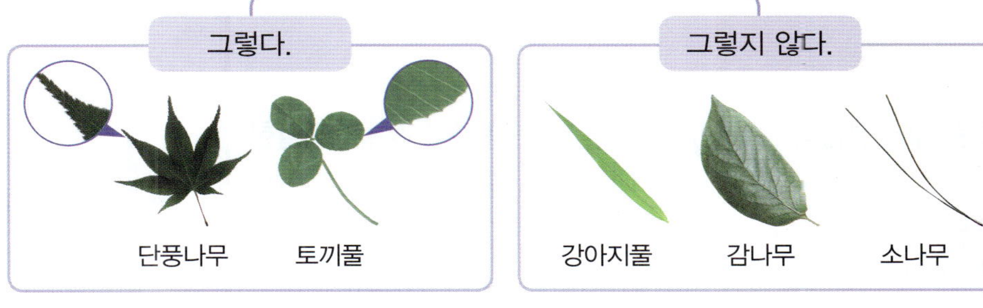

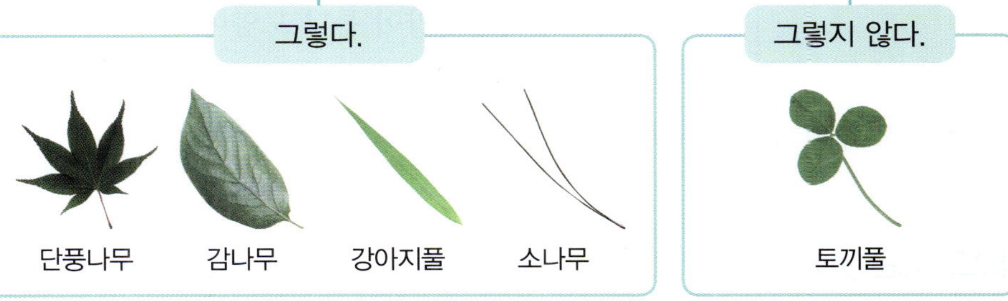

➕ '잎자루에 붙은 잎의 개수가 여러 개인가?'로 분류하기

- 회양목, 아까시나무는 잎자루에 붙은 잎의 개수가 여러 개입니다.
- 나팔꽃, 벗나무는 잎자루에 붙은 잎의 개수가 한 개입니다.

【 용어 사전 】

★ **열매** 식물의 한 기관으로, 보통 꽃이 핀 다음에 만들어지는 것으로 안에 씨가 들어 있음.

【 핵심만 】 **한번 더 쓰면서 정리!**

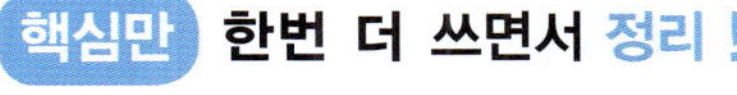

식물의 잎은 보통 잎몸, | 잎 | 맥 |, 잎자루로 구성되어 있음.

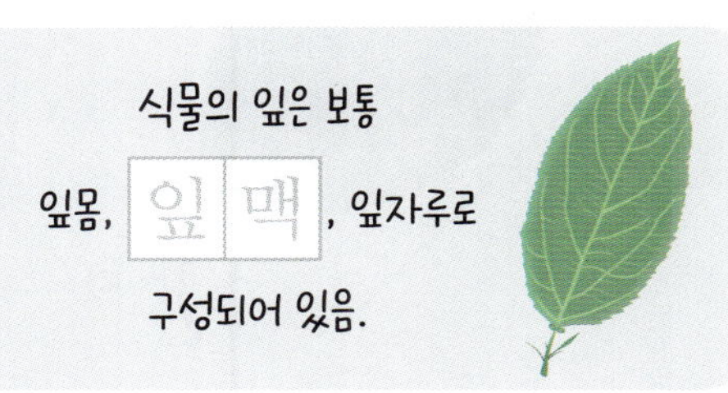

잎의 특징에 따라 식물 | 분 | 류 | 하기

식물의 잎은 전체적인 모양, 가장자리 모양, 잎의 끝 모양, 잎맥의 모양, 잎자루에 달린 잎의 개수 등에 따라 분류할 수 있음.

문제 학습

1 식물의 잎은 보통 (　　　), 잎맥, 잎자루로 구성되어 있습니다.

2 단풍나무, 감나무, 강아지풀 중에서 잎이 길쭉한 모양이며 끝부분은 뾰족하고 잎맥이 나란한 것은 (　　　)입니다.

3 감나무, 소나무, 강아지풀 중에서 전체적인 잎의 모양이 넓적한 것으로 분류할 수 있는 것은 (　　　)입니다.

4 단풍나무, 토끼풀, 강아지풀 중에서 잎의 끝 모양이 뾰족하지 않은 것으로 분류할 수 있는 것은 (　　　)입니다.

📖 7종 공통

5 다음과 같은 특징의 잎을 가진 식물은 어느 것입니까? (　　　)

> 길쭉한 바늘 모양이고, 잎이 두 개 모여 있다.

① 토끼풀　　② 감나무　　③ 소나무
④ 강아지풀　　⑤ 단풍나무

📖 7종 공통

6 감나무 잎과 강아지풀 잎의 공통점으로 옳은 것에 ◯표 하시오.

▲ 감나무

▲ 강아지풀

(1) 잎이 넓적한 모양이다. (　　　)
(2) 잎의 끝부분이 뾰족하다. (　　　)
(3) 한곳에 나는 잎의 개수가 여러 개다. (　　　)

📖 7종 공통

7 오른쪽 단풍나무 잎을 관찰한 내용으로 옳지 <u>않은</u> 것은 어느 것입니까? (　　　)

① 잎이 손바닥 모양이다.
② 만져 보면 두껍고 뻣뻣하다.
③ 잎의 전체적인 모양이 넓적하다.
④ 가장자리 모양이 톱니 모양이다.
⑤ 가장자리가 여러 갈래로 갈라져 있다.

동아, 아이스크림

8 식물의 잎에서 잎맥을 나타낸 것을 찾아 기호를 쓰시오.

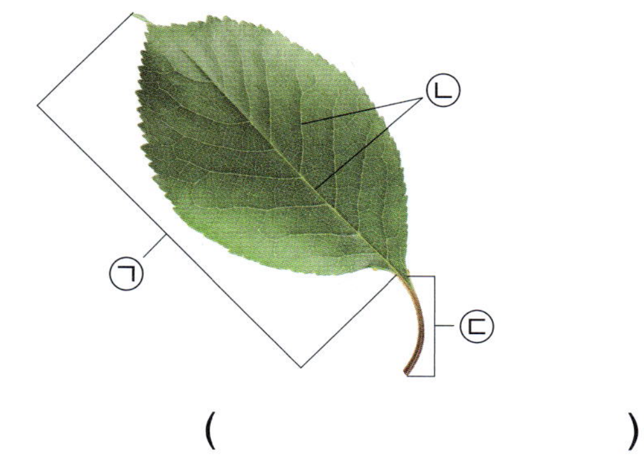

(　　　)

"

📖 7종 공통

9 식물 잎의 분류 기준으로 옳지 <u>않은</u> 것을 (보기)에서 찾아 기호를 쓰시오.

(보기)
⊙ 잎의 모양이 예쁜가?
ⓒ 잎의 끝 모양이 뾰족한가?
ⓒ 전체적인 모양이 넓적한가?
ⓔ 잎의 가장자리 모양이 톱니 모양인가?

( )

📖 7종 공통

10 다음은 잎의 특징에 따라 식물을 분류한 것입니다. <u>잘못</u> 분류한 것을 찾아 기호를 쓰시오.

( )

서술형 📖 7종 공통

11 알맞은 분류 기준을 정하고, 정한 분류 기준에 맞게 다음 식물을 분류하시오.

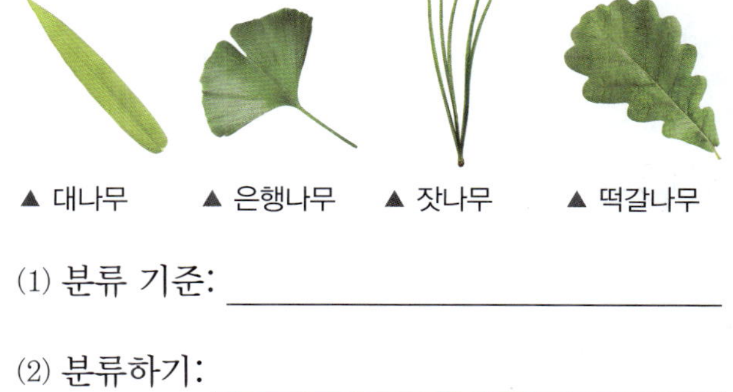

(1) 분류 기준: _______________

(2) 분류하기: _______________

도움말 잎의 전체적인 모양, 잎의 끝 모양 등을 관찰해 보고 어떤 차이점이 있는지 알아보세요.

동아

12 다음과 같이 식물의 잎을 분류한 기준으로 빈칸에 공통으로 들어갈 알맞은 말을 쓰시오.

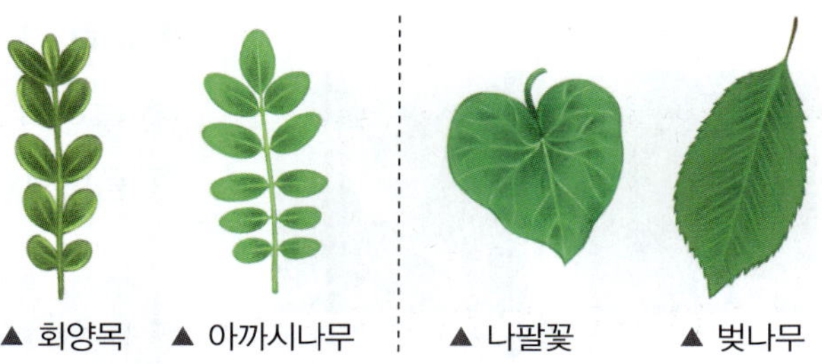

회양목, 아까시나무는 (   )에 달린 잎의 개수가 여러 개이고, 나팔꽃, 벚나무는 (   )에 달린 잎의 개수가 한 개다.

( )

디지털 문해력 📖 7종 공통

13 다음은 블로그에 올린 관찰 일기의 일부분입니다. <u>잘못된</u> 내용을 찾아 기호를 쓰시오.

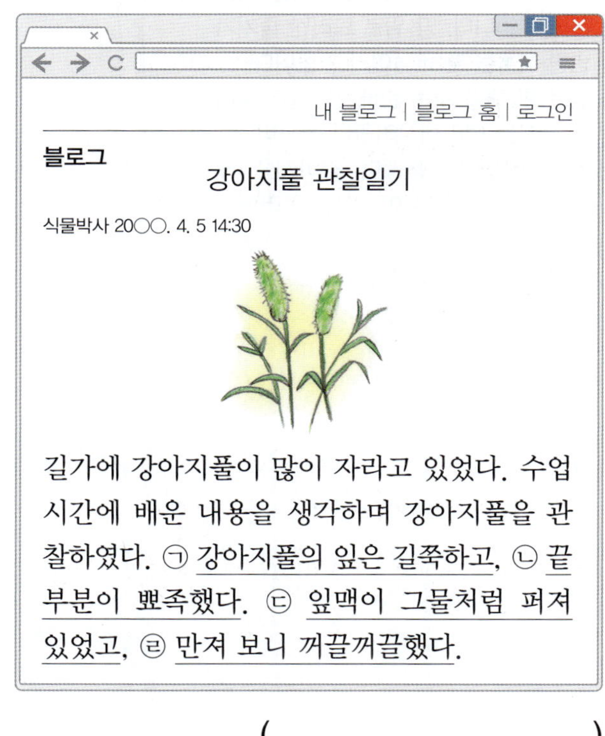

( )

학습 결과에 색칠하세요. 

1 들이나 산에 사는 식물 관찰하기

① 들이나 산에는 여러 가지 풀과 나무가 자라고 있습니다. ➕
② 씀바귀와 벚나무의 생김새와 생활 방식

씀바귀	벚나무

• 키가 작으며, 줄기는 가늘고 초록색임. • 잎은 길쭉한 모양이며, 꽃은 노란색임. • 겨울이 되면 씨를 남기거나 땅속 부분이 살아남아 추운 겨울을 남.	• 키가 크며, 줄기가 굵고 갈색임. • 잎은 달걀 모양이며, 꽃은 분홍색 또는 흰색임. • 가을이 되면 잎을 떨어뜨리고 뿌리와 줄기가 살아남아 추운 겨울을 남.

2 들이나 산에 사는 식물의 종류와 특징

(1) 풀: 씀바귀, 쑥, 봉숭아, 토끼풀, 강아지풀, 민들레, 명아주 등이 있습니다. ➕

식물		특징
쑥		• 줄기에 털이 있으며 잎이 부드러움. • 앞면은 뒷면보다 짙은 초록색이고 뒷면에는 *솜털이 있음. • 잎의 가장자리가 갈라져 있음.
봉숭아		• 잎이 어긋나고 잎자루가 있음. • 잎의 가장자리가 톱니 모양임.
토끼풀		• 줄기가 땅을 기듯이 자라며 줄기 마디에서 가느다란 뿌리가 내림. • 잎은 보통 3개씩 달리며 흰색 꽃이 둥근 모양으로 피고 여러해살이풀임.
강아지풀		• 키는 20 cm~100 cm 정도임. • 잎은 길고 가느다란 모양으로 끝이 뾰족함. • 꽃은 초록색이며 여러 개의 꽃이 모여 강아지 꼬리 모양을 이룸.
민들레		• 잎의 가장자리는 톱니 모양임. • 잎의 가장자리가 갈라져 있으며 한곳에서 뭉쳐나고 노란색 꽃이 핌.

➕ 들과 산

▲ 들   ▲ 산

들은 평평하고 넓게 트인 땅이고, 산은 주변보다 높은 땅입니다.

➕ 풀

• 나무와 풀을 구분하는 일반적인 기준은 줄기입니다. 땅 위로 드러난 줄기가 연한 식물을 흔히 풀이라고 합니다.
• 풀은 한 해를 사는 한해살이풀과 여러 해를 사는 여러해살이풀이 있습니다.
• 한해살이풀에는 봉숭아, 강아지풀, 해바라기, 명아주 등이 있고, 여러해살이풀에는 씀바귀, 쑥, 토끼풀, 민들레, 비비추 등이 있습니다.

용어 사전

★ 솜털   매우 잘고 보드라운 털.

(2) **나무**: 벚나무, 소나무, 단풍나무, 은행나무, 회양목, 조팝나무, 떡갈나무 등이 있습니다. ➕

식물		특징
소나무		• 키가 20 m~35 m 정도로 자람. • 잎은 2개씩 뭉쳐나는데, 그 모양이 바늘 모양으로 끝이 뾰족함.
단풍나무		• 키가 보통 10 m 정도로 자람. • 잎은 손가락처럼 여러 갈래로 갈라져 있고, 가을이 되면 잎이 붉은색 등으로 변함.
은행나무		• 키가 20 m~35 m 정도로 자람. • 줄기는 곧고 가지는 위쪽을 향해 비스듬히 자람. • 잎은 부채 모양이며, 가을에 노란색 등으로 변함.
회양목		• 키가 7 m까지도 자람. • 줄기는 회색이고, 마주나게 달리는 잎은 타원형이며 앞면에 ＊광택이 있음.

3 풀과 나무의 공통점과 차이점

구분	풀	나무
공통점	• 대부분 뿌리, 줄기, 잎이 있음. • 대부분 땅에 뿌리를 내리고 몸을 ＊지탱함. • 대부분 줄기와 잎이 잘 구분됨.	
차이점	• 나무보다 키가 작음. • 줄기가 가늘고 연함. • 겨울이 되면 씨를 남기고 죽거나 땅속 부분으로 겨울을 남.	• 풀보다 키가 큼. • 풀보다 비교적 줄기가 굵고 단단함. • 대부분 잎을 떨어뜨리고 굵은 뿌리와 줄기가 살아남아 겨울을 남.

➕ **나무**

• 나무의 줄기는 해마다 굵어지며, 줄기가 굵어지면 ＊나이테가 하나씩 생깁니다.
• 일반적으로 나무는 소나무, 은행나무 등과 같이 키가 크지만 사철나무, 무궁화, 개나리 등과 같이 키가 작은 나무도 있습니다.

용어 사전

✱ **광택** 빛의 반사로 물체의 표면에서 반짝거리는 빛.

✱ **지탱** 오래 버티거나 배겨 냄.

✱ **나이테** 나무의 줄기나 가지를 가로로 자른 면에 나타나는 둥근 테. 1년마다 하나씩 생김.

핵심만 한번 더 쓰면서 정리 !

나무보다 키가 작고, 줄기가 가늘고 연함.

풀
들이나 산에 사는 식물
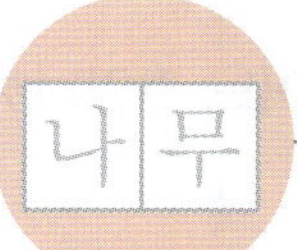 **나무**

풀보다 키가 크고, 줄기가 굵고 단단함.

들이나 산에 사는 식물은 대부분 땅에 **뿌** **리** 를 내리고 자라며, 줄기와 잎이 잘 구분됨.

문제 학습

1 회양목, 민들레, 은행나무 중에서 풀은 (   )입니다.

2 강아지풀, 소나무, 단풍나무 중에서 잎이 손가락처럼 여러 갈래로 갈라져 있는 것은 (   )입니다.

3 들이나 산에 사는 식물은 대부분 땅에 (   )를 내리고 자라며, 줄기와 잎이 잘 구분됩니다.

4 풀과 나무 중에서 줄기가 가늘고 키가 작은 것은 (   )입니다.

동아, 천재(이)

5 다음 ㉠과 ㉡에 들어갈 알맞은 말을 (보기)에서 찾아 각각 쓰시오.

> (㉠   )은/는 평평하고 넓게 트인 땅이고,
> (㉡   )은/는 주변보다 높은 땅이다.

┌─(보기)─
│ 들, 강, 산, 바다
└─

㉠ (   ), ㉡ (   )

📘 7종 공통

6 풀끼리 바르게 짝 지어진 것은 어느 것입니까?
(   )

① 봉숭아, 토끼풀, 회양목
② 민들레, 봉숭아, 명아주
③ 토끼풀, 무궁화, 개나리
④ 강아지풀, 개나리, 은행나무
⑤ 해바라기, 떡갈나무, 단풍나무

📘 7종 공통

7 토끼풀에 대한 설명으로 옳은 것에 ○표, 옳지 않은 것에 ×표 하시오.

① 잎은 보통 5개씩 달린다. (   )
② 줄기가 땅을 기듯이 자란다. (   )
③ 흰색 꽃이 둥근 모양으로 핀다. (   )
④ 여러 해를 사는 나무에 해당한다. (   )

📘 7종 공통

8 들이나 산에 사는 식물에 대한 설명으로 옳지 <u>않은</u> 것은 어느 것입니까? (   )

① 민들레는 잎의 가장자리가 갈라져 있다.
② 쑥은 줄기에 털이 있으며 잎이 부드럽다.
③ 봉숭아는 잎의 가장자리가 톱니 모양이다.
④ 은행나무는 줄기가 곧고 가지는 위쪽을 향하여 비스듬히 자란다.
⑤ 회양목은 키가 20 cm 정도로만 자라며 줄기는 초록색이다.

서술형 아이스크림

9 다음과 같은 식물이 겨울을 나는 방법은 무엇인지 쓰시오.

▲ 벚나무　　　　▲ 은행나무

____

도움말 풀과 나무가 겨울을 나는 방법에 차이가 있음을 참고하여 생각해 보세요.

📖 7종 공통

10 풀과 나무의 공통적인 특징으로 옳은 것을 (보기)에서 두 가지 골라 기호를 쓰시오.

(보기)
ㄱ 줄기와 잎이 잘 구분된다.
ㄴ 잎과 뿌리는 있지만 줄기는 없다.
ㄷ 모두 잎의 가장자리가 갈라져 있다.
ㄹ 대부분 땅에 뿌리를 내리고 자란다.

(　　　　　)

📖 7종 공통

11 풀과 나무에 대한 설명으로 알맞은 것끼리 선으로 이으시오.

(1) 풀 ・　　　　・ㄱ 키가 크고, 줄기가 비교적 굵다.

(2) 나무 ・　　　　・ㄴ 키가 작고, 줄기가 비교적 가늘다.

📖 7종 공통

12 다음 두 식물에 대해 옳게 말한 사람의 이름을 쓰시오.

▲ 명아주　　　　▲ 비비추

• 수진: 명아주와 비비추 모두 나무야.
• 승우: 명아주와 비비추는 줄기가 가늘고 연해.
• 태일: 명아주는 키가 매우 크게 자라고, 비비추는 키가 작아.

(　　　　　)

3 단원 / **2**회

디지털 문해력 📖 7종 공통

13 다음 온라인 게시물을 읽고, 어떤 식물에 대한 이야기인지 쓰시오.

(　　　　　)

학습 결과에 색칠하세요.

1 부레옥잠 관찰하기

교과서 대표 탐구

부레옥잠의 특징 알아보기

| 과정 |

❶ 부레옥잠의 생김새를 관찰해 봅니다.
❷ 부레옥잠의 잎자루를 가로와 세로로 잘라서 자른 면을 각각 관찰합니다.
❸ 자른 잎자루를 수조의 물속에 넣고 손가락으로 지그시 눌러 봅니다.
❹ 부레옥잠이 물에 뜰 수 있는 까닭을 관찰 결과와 관련지어 이야기해 봅니다.

| 결과 |

부레옥잠의 생김새	 **잎자루** 공처럼 부풀어 있고, 살짝 눌러 보면 폭신폭신함. **잎** 초록색이고 둥근 모양이며, *표면이 매끈매끈하고 광택이 남. ➕ **뿌리** 수염 같은 잔뿌리가 많음.
부레옥잠의 잎자루를 자른 단면	▲ 가로로 자를 때　　▲ 세로로 자를 때 • 속이 꽉 차 있지 않고, 구멍이 많이 있음. • 잎자루가 *스펀지처럼 생겼고, 잎자루 속에 수많은 공기주머니가 있음.
자른 잎자루를 물속에서 눌러보기	▲ 누르기 전　　➡　　▲ 누른 후　　공기 방울 • 잎자루를 손가락으로 누르면 잎자루에서 공기 방울이 나와 위로 올라옴. • 세게 누르면 더 많은 공기 방울이 생기고, 여러 번 누르면 공기 방울이 점점 줄어듦. • 누른 손을 떼면 잎자루가 다시 부풀어 오름. • 물 밖으로 꺼냈다가 다시 넣어서 눌러 보면 공기 방울이 처음처럼 많이 생김.

정리

부레옥잠은 잎자루에 있는 공기주머니 때문에 물에 떠서 살 수 있습니다. ➕

 부레옥잠은 줄기가 없을까?

부레옥잠도 줄기가 있어. 부레옥잠의 줄기는 잎자루 아래에 있고, 옆으로 기듯이 자라면서 중간에 뿌리를 내려.

➕ **부레옥잠의 잎**

잎　잎몸　잎자루

줄기와 잎을 연결하는 부분인 잎자루는 대부분 길쭉한 모양이지만, 부레옥잠의 잎자루는 공처럼 부푼 모양입니다.

➕ **부레옥잠과 물놀이 튜브의 공통점**
부레옥잠과 물놀이 튜브는 모두 안에 공기가 들어 있어서 물에 뜰 수 있습니다.

용어 사전

★ **표면** 사물의 가장 바깥쪽. 또는 가장 윗부분.

★ **스펀지** 탄력이 있고 수분을 잘 빨아들여 쿠션이나 물건을 닦는 재료로 많이 쓰임.

2 강이나 연못에 사는 식물의 생김새와 생활 방식 ➕

물속에 잠겨서 사는 식물	물에 떠서 사는 식물
물속 땅에 뿌리를 내리고, 줄기가 가늘며 물의 흐름에 따라 잘 휘어져서 *물살이 센 곳에서도 잘 부러지지 않음. 예 물수세미, 나사말, 검정말, 붕어마름	수염처럼 생긴 뿌리가 물속으로 뻗어 있고, 공기주머니가 있거나 스펀지와 비슷한 구조로 되어 있어 쉽게 물에 뜸. 예 개구리밥, 물상추, 부레옥잠, 생이가래
잎이 물에 떠 있는 식물	잎이 물 위로 높이 자라는 식물
물속 땅에 뿌리를 내리고, 잎과 꽃이 물에 떠 있음. 예 수련, 가래, 마름, 순채, 자라풀	물속이나 물가의 땅에 뿌리를 내리고 잎과 꽃이 물 위로 높이 자라며, 대부분 키가 크고 줄기가 단단함. 예 연꽃, 부들, 창포, 갈대, 줄 ➕

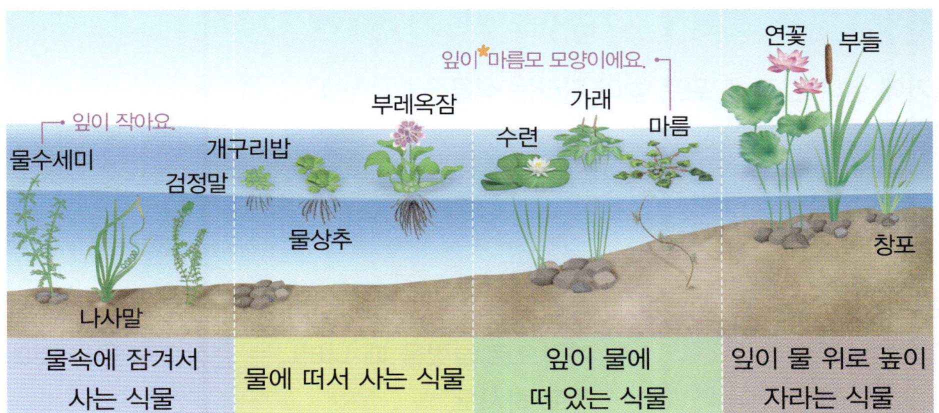

3 강이나 연못에 사는 식물의 특징과 환경의 관계

① 강이나 연못의 환경: 물이 흐르거나 고여 있는 곳입니다.
② 강이나 연못에 사는 식물은 물에 떠서 살거나 몸의 일부나 전체가 물속에 잠겨서 삽니다.
③ 강이나 연못에 사는 식물은 물에서 살기에 알맞은 생김새와 생활 방식을 가지고 있습니다.

➕ 강이나 연못에 사는 식물
- 침수식물: 물속에 잠겨서 사는 식물
- 부유식물: 물에 떠서 사는 식물
- 부엽식물: 잎이 물에 떠 있는 식물
- 정수식물: 잎이 물 위로 높이 자라는 식물

3 단원
3회

➕ 수련과 연꽃

▲ 수련

▲ 연꽃

수련과 연꽃은 잎의 모양이 다른데, 수련은 한쪽이 트여 있는 원형의 잎이 물 위에 납작하게 펼쳐지는 듯 떠 있고, 연꽃은 뒤집힌 우산 모양의 잎이 물 위로 솟아 있습니다.

용어 사전
★ **물살** 물이 흘러 내뻗는 힘.
★ **마름모** 네 변의 길이가 같은 사각형.

핵심만 한번 더 쓰면서 **정리 !**

검정말은 잎이 작고 줄기가 가늘고 길며 물속에 [잠][겨][서] 살아감.

수련은 잎이 넓고, 잎과 꽃이 물에 떠 있음.

강이나 연못에 사는 식물

부레옥잠은 잎자루에 [공][기] 주머니가 있어서 물에 뜰 수 있음.

갈대는 뿌리가 물속이나 물가의 땅에 박혀 있고, 키가 크고 줄기가 단단함.

핵심 체크

1 부레옥잠의 (　　　) 속에는 수많은 공기주머니가 있습니다.

2 나사말, 갈대, 마름 중에서 물속에 잠겨서 사는 식물은 (　　　)입니다.

3 수련은 잎이 넓고 잎과 꽃이 물 위에 떠 있으며, (　　　)가 물속 땅에 박혀 있습니다.

4 검정말, 개구리밥, 부들 중에서 물가에 살며 잎이 물 위로 높이 자라는 식물은 (　　　)입니다.

■ 7종 공통

5 부레옥잠의 생김새에 대한 설명으로 옳지 <u>않은</u> 것은 어느 것입니까? (　　　)

① 잎의 모양이 둥글다.
② 수염 같은 잔뿌리가 많다.
③ 잎자루는 가늘고 납작한 모양이다.
④ 잎자루를 살짝 눌러 보면 폭신폭신하다.
⑤ 잎의 표면이 매끈매끈하고 광택이 난다.

■ 7종 공통

6 부레옥잠의 잎자루를 가로와 세로로 잘라 관찰한 결과를 <u>잘못</u> 말한 사람의 이름을 쓰시오.

- 소라: 잎자루가 스펀지처럼 생겼어.
- 지호: 잎자루 속이 꽉 차 있지 않아.
- 하늘: 잎자루 속이 물로 가득 차 있어.

(　　　　　　　　　)

■ 7종 공통

7 부레옥잠의 잎자루를 잘라 수조의 물속에 넣고 손가락으로 눌렀을 때 나타나는 현상으로 옳은 것에 ○표 하시오.

⑴ 잎자루의 색깔이 변한다. (　　　)
⑵ 잎자루가 물에 녹아 사라진다. (　　　)
⑶ 잎자루에서 양분이 만들어진다. (　　　)
⑷ 잎자루에서 공기 방울이 나와 위로 올라간다. (　　　)

서술형 ■ 7종 공통

8 다음 식물이 물에 뜰 수 있는 까닭을 쓰시오.

도움말 물놀이 튜브가 물에 뜨는 까닭과 비슷해요.

📖 7종 공통

9 다음 설명과 관계있는 식물끼리 옳게 짝 지은 것은 어느 것입니까? (   )

> 잎이 작고 줄기가 가늘며 물속에 잠겨서 산다.

① 부들, 갈대
② 수련, 마름
③ 나사말, 검정말
④ 강아지풀, 봉숭아
⑤ 부레옥잠, 개구리밥

📖 7종 공통

10 강이나 연못에 사는 식물에 대한 설명으로 옳지 <u>않은</u> 것을 (보기)에서 골라 기호를 쓰시오.

> **(보기)**
> ㉠ 마름은 물속에 잠겨서 산다.
> ㉡ 수련은 잎이 넓고 납작한 모양이어서 잎이 물에 뜰 수 있다.
> ㉢ 개구리밥은 물에 떠서 살며 수염 모양의 뿌리는 물속에 있다.
> ㉣ 갈대는 물가에 살고, 뿌리가 물속이나 물가의 땅에 박혀 있다.

(   )

📖 7종 공통

11 오른쪽 검정말의 특징으로 옳은 것은 어느 것입니까? (   )

① 뿌리가 물 위에 떠 있다.
② 잎과 꽃이 물 위에 떠 있다.
③ 줄기와 잎이 매우 단단하다.
④ 잎자루에 공기주머니가 있다.
⑤ 잎과 줄기가 부드러워 물살이 센 곳에서도 잘 부러지지 않는다.

📖 7종 공통

12 갈대와 부들의 공통점을 두 가지 고르시오.

(   )

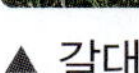
▲ 갈대　　　　　　▲ 부들

① 주로 물가에 산다.
② 물속에 잠겨서 산다.
③ 잎과 꽃이 물에 떠 있다.
④ 뿌리는 수염 모양이며 물에 떠 있다.
⑤ 튼튼한 줄기와 길쭉한 잎이 물 위로 높이 자란다.

디지털 문해력　📖 7종 공통

13 다음 온라인 대화를 읽고, 옳게 말한 사람의 이름을 쓰시오.

(   )

학습 결과에 색칠하세요.   

3 단원 / 3회

1 사막에 사는 식물

(1) **사막의 환경**: 햇빛이 강하며 비가 적게 오고 *건조하여 물이 부족합니다. ➕

(2) **선인장 관찰하기**

실험동영상

교과서 대표 탐구

선인장의 특징 알아보기

| 과정 |

❶ 선인장의 겉모양을 관찰합니다.
❷ 선인장의 줄기를 가로로 잘라 속을 관찰합니다.
❸ 선인장의 줄기를 자른 면에 휴지를 대어 봅니다.
❹ 선인장의 생김새와 특징을 사는 곳과 관련지어 이야기해 봅니다.

| 결과 |

겉모양		• 잎은 가시 모양임. • 줄기는 굵고 통통한 기둥 모양임.
줄기를 가로로 잘라 속 관찰하기		• 줄기를 자른 면은 촉촉함. • 줄기를 자른 면에 물(물기)이 있음. • 줄기를 자른 면은 매끈매끈함.
줄기를 자른 면에 휴지 대어 보기		• 줄기를 자른 면에 휴지를 대어 보면 휴지가 젖음. • 이를 통해 줄기를 자른 면에 물(물기)이 있음을 알 수 있음.

➡ 선인장의 생김새와 특징을 사는 곳과 관련짓기: 선인장은 잎이 가시 모양이어서 수분을 잘 빼앗기지 않기 때문에 물이 부족한 사막에서도 살 수 있습니다. 선인장은 줄기에 물을 *저장할 수 있어서 오랫동안 비가 오지 않아도 살 수 있습니다.

정리

선인장의 가시 모양의 잎은 물이 빠져나가는 것을 줄이고, 굵은 줄기는 물을 저장하기에 알맞습니다.

탐구 팩트 알로에도 선인장처럼 줄기에 물을 저장할까?

알로에는 두꺼운 잎에 물을 저장해. 알로에 잎을 잘라 보면 젤리 같은 것이 있는데, 99 % 이상이 물이야.

➕ **사막에 사는 식물의 특징**

• 물을 저장하기에 알맞은 굵은 줄기를 가집니다.
• 넓은 잎이 아닌 표면이 최소화된 가시로 된 잎 등으로 물이 빠져나가는 것을 막아 물이 부족한 환경에서도 살 수 있습니다.
• 뾰족한 가시가 있어 동물이 쉽게 먹지 못합니다.
• 뿌리가 얕고 넓게 퍼져 있어서 비가 내리면 물을 빠르게 *흡수할 수 있거나 뿌리가 깊게 뻗어 있어서 땅속 깊은 곳에 있는 물을 흡수할 수 있습니다.

용어 사전

✱ **건조** 말라서 습기가 없음.
✱ **저장** 물건이나 재화 등을 모아서 간수함.
✱ **흡수** 외부의 물질을 안으로 빨아들임.

(3) 사막에 사는 식물 ➕

① 용설란: 두껍고 껍질이 단단한 잎에 물을 저장합니다. 잎의 가장자리에는 날카로운 가시가 있습니다. →용의 혀 모양을 닮아서 붙여진 이름이에요.

② 바오바브나무: 키가 약 20 m 정도로, 굵은 줄기에 물을 많이 저장할 수 있어서 물이 부족할 때 오래 견딜 수 있습니다.

③ 알로에: 잎이 두꺼워서 물을 많이 저장할 수 있고, 껍질이 두꺼워 물이 밖으로 빠져나가는 것을 막아 줍니다. 잎의 가장자리에 가시가 있습니다.

④ 회전초: 굴러다니면서 씨를 뿌리다가 비가 오면 빠르게 번식합니다.

 ▲ 용설란

 ▲ 바오바브나무

 ▲ 알로에

 ▲ 회전초

2 높은 산에 사는 식물

(1) **높은 산의 환경**: 높은 산 위는 기온이 낮고 강한 바람이 붑니다. ➕

(2) **높은 산에 사는 식물**

① 한라솜다리: 한라산 *정상부에 살고, 키가 10 cm 정도로 작으며, 줄기는 여러 개가 함께 모여 납니다.

② 암매: 높이가 3 cm~5 cm로, 키가 가장 작은 나무로 알려져 있으며, 바위 틈의 한군데에서 모여서 자랍니다.

③ 눈잣나무: 높은 산과 같이 바람이 세게 부는 환경에서는 누워서 자라지만, 바람이 많이 불지 않는 산 아래에서는 위로 곧게 자랍니다.

 ▲ 한라솜다리

 ▲ 암매

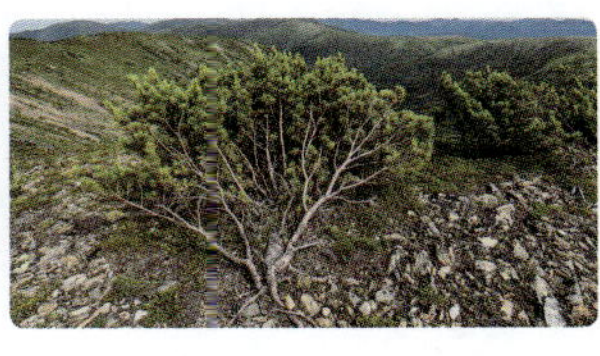 ▲ 눈잣나무

➕ **사막에 사는 다양한 식물**

 ▲ 아데니움

 ▲ 메스키트나무

• 아데니움은 키가 크고 줄기가 굵고 길어서 물을 많이 저장합니다. 크기에 비해 잎의 수가 적어 물을 잘 빼앗기지 않습니다.

• 메스키트나무는 뿌리가 땅속 깊게 뻗어서 지하수를 빨아들여 저장합니다.

3 단원 / 4회

➕ **높은 산에 사는 식물의 특징**

기온이 낮고 강한 바람이 부는 높은 산에 사는 식물은 대부분 키가 작고 모여 살거나 줄기가 누워서 자라므로 낮은 기온과 강한 바람을 견딜 수 있습니다.

용어 사전

★ **정상부**   맨 꼭대기 부분.

핵심만 한번 더 쓰면서 정리 !

사막은 햇빛이 강하며 비가 적게 오고 건조하여 물 이 부족 함.

사막에 사는 식물은 물을 저장하고, 가시 로 된 잎 등으로 물이 빠져나가는 것을 막음.

사막에 사는 식물

높은 산에 사는 식물

높은 산은 바람 이 강하게 불고, 기온이 낮음.

높은 산에 사는 식물은 키가 작거나 줄기가 누워서 자라므로 강한 바람을 견딜 수 있음.

핵심 체크

1 선인장의 가시 모양의 (   )은 물이 빠져나가는 것을 막아 줍니다.

2 바오바브나무는 굵은 (   )에 물을 저장합니다.

3 용설란, 눈잣나무, 알로에 중 사막에 사는 식물이 아닌 것은 (   )입니다.

4 높은 산에 사는 식물은 대부분 키가 작거나 줄기가 누워서 자라므로 낮은 기온과 강한 (   )을 견딜 수 있습니다.

■ 7종 공통

5 사막에 대한 설명으로 옳은 것은 어느 것입니까?

(   )

① 비가 많이 온다.
② 눈이 많이 온다.
③ 건조하여 물이 적다.
④ 낮에도 온도가 매우 낮다.
⑤ 대부분이 물로 이루어져 있고, 물속에 소금 성분이 많다.

■ 7종 공통

6 오른쪽 선인장에 대한 설명으로 옳은 것을 두 가지 찾아 ○표 하시오.

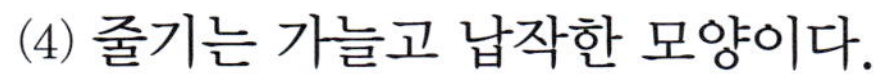

(1) 줄기는 초록색이다.　(　　　)
(2) 잎이 가시 모양이다.　(　　　)
(3) 줄기를 자른 면은 말라 있다.
　　　　　　　　　　(　　　)
(4) 줄기는 가늘고 납작한 모양이다.　(　　　)

서술형 동아, 비상, 지학사

7 선인장의 줄기를 자른 면에 휴지를 대어 보았을 때 나타나는 현상과 그 현상을 통해 알 수 있는 사실을 쓰시오.

도움말 물이 부족한 사막에서 선인장이 살아가려면 무엇이 필요한지 생각해 보세요.

■ 7종 공통

8 선인장의 잎이 가시 모양일 때 좋은 점으로 옳은 것을 (보기)에서 골라 기호를 쓰시오.

(보기)
㉠ 물이 밖으로 잘 빠져나간다.
㉡ 양분을 많이 저장할 수 있다.
㉢ 동물의 공격을 막을 수 있다.
㉣ 동물의 먹이가 되어 동물이 잘 살 수 있게 한다.

(　　　　　)

7종 공통

9 사막에 사는 식물에 대한 설명으로 옳은 것에 ○표, 옳지 <u>않은</u> 것에 ×표 하시오.

(1) 용설란은 굵은 줄기에 물을 저장한다.

(   )

(2) 알로에는 잎이 두꺼워서 물을 많이 저장할 수 있다. (   )

(3) 바오바브나무는 두껍고 껍질이 단단한 잎에 물을 저장한다. (   )

동아, 아이스크림

10 높은 산에 사는 식물에 대한 설명으로 옳은 것은 어느 것입니까? (   )

① 모두 나무이다.
② 대부분 키가 작다.
③ 잎자루에 공기주머니가 있다.
④ 잎과 줄기가 구별되지 않는다.
⑤ 모두 줄기가 곧게 서서 자란다.

동아, 아이스크림

11 다음은 어떤 식물에 대한 설명인지 식물의 이름을 쓰시오.

- 높은 산에 사는 식물이다.
- 바위틈의 한군데에서 모여서 자란다.
- 높이가 3 cm~5 cm로, 키가 가장 작은 나무로 알려져 있다.

(   )

동아, 아이스크림

12 다음 설명과 관계있는 식물은 어느 것입니까?

(   )

> 높은 산과 같이 바람이 세게 부는 환경에서는 줄기가 누워서 자란다.

① 
▲ 아데니움

② 
▲ 회전초

③ 
▲ 메스키트나무

④ 
▲ 눈잣나무

디지털 문해력   7종 공통

13 다음 온라인 게시물을 읽고, 밑줄 친 식물의 이름을 쓰시오.

(   )

학습 결과에 색칠하세요. 

➕ **염생 식물**

- 바닷가 등 소금기가 있는 땅에서 사는 식물을 염생 식물이라고 합니다. 염생 식물은 다양한 방법으로 몸속 소금기의 진하기를 조절하는데, 대부분 몸 안에 소금기가 들어 있어 짠맛이 나는 식물이 많습니다.
- 염생 식물에는 통보리사초, 갯메꽃, 퉁퉁마디, 해홍나물, 칠면초, 나문재, 갯방풍 등이 있습니다.

1 갯벌에 사는 식물

(1) 갯벌의 환경: 햇빛과 바람이 강하고, *소금기가 많은 곳입니다. ➕

(2) 갯벌에 사는 식물

식물	생김새와 생활 방식
통보리사초	• 키가 10 cm~20 cm 정도이며, 바닷가 모래땅에 뿌리를 깊게 내려서 강한 바람이 불어도 잘 자람. • 곧은 줄기 끝에 여러 개의 *이삭이 달린 모습이 보리와 비슷하게 생김.
갯메꽃	• 잎 표면이 단단하고 광택이 나며, 줄기가 옆으로 뻗어나가 바닷가의 강한 햇빛과 바람에도 잘 자람. • 꽃이 나팔꽃과 비슷하게 생김.
퉁퉁마디	• 키가 15 cm~35 cm 정도로, 마디가 많고 원통 모양임. • 줄기가 통통하여 물을 저장할 수 있고, 광택이 나서 강한 햇빛에도 잘 자람.
해홍나물	• 통통한 줄기에 물을 저장할 수 있어 소금기가 많은 환경에서도 살 수 있음. • 잎이 바늘 모양이어서 바람의 영향을 적게 받음.

2 식물의 특징을 이용한 예

(1) 연잎의 특징을 이용한 예

① 연잎과 *방수 천에 물을 한 방울씩 떨어뜨리면 물방울이 퍼지지 않고 공처럼 둥글게 뭉칩니다. 연잎과 방수 천 위의 물방울은 흡수되지 않고 미끄러지듯이 흘러내립니다. → 연잎과 방수 천은 물이 스며들지 않는 공통점이 있어요.

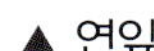

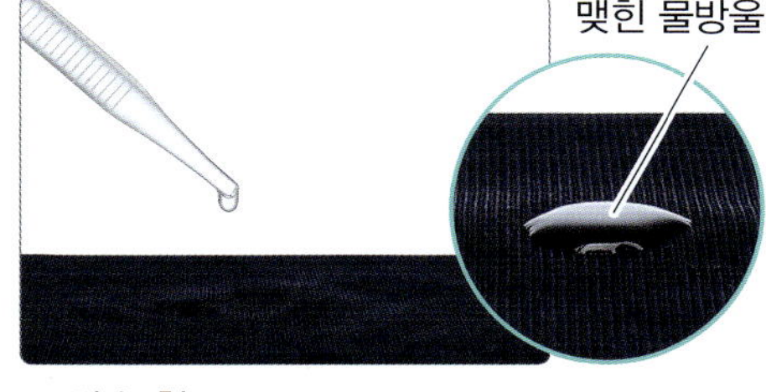

② 연잎을 확대해서 보면 표면에 수많은 작은 *돌기가 있는데 이것이 물을 흡수하지 않고 흘러내리게 합니다.

③ 연잎의 특징을 생활 속에서 이용한 예: 연잎이 물에 젖지 않는 성질을 이용해 만든 방수 천으로 천막, 비옷, 우산, 방수 소파 등을 만듭니다.

✱ **소금기** 소금 성분이 섞인 약간 축축한 기운.

✱ **이삭** 벼, 보리 등의 곡식에서, 꽃이 피고 꽃대의 끝에 열매가 더부룩하게 많이 열리는 부분.

✱ **방수** 스며들거나 새거나 넘쳐흐르는 물을 막음.

✱ **돌기** 뾰족하게 내밀거나 도드라짐. 또는 그런 부분.

(2) 생활 속에서 식물의 특징을 이용한 예

방수 천

물에 젖지 않는 연잎의 특징을 이용해 물이 스며들지 않는 방수 천을 만들었습니다.

찍찍이 테이프

우엉 열매도 도꼬마리 열매와 같은 특징이 있어요.

도꼬마리 열매의 가시 끝이 갈고리 모양으로 휘어져 다른 물체에 한번 붙으면 잘 떨어지지 않는 특징을 이용해 찍찍이 테이프를 만들었습니다. ➕

철조망

장미 줄기의 가시가 동물이나 사람의 접근을 막아 자신을 보호하는 특징을 이용해 철조망을 만들었습니다.

낙하산

민들레 열매가 바람에 날려 퍼지는 모습을 보고 열매의 생김새를 이용해 낙하산을 만들었습니다.

헬리콥터 프로펠러

바람을 타고 빙글빙글 돌며 떨어지는 단풍나무 열매의 생김새를 이용해 헬리콥터의 프로펠러를 만들었습니다.

이 특징을 이용해 드론이나 선풍기 날개도 만들었어요.

수세미

수세미외 열매를 잘라 보면 구멍이 송송 뚫려 있는 것을 이용해 공기가 잘 통하고 폭신한 설거지용 수세미를 만들었습니다.

➕ **도꼬마리 열매와 찍찍이 테이프의 특징**

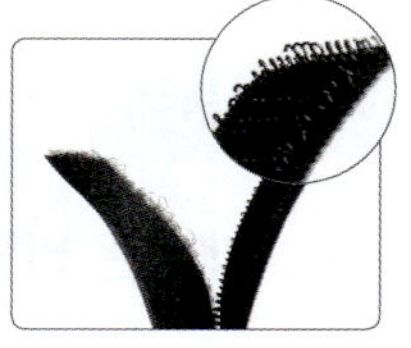

▲ 도꼬마리 열매　　▲ 찍찍이 테이프

- 도꼬마리 열매의 가시를 확대해서 보면 갈고리처럼 끝이 굽어져 있습니다.
- 찍찍이 테이프의 거친 부분을 확대해서 보면 갈고리 모양의 플라스틱을 볼 수 있습니다.

3단원 / 5회

용어 사전

★ **철조망**　접근을 막기 위해 가시 철사로 만든 울타리.

★ **낙하산**　비행 중인 항공기에서 사람이나 물건을 안전하게 땅 위에 내리도록 하는 데 쓰는 기구.

핵심만 **한번 더 쓰면서 정리 !**

소 금 기 가 많고, 바람과 햇빛이 강한 환경에서도 살 수 있도록 잎 표면이 단단하고 광 택 이 나며, 줄기가 옆 으로 뻗어나감.

→ **갯벌에 사는 식물**

생활 속 식물의 특징 이용

물이 잘 스며들지 않는 연 잎 의 특징을 이용해 방수 천을 만들었음.

한번 붙으면 잘 떨어지지 않는 도 꼬 마 리 열매의 특징을 이용해 찍찍이 테이프를 만들었음.

문제 학습

1 갯벌은 바닷가 주변에 있어 물과 땅에 (   )가 많습니다.

2 통보리사초, 갯메꽃, 퉁퉁마디는 (   )에 사는 식물입니다.

3 물이 잘 스며들지 않는 연잎의 특징을 이용해 (   ) 천을 만듭니다.

4 찍찍이 테이프, 낙하산, 철조망 중에서 도꼬마리 열매의 특징을 이용해 만든 것은 (   )입니다.

동아, 지학사, 천재(정)

5 다음 설명에 해당하는 식물의 이름을 쓰시오.

> - 갯벌에 사는 식물이다.
> - 바닷가 모래땅에 뿌리를 깊게 내리며 자란다.
> - 곧은 줄기 끝에 여러 개의 이삭이 달린 모습이 보리와 비슷하게 생겼다.

(   )

동아, 지학사, 천재(정)

6 갯벌에 사는 식물은 어느 것입니까? (   )

①  회전초

②  해홍나물

③  나사말

④  선인장

동아, 지학사, 천재(정)

7 다음과 같은 특징을 가진 식물의 이름을 (보기)에서 골라 각각 쓰시오.

(보기)

> 퉁퉁마디, 갯메꽃

⑴ 마디가 많으며, 줄기가 퉁퉁하고 광택이 난다.
(   )
⑵ 줄기가 옆으로 뻗어나가 강한 바람에도 잘 자란다. (   )

동아, 지학사, 천재(정)

8 갯벌에 사는 식물의 특징을 옳게 말한 사람의 이름을 쓰시오.

> - 하진: 잎이나 줄기가 얇고 가늘어.
> - 우주: 대부분 키가 매우 크게 자라.
> - 정원: 소금기가 많은 환경에서도 살 수 있어.

(   )

동아, 아이스크림

9 연잎과 방수 천에 각각 스포이트로 물을 한 방울씩 떨어뜨렸을 때 나타나는 현상으로 옳은 것을 두 가지 고르시오. (   )

① 연잎과 방수 천 위의 물 색깔이 변한다.

② 연잎과 방수 천은 물이 스며들지 않는다.

③ 연잎은 물이 스며들지 않지만, 방수 천은 물이 스며든다.

④ 연잎은 물이 스며들지만, 방수 천은 물이 스며들지 않는다.

⑤ 연잎과 방수 천 위의 물이 흡수되지 않고 미끄러지듯이 흘러내린다.

서술형 ▌7종 공통

10 오른쪽 생활용품은 어떤 식물의 특징을 이용한 것인지, 그 식물의 이름과 특징을 쓰시오.

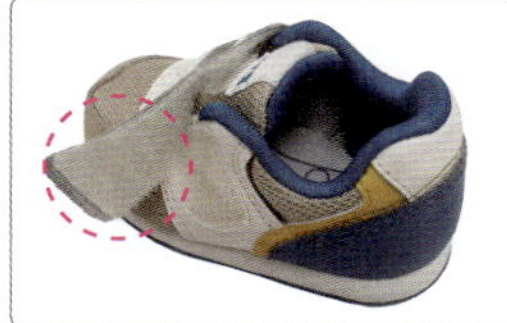

▲ 운동화의 찍찍이 테이프

(1) 식물의 이름: (   )

(2) 식물의 특징: ________________________

____

도움말 찍찍이 테이프의 거친 부분을 확대해서 보면 갈고리 모양의 플라스틱을 볼 수 있어요.

▌7종 공통

11 식물의 특징을 이용한 예와 관련된 식물을 찾아 선으로 이으시오.

(1) 헬리콥터 프로펠러 •   • ㉠ 단풍나무 열매

(2) 철조망 •   • ㉡ 장미 가시

지학사

12 생활 속에서 식물의 특징을 이용한 예로 옳은 것을 〈보기〉에서 골라 기호를 쓰시오.

〈보기〉

㉠ 회전초가 바람에 굴러다니는 것을 보고 선풍기 날개를 만들었다.

㉡ 물을 저장할 수 있는 선인장 줄기의 특성을 이용해서 비옷이나 우산을 만들었다.

㉢ 수세미외 열매를 잘라 보면 구멍이 송송 뚫려 있는 것을 이용해 설거지용 수세미를 만들었다.

(   )

디지털 문해력 ▌7종 공통

13 다음은 블로그에 올라온 일기입니다. 일기에 나온 ○○○은 무엇인지 쓰시오.

내 블로그 | 블로그 홈 | 로그인

블로그
민들레 열매처럼 날고 싶은 하루

낭만소녀   20○○. 5. 9 14:30

날씨가 정말 좋아서 공원에 산책을 나갔다. 바람이 불 때마다 눈이 내리는 것처럼 하얀 민들레 열매가 날아다녔다. 날아가는 민들레 열매를 보니 마치 ○○○처럼 생긴 것 같았다. 집에 와서 검색해보니 실제로 민들레 열매의 생김새를 이용해 ○○○을 만들었다고 했다. 나도 ○○○을 타고 민들레 열매처럼 하늘에서 내려올 기회가 있을까?

(   )

학습 결과에 색칠하세요.     

마무리 평가 **6**회

| **1~2** | 다음 여러 가지 식물의 잎을 보고, 물음에 답하시오.

▲ 감나무

▲ 강아지풀

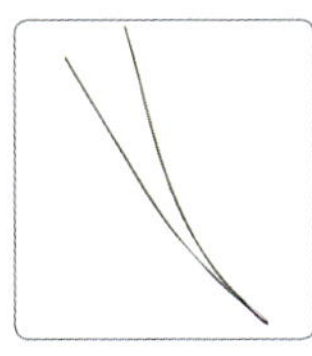
▲ 소나무

▲ 토끼풀

📖 7종 공통

1 위에서 잎의 전체적인 모양이 길쭉한 것을 두 가지 골라 식물의 이름을 쓰시오.

( )

📖 7종 공통

2 잎의 끝 모양을 분류 기준으로 하여 위 잎을 분류할 때 나머지와 다르게 분류되는 한 가지를 골라 식물의 이름을 쓰시오.

( )

📖 7종 공통

3 다음은 잎의 특징에 따라 식물을 분류한 것입니다. ( ) 안에 들어갈 분류 기준으로 옳은 것은 어느 것입니까? ( )

분류 기준: ( )

그렇다.	그렇지 않다.
▲ 토끼풀 ▲ 단풍나무	▲ 강아지풀 ▲ 소나무

① 잎의 끝 모양이 뾰족한가?
② 전체적인 모양이 길쭉한가?
③ 잎의 촉감이 꺼끌꺼끌한가?
④ 잎의 가장자리 모양이 톱니 모양인가?
⑤ 한곳에 나는 잎의 개수가 여러 개인가?

📖 7종 공통

4 다음은 들이나 산에 사는 식물의 모습입니다. 풀과 나무로 분류하여 기호를 쓰시오.

▲ 민들레

▲ 토끼풀

▲ 은행나무

▲ 봉숭아

▲ 회양목

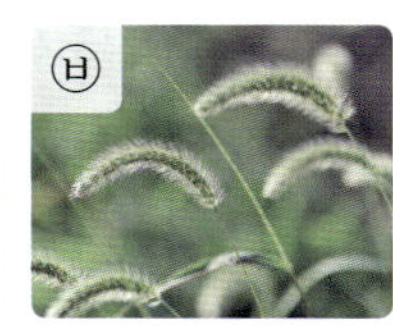
▲ 강아지풀

풀	나무
(1)	(2)

서술형 📖 7종 공통

5 들이나 산에 사는 식물의 공통적인 특징을 두 가지 쓰시오.

(1) ___________________________

(2) ___________________________

6 다음은 풀과 나무의 차이점을 정리한 것입니다. ( ) 안에 들어갈 말끼리 옳게 짝 지어진 것은 어느 것입니까? ( )

> • 풀은 나무보다 비교적 줄기가 (㉠), 키가 (㉡) 것이 많다.
> • 나무는 풀보다 비교적 줄기가 (㉢) 단단하며, 대부분 키가 (㉣).

	㉠	㉡	㉢	㉣
①	굵고	큰	가늘고	작다
②	굵고	작은	가늘고	크다
③	가늘고	큰	굵고	작다
④	가늘고	작은	굵고	작다
⑤	가늘고	작은	굵고	크다

7 부레옥잠에 대한 설명으로 옳지 <u>않은</u> 것을 두 가지 고르시오. ( )

① 뿌리는 수염 같은 잔뿌리가 많다.
② 잎자루를 살짝 눌러 보면 딱딱하다.
③ 잎의 표면은 매끈매끈하고 광택이 난다.
④ 잎은 색깔이 초록색이고 모양은 동그랗다.
⑤ 잎자루에 물주머니가 있어서 물에 뜰 수 있다.

8 다음과 같이 세로로 자른 부레옥잠의 잎자루를 물이 담긴 수조에 넣고 잎자루를 눌렀습니다. 이때 어떤 현상이 나타나는지 쓰시오.

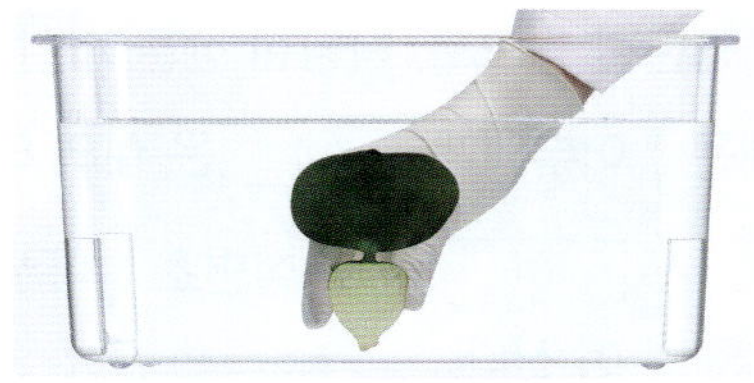

____

____

9 물속에 잠겨서 사는 식물에는 ○표, 물에 떠서 사는 식물에는 △표 하시오.

(1) ( )　　(2) ( )

(3) ( )　　(4) ( )

3 단원
6회

10 강이나 연못에 사는 식물에 대해 옳게 설명한 사람의 이름을 쓰시오.

> • 현서: 수련은 연꽃처럼 잎과 꽃이 물 위로 높이 자라.
> • 진우: 부들은 물속에 잠겨서 살고, 갈대는 물에 떠서 살아.
> • 재희: 가래와 마름은 물속 땅에 뿌리를 내리고, 잎과 꽃이 물에 떠 있어.

( )

■ 7종 공통

11 다음 식물에 대한 설명으로 옳지 <u>않은</u> 것은 어느 것입니까? (   )

> 용설란, 바오바브나무, 알로에

① 모두 사막에 사는 식물이다.
② 모두 땅에 뿌리를 내리고 산다.
③ 바오바브나무는 굴러다니면서 씨를 뿌린다.
④ 용설란과 알로에는 잎의 가장자리에 가시가 있다.
⑤ 용설란은 두껍고 껍질이 단단한 잎에 물을 저장한다.

동아, 아이스크림

12 높은 산에 사는 식물끼리 옳게 짝 지어진 것은 어느 것입니까? (   )

① 눈잣나무, 회전초, 수련
② 암매, 창포, 메스키트나무
③ 암매, 눈잣나무, 한라솜다리
④ 메스키트나무, 아데니움, 수련
⑤ 한라솜다리, 개구리밥, 회전초

동아, 아이스크림

13 다음은 사막과 높은 산에 사는 식물의 특징을 정리한 것입니다. 밑줄 친 내용 중 옳지 <u>않은</u> 것의 기호를 쓰시오.

> • 사막에 사는 식물은 잎이 ㉠ 가시 모양으로 변해서 물을 잘 빼앗기지 않거나 잎이나 줄기가 ㉡ 굵어서 물을 저장할 수 있다.
> • 높은 산에 사는 식물은 대부분 키가 ㉢ 크고 줄기가 ㉣ 누워서 자라므로 세게 부는 바람을 견딜 수 있다.

(   )

동아, 지학사, 천재(정)

14 다음에서 설명하는 식물을 〈보기〉에서 찾아 각각 기호를 쓰시오.

〈보기〉

(1) 잎이 바늘 모양이어서 바람의 영향을 적게 받는다. (   )
(2) 바닷가 모래땅에 뿌리를 깊게 내려서 강한 바람이 불어도 잘 자란다. (   )
(3) 잎 표면이 단단하고 광택이 나며, 줄기가 옆으로 뻗어나가 바닷가의 강한 햇빛과 바람에도 잘 자란다. (   )

디지털 문해력   동아, 지학사, 천재(정)

15 지구의 다양한 환경에 대해 알아보다가 모르는 환경이 있어 인터넷 국어사전에 검색을 하였습니다. 다음 검색 결과를 보고 검색어 ㉠은 무엇인지 쓰시오.

> ㉠ 🔍
>
> **명사**
>
> 1. 바닷물이 들어오면 물에 잠기고, 바닷물이 빠져나가면 물 밖으로 드러나는 모래 점토질의 평탄한 땅으로, 다양한 생물이 살고 있다.
>
> 예문 | 어부에게 [㉠]은 삶의 터전이다.
>
> [㉠]에도 칠면초, 나문재 같은 식물이 산다.
>
> [㉠]에 나가 조개를 줍다.

(   )

| 16~17 | 다음 식물 열매의 모습을 보고, 물음에 답하시오.

▲ 도꼬마리 열매　　　▲ 단풍나무 열매

📖 7종 공통

16 위 (가)와 (나) 중 가시 끝이 갈고리처럼 휘어져 있어 동물의 털이나 사람의 옷에 잘 붙는 특징을 이용해 찍찍이 테이프를 만든 것을 골라 기호를 쓰시오.

(　　　　　　　　)

📖 7종 공통

17 다음은 위 (가)와 (나) 중 어느 식물의 특징을 이용한 예인지 기호를 쓰시오.

　　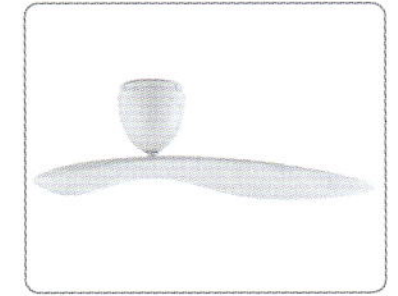

▲ 드론 날개　▲ 헬리콥터 프로 펠러　▲ 선풍기 날개

(　　　　　　　　)

📖 7종 공통

18 방수 천에 대한 설명으로 옳은 것에 ○표, 옳지 <u>않은</u> 것에 ✕표 하시오.

(1) 방수 소파를 만드는 데 이용할 수 있다.

(　　　)

(2) 비옷이나 우산 등을 만드는 데 이용할 수 있다.

(　　　)

(3) 물이 잘 스며들지 않는 알로에의 특징을 이용 해서 만들었다. (　　　)

| 19~20 | 다음 선인장을 보고, 물음에 답하시오.

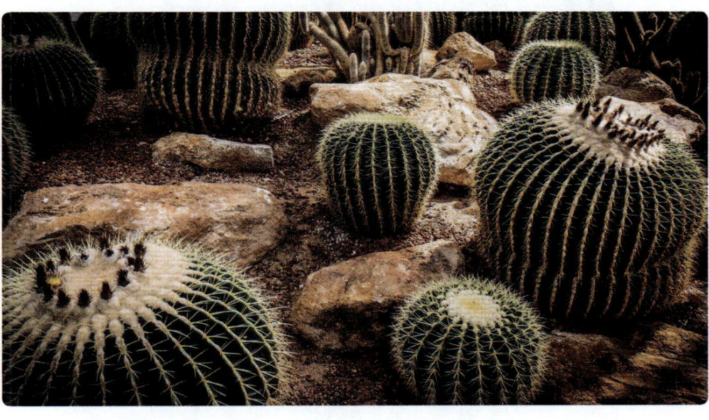

📖 7종 공통

19 위와 같은 선인장에 대한 설명으로 옳은 것을 두 가지 고르시오. (　　　　)

① 잎이 둥근 모양이다.

② 줄기는 굵고 통통한 기둥 모양이다.

③ 줄기를 가로로 자른 면에는 물이 있다.

④ 햇빛이 강하고 물이 풍부한 곳에서 산다.

⑤ 줄기를 자른 면에 휴지를 대어 보면 휴지가 젖지 않는다.

서술형　📖 7종 공통

20 위와 같은 선인장이 사막에서 살기에 알맞은 점을 두 가지 쓰시오.

(1) _______________________________________

____

(2) _______________________________________

____

학습 결과에 색칠하세요.　  

4 생물의 한살이

한살이

식물이나 동물이 태어나 자라서 다시 자손을 남기는 과정

씨

식물의 열매 속에 있는 단단한 부분으로, 심으면 싹이 나는 것으로, 씨가 싹 트려면 적당한 양의 물과 알맞은 온도가 필요함.

한해살이식물

씨가 싹 트고 자라 열매를 맺어 씨를 남기는 한살이를 한 해 안에 마치고 죽는 식물

새끼

배 속에 있거나 태어난 지 얼마 안 되는 어린 동물로, 새끼를 낳는 동물은 어린 시절에 어미젖을 먹고 자람.

배추흰나비 사육 상자 꾸미기

방충망
수조
배추흰나비 알이 붙은 식물
물에 적신 휴지

수조 바닥에 물에 적신 휴지를 깔고, 배추흰나비 알이 붙은 식물 화분을 넣은 후 수조에*방충망을 씌웁니다.

배추흰나비 애벌레의 먹이

- 애벌레는 알에서 나오자마자 알껍데기를 갉아 먹는데, 그 까닭은 알껍데기에 영양분이 풍부하고 자신의 흔적을 빨리 없애*천적으로부터 자신을 보호하기 위해서입니다.
- 알 껍데기를 다 먹고 나면 잎을 갉아 먹습니다. 애벌레는 초록색 잎을 갉아 먹으면서 몸 색깔이 점점 초록색으로 변합니다.

배추흰나비 애벌레와 번데기 비교하기

- 애벌레는 기어 다니지만, 번데기는 움직이지 않습니다.
- 애벌레는 잎을 먹지만, 번데기는 먹이를 먹지 않습니다.
- 애벌레는 초록색을 띠는데, 번데기는 애벌레와 비슷한 초록색이었다가 주변과 비슷한 색깔로 변합니다.

용어 사전

- ★ **허물** 파충류, 곤충류 따위가 자라면서 벗는 껍질.
- ★ **방충망** 해로운 벌레들이 날아들지 못하도록 창문 같은 곳에 치는 망.
- ★ **천적** 동물의 먹고 먹히는 관계에서 다른 동물을 잡아먹는 동물. 예를 들어 개구리를 잡아먹는 뱀은 개구리의 천적임.

---

1 배추흰나비의 한살이

(1) **동물의 한살이**: 동물이 태어나고 자라서 자손을 남기는 과정입니다.

(2) **배추흰나비의 한살이**: 알 → 애벌레 → 번데기 → 어른벌레의 한살이를 거칩니다.

2 배추흰나비의 한살이 관찰하기 +

(1) 배추흰나비 알의 특징

생김새	• 노란색이고 알 표면에 줄무늬가 있음. • 옥수수 열매처럼 생김.
크기	1 mm 정도로 매우 작음.
움직임	움직이지 않음.

배추흰나비 알에서 애벌레가 나와 자라는 과정

애벌레가 몸을 감싸고 있는 껍질을 벗는 것을 '허물벗기'라고 해요.

(2) 배추흰나비 애벌레의 특징

생김새	• 초록색이고 몸이 길쭉한 원통 모양임. • 몸이 털로 덮여 있고 여러 개의 마디로 나누어져 있음.
크기	먹이를 먹으면서 2 mm~30 mm 정도로 자람.
움직임	기어서 움직임.

배추흰나비 애벌레가 번데기가 되는 과정

(3) 배추흰나비 번데기의 특징

생김새	• 가운데가 볼록하고 양쪽 끝이 뾰족함. • 몸에 털이 없고, 여러 개의 마디가 있으며, 주변의 색깔과 비슷함.
크기	25 mm 정도로 매우 작음.
움직임	한곳에 붙어 이동하지 않음.

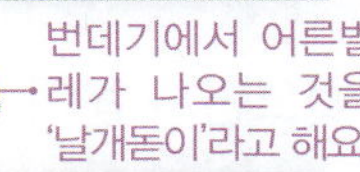

배추흰나비 번데기에서 어른벌레가 되는 과정

번데기에서 어른벌레가 나오는 것을 '날개돋이'라고 해요.

점차 어른벌레의 모습이 비침.

등 부분이 갈라지며 어른벌레의 머리부터 나옴.

어른벌레가 나와 젖은 날개를 서서히 펼치며 말림.

(4) 배추흰나비 어른벌레의 특징

① 몸은 머리, 가슴, 배로 구분됩니다.

② 가슴에는 두 쌍의 날개와 세 쌍의 다리가 있고 날개를 펴서 날아다닙니다.

③ 더듬이가 한 쌍 있고, *대롱 모양의 입을 펴서 꽃의 꿀을 빨아 먹습니다. ➕

▲ 배추흰나비 어른벌레

(5) 곤충의 특징

① 배추흰나비와 같이 몸이 머리, 가슴, 배로 구분되고, 다리가 세 쌍인 동물을 곤충이라고 합니다.

② 곤충에는 잠자리, 개미, 벌, 매미, 무당벌레, 장수풍뎅이, 사마귀 등이 있습니다. ➕

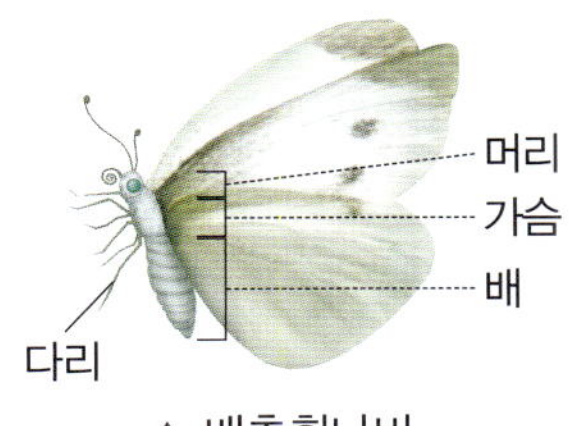

▲ 배추흰나비

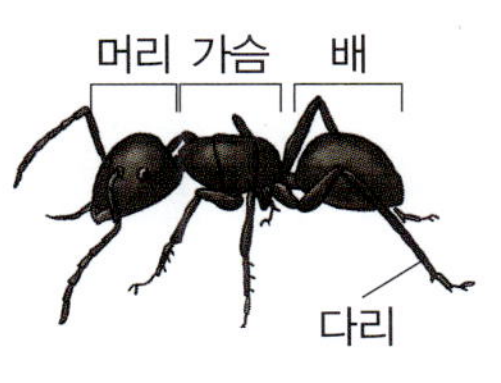

▲ 개미

▲ 잠자리

➕ **배추흰나비 애벌레와 어른벌레 비교**

• 어른벌레는 애벌레에게 없는 더듬이와 날개가 있습니다.

• 애벌레는 기어 다니지만, 어른벌레는 다리로 앉거나 날개로 날아다닙니다.

• 애벌레는 잎을 갉아 먹지만, 어른벌레는 꽃의 꿀을 빨아 먹습니다.

➕ **번데기 과정이 없는 곤충**

• 번데기 과정을 건너뛰고 '알 → 애벌레 → 어른벌레'의 한살이를 거치는 곤충도 있습니다.

• 번데기 과정이 없는 곤충에는 잠자리, 매미, 사마귀 등이 있습니다.

용어 사전

★ **대롱** 빨대와 같이 속이 비고 둥글며 길고 가느다란 관 같은 모양을 말함.

핵심만 한번 더 쓰면서 정리 !

'알 ➡ 애벌레 ➡ | 번 | 데 | 기 |
➡ 어른벌레'의 한살이 과정을 거침.

배추흰나비

몸이 머리, 가슴, 배로 구분되고, 다리가 세 쌍인 동물을 | 곤 | 충 | 이라고 함.

핵심 체크

1 동물이 태어나고 자라서 다시 자손을 남기는 과정을 동물의 (　　　)라고 합니다.

2 배추흰나비 애벌레는 (　　　)을 벗으면서 몸이 점점 자랍니다.

3 번데기에서 날개가 있는 어른벌레가 나오는 것을 (　　　)라고 합니다.

4 배추흰나비 어른벌레는 몸이 머리, (　　　), 배로 구분됩니다.

7종 공통

5 배추흰나비 알에 대한 설명으로 옳지 <u>않은</u> 것은 어느 것입니까? (　　　)

① 크기가 매우 작다.
② 색깔이 노란색이다.
③ 옥수수 열매처럼 생겼다.
④ 알 표면에 줄무늬가 있다.
⑤ 먹이를 먹으며 자유롭게 움직인다.

7종 공통

6 배추흰나비 애벌레에 대한 설명으로 옳은 것을 (보기)에서 골라 기호를 쓰시오.

(보기)

㉠ 알에서 갓 나온 애벌레는 초록색이다.
㉡ 애벌레의 몸은 잎을 먹고 자라면서 노란색이 된다.
㉢ 애벌레는 몸이 털로 덮여 있고, 여러 개의 마디로 나누어져 있다.
㉣ 애벌레는 허물을 네 번 벗는데, 허물을 벗으면서 몸이 점점 작아진다.

(　　　　　　　)

7종 공통

7 다음 (　　　) 안에 들어갈 알맞은 말을 쓰시오.

알에서 갓 나온 배추흰나비 애벌레는 부족한 영양분을 보충하고, 자신의 흔적을 없애기 위해 (　　　)을/를 갉아 먹는다.

(　　　　　　　)

동아, 아이스크림, 지학사

8 다음은 배추흰나비의 한살이에서 어느 과정에 대한 설명인지 (보기)에서 찾아 각각 쓰시오.

(보기)

허물벗기, 날개돋이

(1) 번데기에서 날개가 있는 어른벌레가 나오는 것
(　　　　　　　)

(2) 애벌레가 더 크게 자라기 위해 껍질을 벗는 과정 (　　　　　　　)

9 배추흰나비 애벌레와 번데기의 움직임과 먹이를 비교하여 쓰시오.

애벌레

번데기

(1) 움직임: _______________________________

____

(2) 먹이: _______________________________

____

도움말 잎 위를 꿈틀꿈틀 거리며 다니는 애벌레와 나뭇가지와 같은 물체에 붙어 있는 번데기의 모습과 먹이를 생각해 보세요.

10 배추흰나비 어른벌레의 생김새에 대해 옳게 말한 사람의 이름을 쓰시오.

- 단아: 배에 한 쌍의 날개가 있어.
- 보민: 가슴에 세 쌍의 다리가 있어.
- 시영: 머리에 두 쌍의 더듬이가 있어.

(   )

11 배추흰나비의 한살이 과정에 맞게 ( ) 안에 들어갈 알맞은 말을 각각 쓰시오.

알 → (㉠) → (㉡) → 어른벌레

㉠ (   ), ㉡ (   )

12 곤충이 <u>아닌</u> 동물은 어느 것입니까? (   )

① ▲ 개미   ② ▲ 잠자리

③ ▲ 무당벌레   ④ ▲ 공벌레

13 다음은 반 친구들과 온라인 대화방에서 나눈 대화입니다. 거미에 대해 옳게 말한 사람의 이름을 쓰시오.

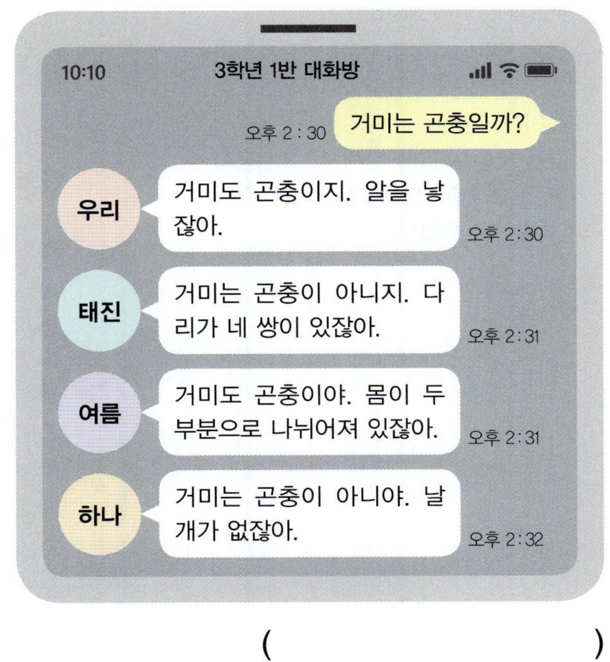

(   )

학습 결과에 색칠하세요.   

개념 학습

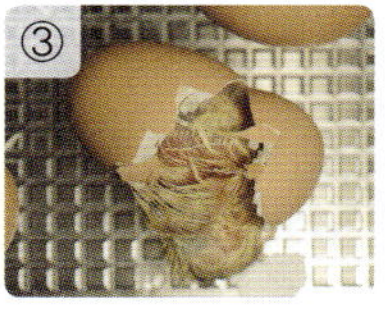
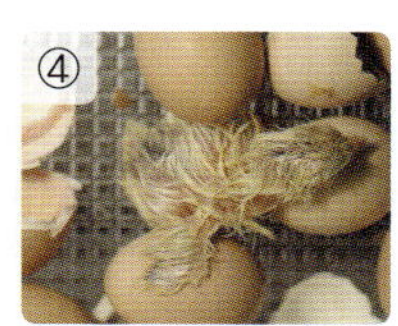

① 알껍데기가 갈라지기 시작합니다.
② 알껍데기가 완전히 갈라집니다.
③ 병아리가 알껍데기를 벗습니다.
④ 병아리가 알에서 완전히 나옵니다.

😊 **수탉과 암탉의 차이점**
• 수탉은 벗이 크고 화려하며, 꽁지깃이 길고 휘어졌습니다. 깃털의 색깔이 화려합니다.
• 암탉은 벗이 수탉에 비해 작으며 꽁지깃이 짧고 휘어지지 않았습니다. 깃털의 색깔이 수수합니다.

★ **부화** 동물의 새끼가 알을 깨고 밖으로 나오는 것.
★ **벗** 닭이나 새 따위의 이마 위에 세로로 붙은 살 조각.

---

1 알을 낳는 동물의 한살이

(1) 닭의 한살이: 닭은 '알 → 병아리 → 어린 닭 → 다 자란 닭'의 한살이 과정을 거칩니다.

알	단단한 껍데기에 싸여 있고, 한쪽 끝이 뾰족한 공 모양임.
병아리	• 몸이 솜털로 덮여 있고 꽁지깃이 없음. • 암수가 쉽게 구별되지 않음.
어린 닭	몸에 솜털 대신 깃털이 나기 시작하고, 머리에 작은 *벗이 있음.
다 자란 닭	암수를 구별하기 쉽고 벗이 뚜렷하며, 암컷은 알을 낳음. 😊

(2) 개구리의 한살이: 개구리는 '알 → 올챙이 → 어린 개구리 → 다 자란 개구리'의 한살이 과정을 거칩니다.

알	물속에 여러 개가 뭉쳐서 덩어리를 이루고 있음.
올챙이	• 둥근 머리에 눈과 입이 있으며, 아가미 한 쌍이 있음. • 물속에서 꼬리로 헤엄쳐서 이동함.
다 자란 개구리	• 다리가 네 개이고, 꼬리가 없음. • 물속과 땅 위를 오가며 생활함. • 뒷다리가 길고 튼튼하며, 발가락에 물갈퀴가 있어 헤엄을 잘 침.

2 새끼를 낳는 동물의 한살이

(1) 개의 한살이: 개는 '갓 태어난 강아지 → 큰 강아지 → 다 자란 개'의 한살이 과정을 거칩니다. ✚

갓 태어난 강아지	• 눈이 감겨 있고 귀가 막혀 있으며 일어서지 못함. • 어미젖을 먹으며 자람.
큰 강아지	• 2주~3주가 지나면 눈을 떠 사물을 볼 수 있고, 귀가 열려 소리를 들을 수 있으며, *젖니가 나오기 시작함. • 6주~8주가 지나면 먹이를 씹어 먹을 수 있음.
다 자란 개	• 9개월~12개월이 지나면 다 자란 개가 됨. • 짝짓기를 하여 암컷이 새끼를 낳음.

3 다양한 동물의 한살이

알을 낳는 동물	새끼를 낳는 동물
• 알에서 태어난 새끼는 자라면서 점차 다 자란 동물을 닮아감. • 알을 낳는 장소와 개수, 알의 크기와 모양 등이 다양함. • 닭, 개구리, 잠자리, 뱀, 나비, 매미, 오리 등이 있음.	• 새끼는 어미젖을 먹고 자라며, 어렸을 때 모습과 다 자랐을 때 모습이 비슷함. • 한 번에 낳을 수 있는 새끼 수, 새끼가 다 자랄 때까지 걸리는 기간 등이 다름. • 개, 소, 돌고래, 박쥐, 고양이, 사자 등이 있음.

✚ 닭과 개의 한살이 비교하기

• 공통점: 작은 알이나 새끼로 태어나서 자라고, 암컷이 알이나 새끼를 낳습니다.

• 차이점: 닭은 알을 낳고, 개는 새끼를 낳습니다. 병아리는 스스로 먹이를 먹고, 강아지는 어미젖을 먹고 자랍니다.

용어 사전

★ 젖니　젖먹이 때에 나서 아직 갈지 않은 이.

핵심만　한번 더 쓰면서 정리 !

닭의 한살이: 알 ➡ 병아리

➡ 어린 닭 ➡ 다 자란 닭

⑩ 닭, 개구리, 잠자리, 뱀, 나비 등

알을 낳는 동물의 한살이

새끼를 낳는 동물의 한살이

개의 한살이: 갓 태어난 강아지

➡ 큰 강아지 ➡ 다 자란 개

⑩ 개, 소, 돌고래, 박쥐, 고양이 등

핵심 체크

1 병아리는 몸이 (　　　)로 덮여 있고, 꽁지깃이 없습니다.

2 개구리 알에서 나온 새끼를 (　　　)라고 부릅니다.

3 다 자란 개는 짝짓기를 하여 암컷이 (　　　)를 낳습니다.

4 돌고래, 박쥐, 오리 중에서 알을 낳는 동물은 (　　　)입니다.

|5~7| 다음은 닭의 한살이를 나타낸 것입니다. 물음에 답하시오.

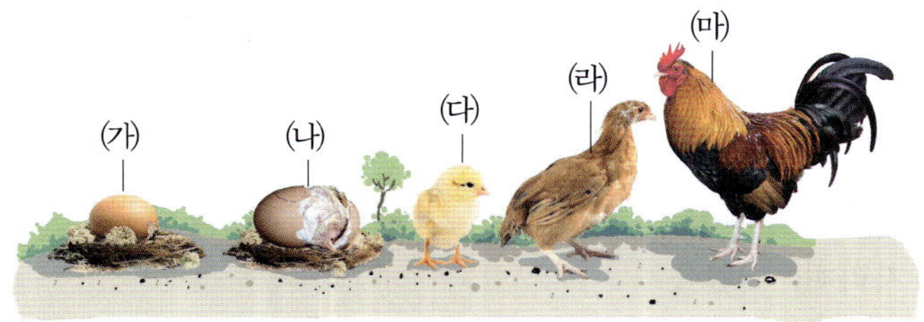

동아, 미래엔, 비상, 지학사, 천재(이)
5 위 (나)와 같이 새끼가 알을 깨고 나오는 과정을 무엇이라고 하는지 쓰시오.

(　　　　　　　　　)

동아, 미래엔, 비상, 지학사, 천재(이)
6 위 (가)~(마) 과정에서 암수 구별이 뚜렷해지는 시기는 언제인지 기호를 쓰시오.

(　　　　　　　　　)

동아, 미래엔, 비상, 지학사, 천재(이)
7 앞의 (다) 과정에 해당하는 특징으로 옳은 것에 ○표 하시오.

(1) 꽁지깃이 없다. (　　　)
(2) 암수 구별이 뚜렷하다. (　　　)
(3) 몸이 깃털로 덮여 있다. (　　　)

아이스크림, 천재(정)
8 다음은 개구리의 한살이 과정을 순서에 관계 없이 나열한 것입니다. 순서에 맞게 기호를 쓰시오.

> ㉠ 앞다리가 나온다.
> ㉡ 뒷다리가 나온다.
> ㉢ 알에서 올챙이가 나온다.
> ㉣ 꼬리가 서서히 없어지고 어린 개구리가 된다.
> ㉤ 다 자란 개구리가 짝짓기를 하고 암컷이 알을 낳는다.

㉢ → (　　　) → (　　　) → (　　　) → (　　　)

📖 7종 공통

9 개의 한살이 과정 중 다 자란 개에 대한 설명으로 옳은 것은 어느 것입니까? (   )

① 어미젖을 먹고 생활한다.
② 눈을 뜨지 못해 앞을 볼 수 없다.
③ 다리에 힘이 없어 일어서지 못한다.
④ 귀가 열리지 않아 소리를 들을 수 없다.
⑤ 날카로운 이빨로 먹이를 뜯거나 씹어 먹는다.

📖 7종 공통

10 알이나 새끼를 낳는 동물의 한살이에 대한 설명으로 옳지 <u>않은</u> 것을 두 가지 고르시오. (   )

① 알을 낳는 동물은 어미젖을 먹고 자란다.
② 알에서 태어난 새끼는 자라면서 점차 다 자란 동물을 닮아간다.
③ 새끼를 낳는 동물은 어렸을 때와 다 자랐을 때의 모습이 많이 다르다.
④ 동물이 낳는 알이나 새끼의 수, 자라는 과정과 기간은 동물마다 다르다.
⑤ 다 자란 동물은 알이나 새끼를 낳아 자손을 남기고 한살이를 이어 간다.

📖 7종 공통

11 새끼를 낳는 동물을 두 가지 고르시오. (   )

①

▲ 박쥐

②

▲ 돌고래

③

▲ 뱀

④

▲ 나비

---

12 닭과 개의 한살이 과정에서 차이점을 한 가지 쓰시오.

____

____

도움말 알을 낳는 동물과 새끼를 낳는 동물의 한살이 과정을 떠올려 보세요.

4
단원
2회

디지털 문해력　📖 7종 공통

13 다음 온라인 게시물을 읽고, 댓글을 쓰려고 할 때 빈칸에 들어갈 알맞은 말을 쓰시오.

┗ 갓 태어난 강아지는 (   )을/를 먹고 자라기 때문이야.

(   )

학습 결과에 색칠하세요.　  

1 씨가*싹 트는 데 필요한 조건 알아보기

(1) 씨가 싹 트는 데 필요한 조건을 알아보는 실험: 알아보려는 조건만 다르게 하고, 나머지 조건은 모두 같게 합니다. ㉚ 씨가 싹 트는 데 물이 필요한지 알아보는 실험에서는 물의 양을 다르게 하고 나머지는 같게 합니다.

(2) 씨가 싹 트는 데 물이 미치는 영향

실험동영상

교과서　대표 탐구

씨가 싹 트는 데 물이 미치는 영향 알아보기

| 과정 |

❶ 크기가 같은 두 플라스틱 컵에 각각 같은 양의*탈지면을 넣어 줍니다.
❷ 탈지면 위에 같은 수의 강낭콩 여러 개를 올려놓습니다.
❸ 한쪽 플라스틱 컵에만 탈지면이 젖도록 물을 주고 같은 장소에 놓은 뒤 싹 트는 정도를 비교합니다.

다르게 한 조건	물
같게 한 조건	물을 제외한 나머지 조건(*온도, 강낭콩의 종류, 플라스틱 컵의 크기, 탈지면, 플라스틱 컵을 놓는 장소 등)

| 결과 |

물을 주지 않은 강낭콩	물을 준 강낭콩

아무 변화가 없고 싹이 트지 않음.	강낭콩이 부풀어 오르고 싹이 틈.

정리

씨가 싹 트려면 적당한 양의 물이 있어야 합니다. ➕

탐구 팩트 실험을 할 때 강낭콩에 물을 얼마나 주어야 할까?

강낭콩 전체가 물에 잠기면 썩거나 숨을 쉴 수 없어 씨가 싹 트지 않을 수 있어. 강낭콩 전체가 잠기지 않을 정도로 물을 주는 것이 좋아.

➕ **씨가 하는 역할**
식물은 씨를 퍼뜨려 자신과 같은 종류의 자손을 남깁니다. 씨 속에는 장차 식물이 될 부분이 들어 있어서 싹이 트면 새로운 식물로 자랍니다.

용어 사전

✱ **싹**　씨, 줄기, 뿌리 따위에서 처음 돋아나는 어린잎이나 줄기.

✱ **탈지면**　불순물이나 지방 따위를 제거하고 소독한 솜.

✱ **온도**　따뜻함과 차가움의 정도.

2 씨가 싹 트는 데 필요한 조건

① 물을 준 씨는 싹이 잘 트지만, 물을 주지 않은 씨는 싹이 트지 않습니다.

② 대부분 식물의 씨는 온도가 낮은 겨울에 싹 트지 않고, 온도가 적당한 봄에 싹이 틉니다. ➕

➡ 이처럼 씨가 싹 트려면 적당한 양의 물과 알맞은 온도가 필요합니다.

물이 없으면
씨가 싹 트지 않습니다.

충분한 물을 주면
씨가 싹 틉니다.

물

겨울에는 온도가 낮아
씨가 싹 트지 않습니다.

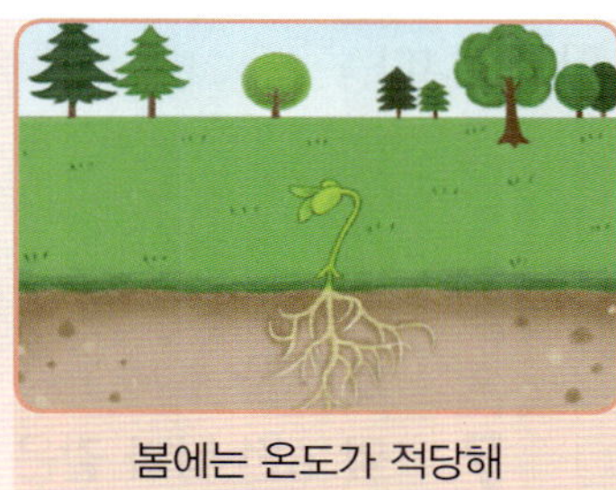

봄에는 온도가 적당해
씨가 싹 틉니다.

온도

3 강낭콩이 싹 터서 자라는 과정

➕ 씨가 싹 트는 데 온도가 미치는 영향을 알아보는 실험

[실험 과정]

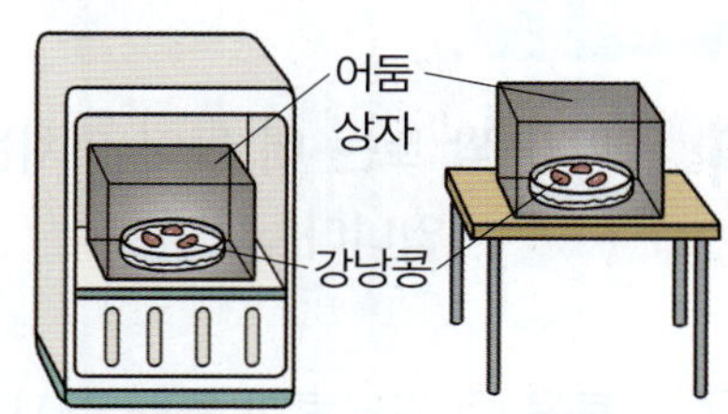

▲ 냉장고에 넣어 두기   ▲ 상온에 놓아두기

❶ 크기가 같은 페트리 접시 두 개에 탈지면을 깔고 강낭콩을 세 개씩 올려 놓습니다.

❷ 페트리 접시 두 개에 물을 충분히 주고 각각 어둠상자에 넣습니다.

❸ 한 페트리 접시는 냉장고에 넣고, 다른 페트리 접시는 *상온에 둡니다.

[실험 결과]

• 냉장고에 넣어 둔 강낭콩은 싹이 트지 않고, 상온에 놓아둔 강낭콩은 싹이 틉니다.

• 씨가 싹 트려면 적당한 온도가 필요합니다.

용어 사전

★ **떡잎** 씨가 싹 터서 처음 나오는 잎.

★ **본잎** 떡잎이 나온 뒤에 나오는 잎.

★ **상온** 가열하거나 냉각하지 않은 자연 그대로의 기온.

4 단원 / 3회

핵심만 한번 더 쓰면서 정리!

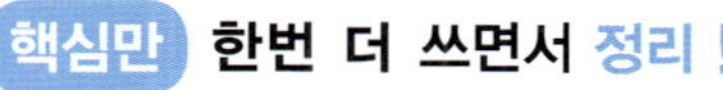

씨가 싹 트는 데 필요한 조건

물을 준 강낭콩은 싹이 잘 트지만, 물을 주지 않은 강낭콩은 싹이 트지 않음.

겨울에는 온도가 낮아 씨가 싹 트지 않지만, 봄에는 온도가 적당해 씨가 싹이 틈.

씨가 싹 트려면 적당한 양의 물과 알맞은 온도가 필요함.

1 씨가 싹 트는 데 물이 미치는 영향을 알아보는 실험을 할 때 다르게 해야 할 조건은 (　　　)입니다.

2 물을 준 강낭콩과 물을 주지 않은 강낭콩 중에서 싹이 트는 것은 (　　　)입니다.

3 봄과 겨울 중 씨가 싹 트기 좋은 계절은 (　　　)입니다.

4 씨가 싹 트려면 적당한 양의 물과 알맞은 (　　　)가 필요합니다.

| 5~7 | 다음은 씨가 싹 트는 데 물이 미치는 영향을 알아보기 위해 플라스틱 컵 두 개에 탈지면을 깔고 같은 수의 강낭콩을 올려놓은 모습입니다. 물음에 답하시오.

(가)

▲ 물을 준 강낭콩

(나)

▲ 물을 주지 않은 강낭콩

5 위 실험을 할 때 다르게 해야 할 조건은 어느 것입니까? (　　　)

① 물
② 온도
③ 탈지면
④ 강낭콩의 종류
⑤ 컵을 두는 장소

6 위 (가)와 (나) 중 며칠 후 싹이 튼 강낭콩을 볼 수 있는 것은 어느 것인지 기호를 쓰시오.

(　　　　　)

7 앞 **6**번 답과 같은 결과를 통해 알 수 있는 사실은 무엇인지 쓰시오.

 실험 결과를 바탕으로 씨가 싹 트는 데 물이 미치는 영향을 생각해 보세요.

8 싹이 튼 강낭콩의 모습에 ◯표 하시오.

(1)

(　　　)

(2)

(　　　)

9 강낭콩이 싹 트는 데 온도가 미치는 영향을 알아보는 실험을 하려고 합니다. 이 실험을 할 때 같게 해야 할 조건을 (보기)에서 모두 골라 기호를 쓰시오.

> (보기)
> ㉠ 물　　　　　㉡ 온도
> ㉢ 강낭콩의 종류　㉣ 강낭콩을 놓아 두는 장소

(　　　　　)

10 두 개의 페트리 접시에 강낭콩을 올려놓고 물을 준 뒤, 하나는 냉장고에 넣고 다른 하나는 냉장고 밖에 두었습니다. 며칠 동안 냉장고에 넣어 둔 강낭콩은 어느 것인지 기호를 쓰시오.

㉠

▲ 싹이 텄음.

㉡

▲ 싹이 트지 않았음.

(　　　　　)

11 다음은 계절에 따라 씨가 싹 트는 모습을 정리한 것입니다. ( ) 안에 들어갈 알맞은 말에 ○표 하시오.

> ㉠(봄, 겨울)에는 온도가 낮아 씨가 싹 트지 않지만, ㉡(봄, 겨울)에는 온도가 적당해 씨가 싹 튼다.

12 씨가 싹 트는 데 필요한 조건에 대해 옳게 말한 사람의 이름을 쓰시오.

> • 지아: 물만 많이 주면 씨가 싹 틀 수 있어.
> • 세윤: 햇빛이 비치는 곳에 두면 물을 주지 않아도 싹이 터.
> • 수호: 적당한 양의 물을 주고, 온도도 알맞아야 싹이 틀 수 있어.

(　　　　　)

13 다음은 가정에서 직접 채소를 재배하는 '베란다 농사꾼'에 대한 뉴스입니다. 사회자가 밑줄 친 부분과 같이 말한 까닭으로 옳은 것에 ○표 하시오.

(1) 겨울에도 집안은 따뜻하기 때문이다.

(　　)

(2) 겨울에는 집안의 온도가 더 낮기 때문이다.

(　　)

(3) 겨울에는 씨가 싹 틀 때 물이 필요 없기 때문이다.

(　　)

학습 결과에 색칠하세요.   

1 식물이 자라는 데 필요한 조건 알아보기

(1) 식물이 자라는 데 물이 미치는 영향

과정

❶ 비슷한 크기로 자란 강낭콩 화분 두 개를 햇빛이 잘 비치는 곳에 둡니다.

❷ 한 화분에는 물을 주지 않고, 다른 화분에는 물을 적당히 줍니다.

다르게 한 조건	물
같게 한 조건	햇빛, 온도, 화분의 크기, 강낭콩이 자란 크기, 화분에 넣는 흙의 종류, 화분을 놓는 장소 등

결과

물을 주지 않은 강낭콩	물을 적당히 준 강낭콩

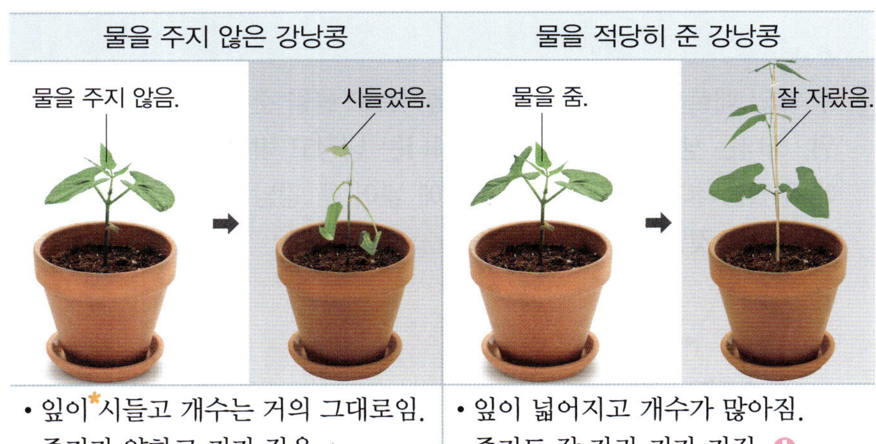

물을 주지 않은 강낭콩	물을 적당히 준 강낭콩
• 잎이 *시들고 개수는 거의 그대로임. • 줄기가 약하고 키가 작음.	• 잎이 넓어지고 개수가 많아짐. • 줄기도 잘 자라 키가 커짐. ➕

➡ 물을 준 강낭콩이 잘 자란 것으로 보아 식물이 자라는 데에는 물이 필요합니다.

(2) 식물이 자라는 데 햇빛이 미치는 영향

과정

❶ 비슷한 크기로 자란 강낭콩 화분 두 개에 물을 적당히 줍니다.

❷ 한 화분은 햇빛을 받게 하고, 다른 화분은 *햇빛 차단 장치를 씌워 햇빛을 받지 않게 합니다.

다르게 한 조건	햇빛
같게 한 조건	물, 온도, 화분의 크기, 강낭콩이 자란 크기, 화분에 넣는 흙의 종류, 화분을 놓는 장소 등

결과

• 햇빛을 받은 강낭콩은 잎의 색깔이 진하고, 줄기가 더 굵고 튼튼합니다.

• 햇빛을 받지 못한 강낭콩은 잎이 얇고 색깔이 연하며, 줄기가 가늡니다.

➡ 햇빛을 받은 강낭콩이 잘 자란 것으로 보아 식물이 자라는 데에는 햇빛이 필요합니다.

➕ **강낭콩의 잎과 줄기가 자라는 모습**

• 손바닥처럼 넓은 모양의 잎이 점점 커지고 개수도 많아집니다.

• 줄기와 잎자루 사이에서 새로운 줄기가 나오고, 줄기가 위로 자라면서 점점 굵어지고 길어집니다.

용어 사전

✱ **시들고** 꽃이나 풀 등이 말라 생기가 없어지고.

✱ **햇빛 차단 장치** 밖에서 빛이 들어오지 못하게 만든 상자.

2 식물이 자라는 데 필요한 조건

① 물을 적당히 준 강낭콩은 잎과 줄기가 싱싱하게 자라지만, 물을 주지 않은 강낭콩은 시들어 버립니다.

② 대부분의 식물은 햇빛을 충분히 받았을 때 잎이 커지고 줄기가 굵게 자라지만, 햇빛을 받지 못하면 색깔이 연해지며 줄기가 가늘고 약하게 자랍니다.

➡ 식물이 잘 자라기 위해서는 적당한 양의 물과 햇빛이 필요합니다. ➕

➕ 식물이 자라는 데 온도가 미치는 영향

식물이 잘 자라려면 적당한 온도도 필요합니다. 온도가 너무 높거나 낮으면 잎과 줄기가 잘 자라지 못합니다.

3 *그늘에 놓아둔 식물이 잘 자라지 못하는 까닭

① 그늘진 곳은 햇빛이 가려져 식물이 자라는 데 필요한 햇빛의 양이 부족하기 때문입니다.

② 대부분의 식물은 햇빛을 충분히 받아야 줄기가 굵고 튼튼하게 자라기 때문입니다.

용어 사전

★ 그늘   어두운 부분.

핵심만 한번 더 쓰면서 정리 !

식물이 자라는 데 필요한 조건

물을 준 강낭콩은 싱싱하게 자라-지만, 물을 주지 않은 강낭콩은 잘 자라지 못함.

햇빛을 받은 강낭콩은 튼튼하게 자라-지만, 햇빛을 받지 못한 강낭콩은 잘 자라지 못함.

식물이 잘 자라기 위해서는 적당한 양의 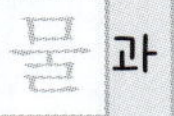과 이 필요함.

1 식물이 자라는 데 물이 미치는 영향을 알아보는 실험을 할 때 다르게 해야 할 조건은 ( )입니다.

2 물을 준 강낭콩과 물을 주지 않은 강낭콩 중에서 잘 자라는 것은 물을 ( ) 강낭콩입니다.

3 햇빛을 받은 강낭콩과 햇빛을 받지 않은 강낭콩 중에서 잘 자라는 것은 햇빛을 ( ) 강낭콩입니다.

4 식물이 잘 자라기 위해서는 적당한 양의 물과 ( )이 필요합니다.

|5~8| 비슷한 크기로 자란 강낭콩 화분 두 개를 햇빛이 잘 비치는 곳에 두고 한 화분에만 물을 적당히 주었습니다. 물음에 답하시오.

(가)  (나) 

▲ 물을 적당히 줌.　　▲ 물을 주지 않음.

5 위 실험에서 다르게 한 조건은 무엇인지 쓰시오.

( )

6 며칠 후, 위 (나) 화분의 모습을 골라 ○표 하시오.

(1) 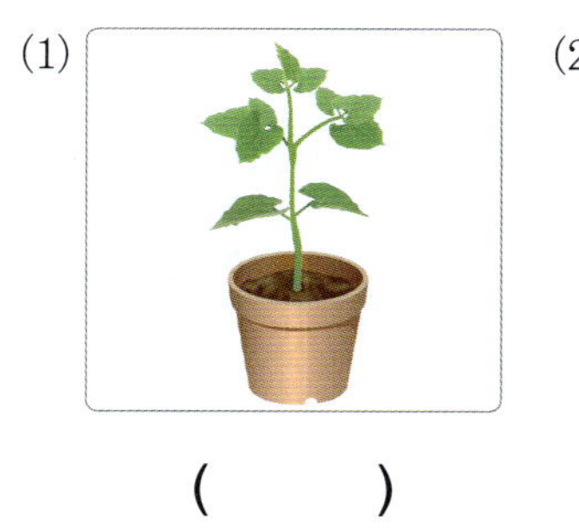 (2) 

( ) 　　 ( )

7 앞의 실험은 무엇을 알아보기 위한 실험인지 쓰시오.

____

____

도움말 실험에서 다르게 한 조건과 조건에 따라 무엇이 달라지는지를 생각해 보세요.

8 앞의 **6**번 답과 같은 결과를 통해서 알 수 있는 사실로 ( ) 안에 들어갈 알맞은 말은 무엇인지 쓰시오.

> 식물이 자라는 데에는 적당한 양의 ( )이/가 필요하다.

( )

📖 7종 공통

9 비슷한 크기로 자란 같은 종류의 식물 화분 두 개에 적당한 양의 물을 준 뒤, ㉠ 화분에만 햇빛 차단 장치를 씌웠습니다. 이 실험은 식물이 자라는 데 무엇이 미치는 영향을 알아보는 것입니까?

(   )

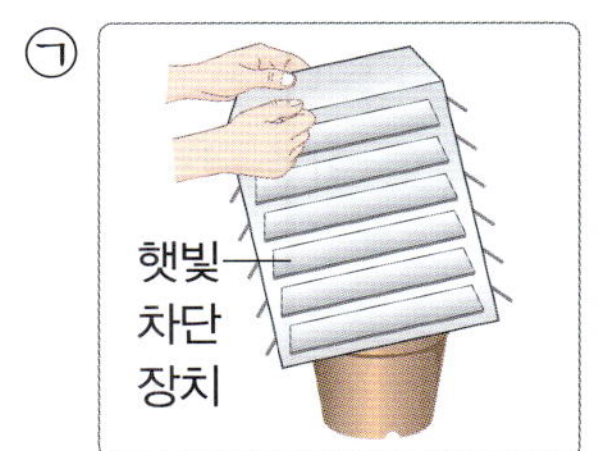
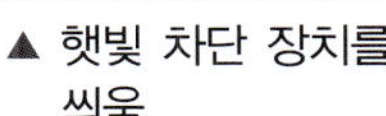

㉠

▲ 햇빛 차단 장치를 씌움.

㉡

▲ 햇빛 차단 장치를 씌우지 않음.

① 물 　　　② 공기
③ 햇빛 　　④ 화분의 크기
⑤ 식물의 종류

📖 7종 공통

10 며칠 후 위 **9**번의 ㉠과 ㉡이 변화된 모습을 옳게 말한 사람의 이름을 쓰시오.

> • 아름: ㉠ 식물이 ㉡ 식물보다 더 잘 자랐어.
> • 성준: ㉠ 식물은 잎의 색깔이 진하고, ㉡ 식물은 잎의 색깔이 연해.
> • 우진: ㉠ 식물은 줄기가 가늘게 자랐고, ㉡ 식물은 줄기가 굵게 자랐어.

(   )

📖 7종 공통

11 식물이 자라는 데 온도가 미치는 영향을 알아보는 실험에서 같게 해 주어야 할 조건을 두 가지 이상 쓰시오.

(   )

📖 7종 공통

12 다음은 그늘에 놓아둔 식물이 잘 자라지 못하는 까닭을 정리한 것입니다. (   ) 안에 공통으로 들어갈 알맞은 말을 쓰시오.

> • (   )을/를 충분히 받지 못하기 때문이다.
> • 대부분의 식물은 (   )을/를 충분히 받아야 줄기가 굵고 튼튼하게 자라기 때문이다.

(   )

디지털 문해력　📖 7종 공통

13 다음은 블로그에 올라온 식물 키우기 실패 후기의 일부분입니다. 이어질 내용으로 알맞은 것을 (보기)에서 골라 기호를 쓰시오.

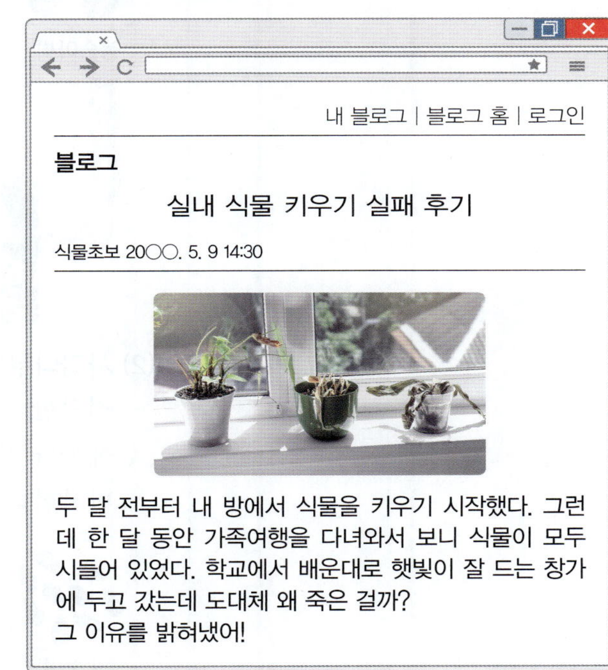

> (보기)
> ㉠ 공기가 없었기 때문이다.
> ㉡ 한 달 동안 물을 주지 않았기 때문이다.
> ㉢ 실내에서는 식물이 자라지 못하기 때문이다.

(   )

학습 결과에 색칠하세요.　  

4
단원

4회

다양한 식물의 한살이

➕ **식물이 자라서 꽃이 피고 열매를 맺는 까닭**

• 씨를 만들어 대를 잇기 위해서입니다.
• 씨를 만들어 자손을 남겨*번식하기 위해서입니다.

1 식물의 한살이

① **식물의 한살이**: 식물의 씨에서 싹 트고 자라서 꽃이 피고 열매를 맺어 다시 씨를 만드는 과정을 말합니다. ➕
② 식물의 한살이 기간과 과정은 식물의 종류에 따라 다릅니다.
③ 한 해만 사는 식물도 있고, 여러 해 동안 사는 식물도 있습니다.

2 여러 가지 식물의 한살이

(1) **봉숭아의 한살이**: 봄에 싹이 터서 잎과 줄기가 자라고, 여름이 되면 꽃이 핍니다. 꽃이 지면 그 자리에 열매를 맺어 씨를 만들고 한살이를 마칩니다.

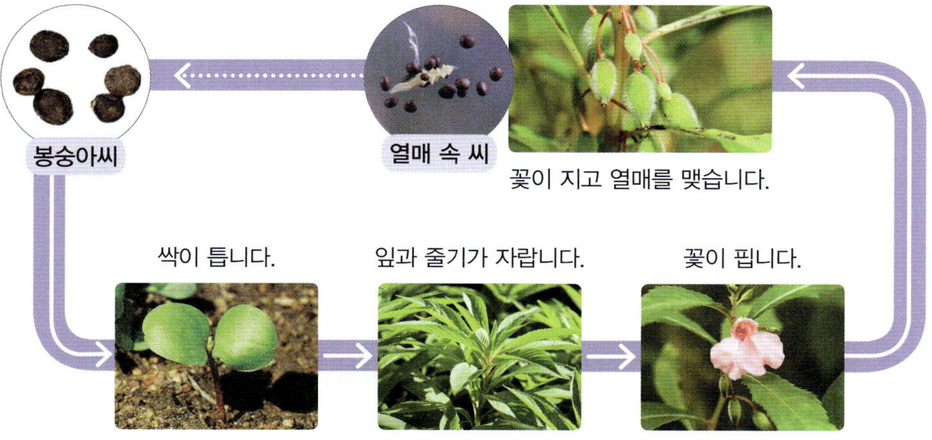

(2) **사과나무의 한살이**: 봄에 싹이 터서 잎과 줄기가 자랍니다. 수년에 걸쳐 적당한 크기로 자란 사과나무는 꽃이 피고 열매를 맺어 씨를 만듭니다. 해마다 *새순이 나와 자라서 꽃이 피고 열매를 맺어 씨를 만드는 과정을 반복합니다.

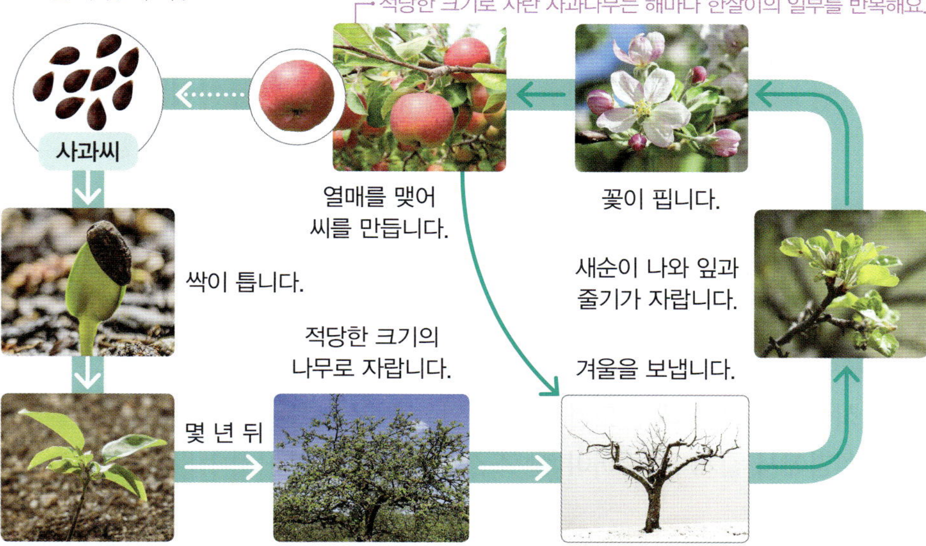

용어 사전

⭐ **새순** 새로 돋아나는 순. 순은 나무의 가지나 풀의 줄기에서 새로 돋아나온 연한 싹을 말함.

⭐ **번식** 생물의 수가 늘거나 널리 퍼지는 것.

3 한해살이식물과 여러해살이식물

(1) 한해살이식물
① 한 해 동안 한살이를 마치고 죽는 식물입니다.
② 한해살이식물에는 봉숭아, 강낭콩, 옥수수, 벼, 호박, 나팔꽃, 해바라기, 강아지풀, 고추 등이 있습니다.

▲ 강낭콩

▲ 옥수수

▲ 벼

(2) 여러해살이식물
① 여러 해 동안 죽지 않고 살아가면서 한살이 과정의 일부를 반복하는 식물입니다.
② 사과나무, 감나무, 비비추, 개나리, 은행나무, 민들레, 무궁화, 국화, 진달래 등이 있습니다.

▲ 감나무

▲ 비비추

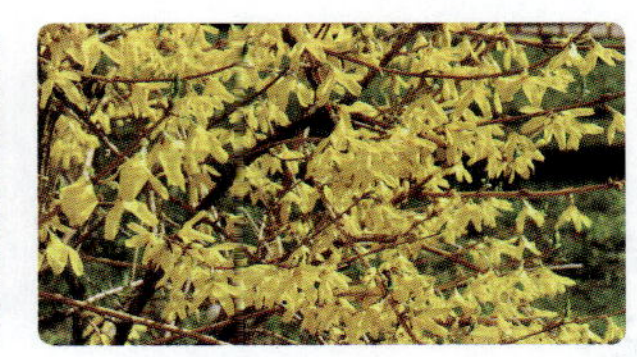
▲ 개나리

(3) 한해살이식물과 여러해살이식물의 비교 ➕

구분	한해살이식물	여러해살이식물
공통점	씨가 싹 트고 자라 꽃이 피고 열매를 맺어 씨를 만듦.	
차이점	한 해 동안 씨가 싹 트고 자라 열매를 맺고 죽음.	씨가 싹 트고 자라 겨울에도 죽지 않고 여러 해 동안 살면서 열매를 맺어 씨를 만드는 과정을 반복함. ➕

➕ **한해살이식물과 여러해살이식물을 구분하는 방법**
· 풀은 보통 한해살이식물이고, 나무는 여러해살이식물입니다.
· 풀 중에서도 일부는 여러 해에 걸쳐 한살이 과정을 반복하기도 합니다. 예를 들어 비비추, 민들레는 풀이지만, 겨울 동안 땅속의 기관이 살아남아 다음 해 봄에 다시 싹이 트기 때문에 여러해살이식물입니다.

➕ **여러해살이식물이 겨울을 지내는 방법**
· 땅속뿌리나 줄기가 살아남아 겨울을 지냅니다.
· 겨울눈의 형태로 겨울을 지냅니다.

4 단원 / 5회

핵심만 한번 더 쓰면서 정리 !

한 해 동안 한살이를 마치고 **죽는** 식물

봉숭아, 강낭콩, 옥수수, 벼, 호박, 나팔꽃, 해바라기 등

한해살이 식물

여러해살이 식물

여러 해 동안 죽지 않고 살아가면서 한살이 과정의 일부를 **반복**하는 식물

사과나무, 감나무, 비비추, 개나리, 은행나무, 민들레 등

문제 학습

1 식물의 씨에서 싹 트고 자라서 꽃이 피고 열매를 맺어 다시 씨를 만드는 과정을 식물의 (   )라고 합니다.

2 봉숭아는 씨가 싹 트고 자라 열매를 맺어 씨를 남기는 한살이를 한 해 안에 마치고 죽는 (   )식물입니다.

3 사과나무는 여러 해를 살면서 한살이 과정의 일부를 반복하는 (   )식물입니다.

4 벼, 강낭콩, 비비추 중에서 여러 해를 사는 식물은 (   )입니다.

동아, 아이스크림

5 다음은 봉숭아의 한살이 과정을 순서 없이 나타낸 것입니다. 순서대로 기호를 쓰시오.

> ㉠ 꽃이 핀다.
> ㉡ 씨에서 싹이 튼다.
> ㉢ 열매와 (   )을/를 만든다.
> ㉣ 잎과 줄기가 자란다.
> ㉤ 시들어 일생을 마친다.

(   ) → (   ) → (   ) → (   ) → ㉤

동아, 아이스크림

6 위 **5**번의 봉숭아의 한살이 과정에서 ㉢의 (   ) 안에 들어갈 알맞은 말은 무엇인지 쓰시오.

(   )

동아, 미래엔, 비상, 아이스크림, 지학사

7 다음은 사과나무의 한살이를 정리한 것입니다. 밑줄 친 내용 중 옳지 <u>않은</u> 것을 찾아 기호를 쓰시오.

> 사과나무는 씨가 싹 튼 뒤 ㉠ 여러 해에 걸쳐 잎과 줄기가 자란 다음 ㉡ 꽃이 피고 열매를 맺는다. 사과나무는 여러 해를 살면서 한살이 과정의 일부를 반복하는 ㉢ 한해살이식물이다.

(   )

서술형 📖 7종 공통

8 다음 중 한해살이식물을 골라 쓰고, 한살이의 특징을 쓰시오.

▲ 강아지풀

▲ 진달래

도움말 '한해살이', '여러해살이'라는 말의 뜻을 잘 생각해 보세요.

📖 7종 공통

9 다음과 같은 한살이를 거치는 식물은 어느 것입니까? (   )

> 씨가 싹 트고 잎과 줄기가 자란다. 겨울이 되어도 죽지 않고 살아남아 다음 해에 새순이 난다. 적당한 크기로 자라면 꽃이 피고 열매를 맺는 과정을 여러 해 동안 반복한다.

① ▲ 강낭콩   ② ▲ 옥수수
③ ▲ 감나무   ④ ▲ 해바라기

📖 7종 공통

10 한해살이식물을 (보기)에서 모두 찾아 기호를 쓰시오.

(보기)
㉠ 벼   ㉡ 호박   ㉢ 민들레
㉣ 개나리   ㉤ 나팔꽃   ㉥ 비비추

(   )

📖 7종 공통

11 여러해살이식물에 대한 설명으로 옳은 것은 어느 것입니까? (   )

① 모두 풀이다.
② 모두 나무이다.
③ 겨울이 되면 잎을 떨어뜨리고 죽는다.
④ 한 해만 살면서 한살이 과정을 반복한다.
⑤ 비비추, 은행나무는 여러해살이식물에 속한다.

📖 7종 공통

12 한해살이식물과 여러해살이식물의 공통점으로 옳은 것을 (보기)에서 골라 기호를 쓰시오.

(보기)
㉠ 씨가 싹 터서 자라며 꽃이 피고 열매를 맺어 번식한다.
㉡ 열매가 떨어진 뒤에도 죽지 않고 살아남아 다음 해 봄에 새순이 나온다.
㉢ 여러 해 동안 살면서 꽃을 피우고 열매를 맺는 한살이의 일부를 반복한다.

(   )

디지털 문해력   📖 7종 공통

13 다음은 여의도 공원의 꽃길을 탐방하며 쓴 인터넷 기사의 일부분입니다. 기사의 (   ) 안에 공통으로 들어갈 알맞은 말은 무엇인지 쓰시오.

여의도 공원 꽃길에서 만난 '애기똥풀'

생태 취재 기자   20○○. 10. 05   09:05

| 줄기나 잎을 자르면 애기똥처럼 노란 액체가 흘러나와

여의도 공원에서는 알록달록 꽃들의 잔치가 열렸다. 그 중에서도 유독 특이한 이름을 가진 식물을 보았다. 바로 '애기똥풀'이다. 애기똥풀은 한살이 과정이 여러 해 동안 일어나는 (   ) 중에 두 해에 걸쳐 한살이를 끝내는 두해살이식물이다. 씨가 싹 트고 겨울을 보내고, 다음 해 봄에서 가을 사이에 꽃과 열매를 맺는다. 한해살이식물처럼 일생에 단 한 번 꽃을 피우지만 한살이 과정이 두 해에 걸쳐 일어나기 때문에 (   )에 속한다.

(   )

■ 7종 공통

1 배추흰나비 알과 애벌레에 대한 설명으로 옳지 <u>않은</u> 것을 두 가지 고르시오. (   )

① 알은 노란색이고, 크기가 매우 작다.

② 알에서 갓 나온 애벌레는 노란색이다.

③ 알은 움직이지만, 애벌레는 움직이지 않는다.

④ 애벌레는 허물을 벗으면서 몸이 점점 커진다.

⑤ 애벌레는 알껍데기를 먹으면서 초록색으로 변한다.

■ 7종 공통

2 배추흰나비 번데기와 어른벌레를 비교한 표를 보고, 옳은 것을 골라 기호를 쓰시오.

구분	번데기	어른벌레
움직임	㉠ 움직이지 않음.	㉡ 기어 다님.
먹이	㉢ 잎을 갉아 먹음.	㉣ 먹지 않음.

(   )

■ 7종 공통

3 다음은 배추흰나비 애벌레가 어른벌레가 되기까지의 과정을 순서 없이 나타낸 것입니다. 순서대로 기호를 쓰시오.

> ㉠ 애벌레가 허물을 벗으며 자란다.
> ㉡ 번데기의 몸 색깔이 주변과 비슷하게 변한다.
> ㉢ 번데기 껍질이 벌어지면서 어른벌레가 나온다.
> ㉣ 번데기에서 나온 어른벌레는 젖은 날개를 펼쳐서 말린다.
> ㉤ 다 자란 애벌레가 입에서 실을 뽑아 몸을 묶고 번데기가 된다.

(   ) → (   ) → (   ) → (   ) → (   )

서술형 동아, 미래엔, 비상, 아이스크림, 지학사, 천재(정)

4 다음 동물들을 곤충으로 구분할 수 있는 까닭은 무엇인지 쓰시오.

▲ 벌   ▲ 개미   ▲ 잠자리

____

____

동아, 미래엔, 비상, 지학사, 천재(이)

5 다음은 다 자란 닭의 모습입니다. 수탉과 암탉은 무엇으로 구별할 수 있는지 두 가지 고르시오.

(   )

▲ 수탉   ▲ 암탉

① 볏의 크기

② 날개의 개수

③ 부리의 모양

④ 꽁지깃의 모양과 길이

⑤ 몸 표면의 깃털의 개수

 아이스크림, 천재(정)

6 다음은 인터넷에 동물과 관련된 속담을 검색한 결과 화면입니다. 3번 속담은 형편이 좋아졌다고 예전의 어려웠던 시절을 잊고 함부로 행동할 때 쓰는 속담입니다. 개구리의 어렸을 때를 이르는 말로 ○○○에 들어갈 알맞은 말을 쓰시오.

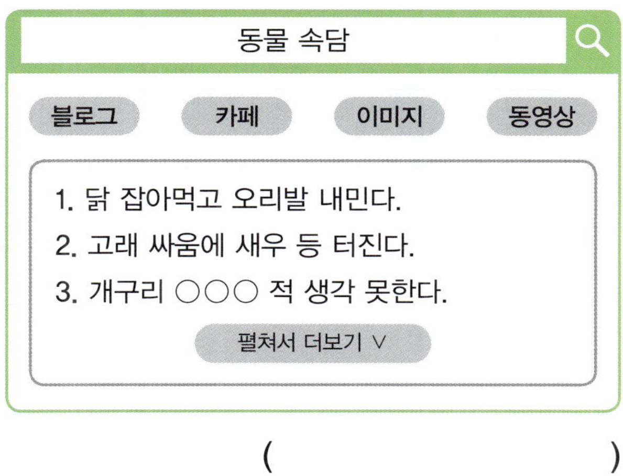

(　　　　　　　　　　　)

|**7~8**| 다음은 개의 한살이 과정을 순서 없이 나타낸 것입니다. 물음에 답하시오.

(가) 
이빨이 나고 먹이를 씹어 먹기 시작함.

(나) 
눈이 감겨 있고, 귀도 막혀 있음.

(다) 
짝짓기를 하여 새끼를 낳을 수 있음.

📖 7종 공통

7 위 (가)~(다) 과정을 개의 한살이 과정에 맞게 순서대로 기호를 쓰시오.

(　　　　　) → (　　　　　) → (　　　　　)

📖 7종 공통

8 위 (나) 단계의 모습을 옳게 관찰한 사람의 이름을 쓰시오.

- 유리: 몸이 털로 덮여 있어.
- 시후: 갓 태어났을 땐 꼬리가 없네.
- 재민: 다리가 튼튼해서 빨리 걸을 수 있어.

(　　　　　　　　　　　)

📖 7종 공통

9 새끼를 낳는 동물의 한살이 과정에 대한 설명으로 옳지 <u>않은</u> 것을 (보기)에서 골라 기호를 쓰시오.

(보기)
㉠ 젖을 먹여 새끼를 기른다.
㉡ 자라는 과정에 번데기 단계가 있다.
㉢ 태어난 후 시간이 지나면 이가 난다.
㉣ 다 자라면 암수가 만나 짝짓기를 한다.

(　　　　　　　　　　　)

|**10~11**| 다음은 씨가 싹 트는 데 물이 미치는 영향을 알아보기 위하여 페트리 접시 두 개에 탈지면을 깔고 같은 수의 강낭콩을 올려놓은 모습입니다. 물음에 답하시오.

(가) 
▲ 물을 줌.

(나) 
▲ 물을 주지 않음.

📖 7종 공통

10 위 실험에서 같게 한 조건과 다르게 한 조건을 (보기)에서 모두 골라 각각 기호를 쓰시오.

(보기)
㉠ 물　　　　　　㉡ 온도
㉢ 공기　　　　　㉣ 페트리 접시의 종류

(1) 같게 한 조건: (　　　　　　　　　)
(2) 다르게 한 조건: (　　　　　　　　)

 📖 7종 공통

11 위 (가)와 (나) 중 며칠 후 싹이 튼 강낭콩을 볼 수 있는 페트리 접시의 기호를 쓰고, 그 결과를 통해 알 수 있는 사실은 무엇인지 쓰시오.

____

____

4
단원
6회

7종 공통

12 다음 실험 조건을 보고, 씨가 싹 트는 데 영향을 미치는 조건으로 생각한 것은 무엇인지 쓰시오.

다르게 할 조건	온도
같게 할 조건	물, 공기, 탈지면, 페트리 접시 등

(   )

7종 공통

13 다음 실험에서 식물이 자라는 데 필요한 조건으로 알아보려 하는 것은 무엇인지 쓰시오.

비슷한 크기로 자란 강낭콩 화분 두 개 중에서 한 화분은 물을 적당히 주고, 다른 화분에는 물을 주지 않는다. 화분 두 개를 빛이 잘 드는 곳에 두고 관찰한다.

▲ 물을 줌.

▲ 물을 주지 않음.

(   )

서술형 7종 공통

14 식물이 자라는 데 햇빛이 미치는 영향을 알아보는 실험에서 다르게 할 조건과 같게 할 조건을 다음 〈보기〉의 용어를 모두 포함하여 쓰시오.

（보기）

햇빛, 온도, 물, 식물의 종류

____

____

____

7종 공통

15 다음과 같이 비슷한 크기로 자란 강낭콩 화분 두 개에 적당한 양의 물을 준 뒤, ㉠ 화분에만 햇빛 차단 장치를 씌웠을 때, 며칠 뒤 강낭콩이 더 잘 자란 화분은 무엇인지 기호를 쓰시오.

㉠

▲ 햇빛을 받지 않게 함.

㉡

▲ 햇빛을 받게 함.

(   )

동아, 아이스크림

16 다음은 봉숭아의 한살이 과정을 순서 없이 나타낸 것입니다. 순서대로 기호를 쓰시오.

(가) 

(나) 

(다) 

(라) 

(나) → (   ) → (   ) → (   )

■ 7종 공통

17 다음 중 한해살이식물에 대해 옳게 설명한 사람의 이름을 쓰시오.

> • 승헌: 한해살이식물은 꽃이 피지 않아.
> • 민재: 열매를 맺고 나면 시들면서 일생을 마치지.
> • 주희: 3~5년 정도 자라서 적당한 크기가 되면 열매를 맺는 식물이야.

(   )

■ 7종 공통

18 여러해살이식물끼리 옳게 짝 지어진 것은 어느 것입니까? (   )

① 호박, 나팔꽃, 민들레
② 봉숭아, 은행나무, 감나무
③ 무궁화, 개나리, 은행나무
④ 진달래, 민들레, 해바라기
⑤ 나팔꽃, 옥수수, 사과나무

19~20 | 다음은 개구리의 한살이 과정을 순서 없이 나열한 것입니다. 물음에 답하시오.

(가) 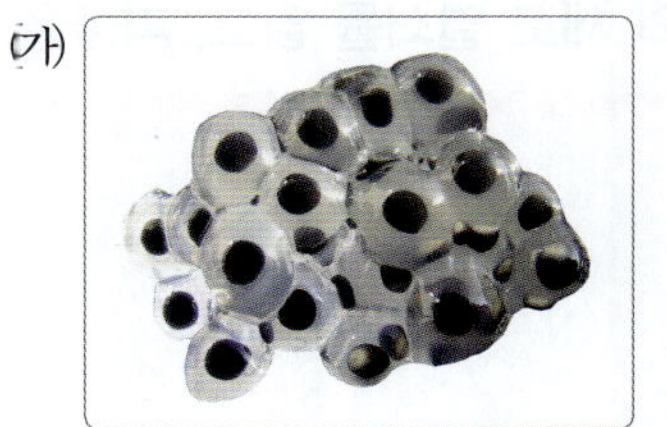
▲ 여러 개의 알이 뭉쳐 있다.

(나) 
▲ 앞다리가 나온다.

(다) 
▲ 꼬리가 서서히 없어진다.

(라) 
▲ 뒷다리가 나온다.

(마) 
▲ 올챙이가 된다.

(바) 
▲ 다 자란 개구리가 된다.

아이스크림, 천재(정)

19 위 개구리의 한살이를 순서대로 기호를 쓰시오.

(가) → (   ) → (   ) → (   ) → (   ) → (바)

서술형 **아이스크림, 천재(정)**

20 다 자란 개구리는 꼬리가 없는데 물속에서 어떻게 헤엄을 잘 칠 수 있는지 개구리의 생김새와 관련지어 쓰시오.

____

____

학습 결과에 색칠하세요.   

가로 열쇠와 세로 열쇠를 읽고, 퍼즐을 풀어 보세요.

● 정답 18쪽

가로 열쇠

❷ 물체가 어느 한쪽으로도 기울어지지 않고 평평한 상태
❹ 개의 새끼를 부르는 말
❺ 번데기에서 날개가 있는 어른벌레가 나오는 과정
❼ 애벌레가 몸을 감싸고 있는 껍질을 벗는 것
❿ 사람이나 동물의 몸통 아래에 붙어 몸을 받치며, 걷거나 뛰는 일을 맡는 부분
⑫ 막대의 한 점을 받치고 물체를 움직이게 하는 도구
⑭ 몸이 머리, 가슴, 배로 구분되고 다리가 세 쌍인 동물

세로 열쇠

❶ 나선형으로 된 쇠줄. ○○○저울이 있음.
❸ 닭의 알에서 나온 새끼를 부르는 말
❻ 개구리 알에서 나온 새끼를 부르는 말
❽ 개구리, 오리 등의 발가락 사이에 있는 얇은 막
❾ 애벌레와 어른벌레 중간에 있는 과정
⑪ 열매의 가시 끝이 갈고리 모양으로 휘어져 다른 물체에 한번 붙으면 잘 떨어지지 않는 식물
⑫ 물고기 등이 헤엄치는 데 쓰는 기관
⑬ 알에서 나와 아직 다 자라지 않은 곤충

백점

과학 3·1

평가북

- 빠르게 정리하는 **단원 핵심 개념**
- 학교 시험 대비 수준별 **단원 평가**

동아출판

1 **단원 핵심 개념**이 있습니다.
중요 내용을 빠르게 정리할 수 있도록
각 단원별 핵심 개념 제공

2 **수준별 다양한 평가**가 있습니다.
A단계, B단계 두 가지 난이도로 단원 평가 제공

백점

과학 3·1

평가북

차례

1 밀거나 당길 때의 힘

> **물체에 힘을 작용했을 때의 변화**: 물체에 힘을 작용하면 물체의 움직임이나 모양을 변하게 할 수 있습니다.

> **무거운 물체와 가벼운 물체를 밀거나 당길 때의 힘**

무거운 물체를 밀거나 당길 때	가벼운 물체를 밀거나 당길 때

무거운 물체를 밀거나 당길 때 더 ☐ 힘이 필요함.	가벼운 물체를 밀거나 당길 때 더 작은 힘이 필요함.

2 수평 잡기로 무게 비교하기

> ❷ ☐☐ : 물체의 가볍고 무거운 정도입니다.

> **두 물체가 받침점에서 같은 거리에 있을 때**

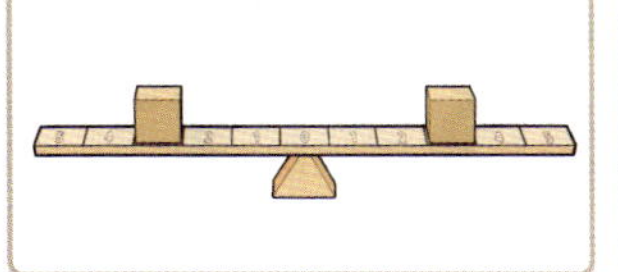
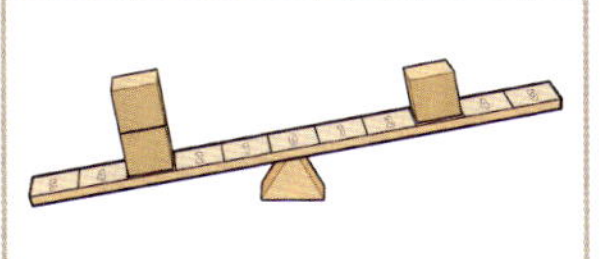

수평을 이루면 두 물체의 무게는 같음.	기울어지면 기울어진 쪽 물체의 무게가 더 무거움.

> **두 물체가 받침점에서 다른 거리에 있을 때**

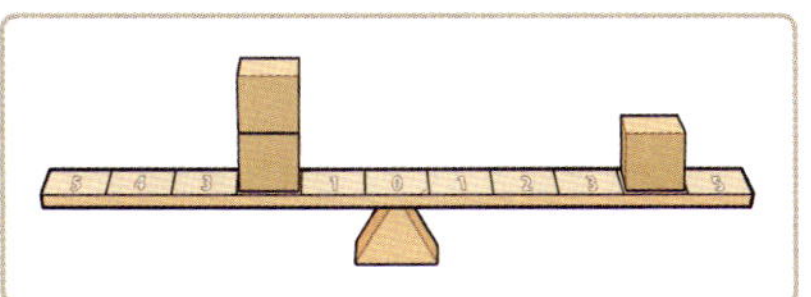

수평을 이루면 받침점에 가까운 물체의 무게가 더 무거움.

3 저울로 무게 비교하기

> **저울로 무게를 측정하는 상황**

고기의 가격을 정할 때	요리 재료의 무게를 측정할 때	운동선수의 체급을 정할 때

> **저울을 사용해 무게 비교하기**

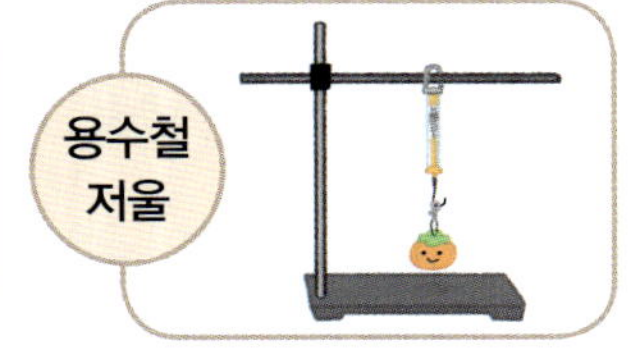

저울을 사용하면 물체의 무게를 정확하게 비교할 수 있으며, 무게의 단위는 'g'과 'kg'을 사용하고, '그램'과 '❸ ☐☐☐☐'이라고 읽습니다.

4 지레와 빗면

> **도구의 종류**

❹ ☐☐	빗면
막대의 한 점을 받치고 물체를 움직이게 하는 도구	비스듬한 면

> **도구를 이용할 때 드는 힘의 크기**: 물체를 들어 올릴 때 지레와 빗면 같은 도구를 이용하면 직접 들어 올릴 때보다 작은 힘이 듭니다.

단원 평가 (A) 단계

1. 힘과 우리 생활

맞은 개수 / 15

밀거나 당길 때의 힘

1 힘과 관련된 현상으로 옳지 <u>않은</u> 것은 어느 것입니까? (   )

① 그네를 밀면 그네가 움직인다.
② 수레를 밀면 수레가 굴러간다.
③ 책을 읽으면 생각하는 힘이 생긴다.
④ 발로 축구공을 차면 축구공이 날아간다.
⑤ 날아오는 공을 손으로 잡으면 공이 멈춘다.

2 다음 힘과 관련된 모습을 보고, 공통점을 (보기)에서 찾아 기호를 쓰시오.

▲ 밀가루 반죽 누르기

▲ 페트병 찌그러뜨리기

(보기)
㉠ 힘을 작용하면 물체의 모양이 변한다.
㉡ 힘을 작용하면 물체의 움직임이 변한다.
㉢ 힘을 작용해도 물체의 움직임과 모양은 변화가 없다.

(   )

3 다음 (보기)에서 물체를 밀거나 당겨서 움직일 때 가장 큰 힘이 드는 것을 골라 기호를 쓰시오.

(보기)
㉠ 농구공 한 개가 들어 있는 바구니
㉡ 농구공 다섯 개가 들어 있는 바구니
㉢ 농구공 열 개가 들어 있는 바구니

(   )

수평 잡기로 무게 비교하기

4 다음 (   ) 안에 공통으로 들어갈 알맞은 말은 어느 것입니까? (   )

> (   )(이)란 어느 한쪽으로 기울지 않은 상태를 말하는 것으로, (   ) 잡기의 원리를 이용하여 두 물체의 무게를 비교할 수 있다.

① 평행   ② 수직   ③ 변형
④ 수평   ⑤ 분리

5 다음 중 수평 잡기에 대한 설명으로 옳은 것은 어느 것입니까? (   )

① 무게가 같은 물체로는 수평을 잡을 수 없다.
② 무게가 다른 물체로는 수평을 잡을 수 없다.
③ 물체의 무게를 정확하게 측정하는 것을 수평 잡기라고 한다.
④ 무게가 같은 물체는 받침점으로부터 같은 거리에 있을 때 수평을 이룬다.
⑤ 무거운 물체와 가벼운 물체는 받침점으로부터 같은 거리에 있을 때 수평을 이룬다.

6 미래와 세호가 시소의 받침점으로부터 같은 거리만큼 떨어진 양쪽에 앉았더니 미래 쪽으로 시소가 기울었습니다. 시소의 수평을 잡는 방법을 (보기)에서 골라 기호를 쓰시오.

(보기)
㉠ 미래와 세호의 자리를 바꾼다.
㉡ 미래가 받침점에 더 가까이 앉는다.
㉢ 미래와 세호가 함께 시소의 같은 쪽에 앉는다.

(   )

저울로 무게 비교하기

7 다음 (   ) 안에 들어갈 알맞은 말을 쓰시오.

사람마다 느끼는 물체의 무게가 다르기 때문에 정확하게 비교하기 위하여 (   )을/를 사용하여 물체의 무게를 측정할 수 있다.

(   )

8 물체의 무게를 나타내는 단위로 알맞은 것을 (보기)에서 골라 쓰고, 어떻게 읽는지 쓰시오.

(보기)
mL   cm   kg   km   m

⑴ 무게의 단위: (   )
⑵ 읽는 방법: (   )

9 우리 생활에서 물체의 무게를 측정하는 경우로 옳지 <u>않은</u> 것을 (보기)에서 골라 기호를 쓰시오.

(보기)
㉠ 슈퍼마켓에서 라면을 살 때
㉡ 우체국에서 우편물을 보낼 때
㉢ 태권도 경기에서 선수들의 체급을 정할 때
㉣ 빵이나 음식을 만들기 위해 들어갈 재료의 양을 측정할 때

(   )

용수철저울로 무게 비교하기

10 다음 용수철저울로 물체의 무게를 측정하기 전에 표시 자를 눈금 '0'에 오도록 조절하는 부분은 어디입니까? (   )

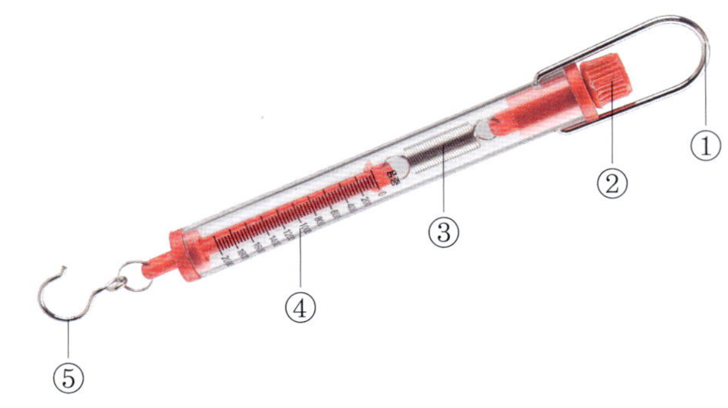

11 용수철저울의 사용 방법으로 옳은 것을 (보기)에서 골라 기호를 쓰시오.

(보기)
- ㉠ 표시 자가 움직일 때 무게를 측정한다.
- ㉡ 표시 자와 눈높이를 수평으로 맞추고 눈금을 읽는다.
- ㉢ 동시에 여러 가지 물체의 무게를 재려면 저울 밑에 고리 여러 개를 걸어서 측정한다.

( )

12 오른쪽 용수철저울에 표시된 작은 눈금과 큰 눈금 하나는 얼마의 무게를 나타내는지 쓰시오.

⑴ 작은 눈금: ( ) g
⑵ 큰 눈금: ( ) g

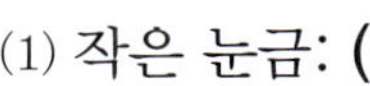
지레와 빗면

13 다음은 도구를 이용해 주스 통을 들어 올리는 모습입니다. 지레를 이용한 것의 기호를 쓰시오.

( )

14 물체를 직접 들어 올릴 때와 도구를 이용해 들어 올릴 때에 대한 설명으로 옳지 <u>않은</u> 것을 (보기)에서 골라 기호를 쓰시오.

(보기)
- ㉠ 물체를 직접 들어 올릴 때보다 지레를 이용해 들어 올릴 때 더 큰 힘이 든다.
- ㉡ 물체를 직접 들어 올릴 때보다 빗면을 이용해 들어 올릴 때 더 작은 힘이 든다.
- ㉢ 물체를 직접 들어 올릴 때와 지레를 이용해 들어 올릴 때 드는 힘의 크기가 다르다.

( )

1
단원
A단계

15 다음 지레를 이용한 도구가 쓰이는 상황을 선으로 이으시오.

⑴ 
▲ 가위

㉠ 음료수 뚜껑을 딸 때

⑵ 
▲ 손톱깎이

㉡ 종이를 자를 때

⑶ 
▲ 병따개

㉢ 손톱을 깎을 때

| 1~2 | 다음과 같이 물체를 넣은 상자와 빈 상자를 밀어 보았습니다. 물음에 답하시오.

(가) 

(나) 

▲ 물체를 넣은 상자를 밀 때   ▲ 빈 상자를 밀 때

1 위 (가)와 (나) 중 상자를 밀어서 움직일 때 더 작은 힘이 드는 경우를 골라 기호를 쓰시오.

(   )

서술형

2 위 **1**번 답과 같은 결과가 나타난 까닭은 무엇인지 쓰시오.

____

____

____

3 물체에 힘을 작용했을 때 물체가 움직이는 방향을 바르게 선으로 이으시오.

(1) 물체에 당기는 힘을 작용할 때 •	• ㉠ 물체가 나에게서 먼 쪽으로 움직인다.
(2) 물체에 미는 힘을 작용할 때 •	• ㉡ 물체가 나에게서 가까운 쪽으로 움직인다.

4 다음과 같이 물체가 든 바구니와 비어 있는 바구니에 용수철을 연결하여 당겨 보았습니다. 이 실험에 대해 <u>잘못</u> 말한 사람의 이름을 쓰시오.

 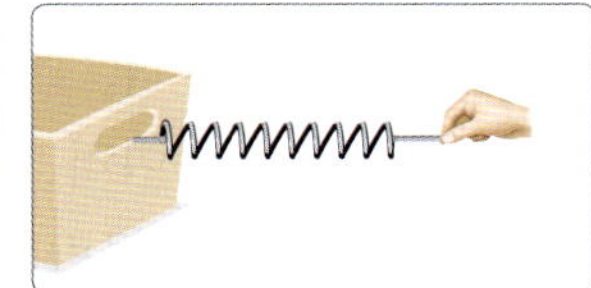

▲ 물체가 든 바구니를 당길 때   ▲ 비어 있는 바구니를 당길 때

> • 성수: 물체가 든 바구니를 당길 때 용수철의 길이가 더 많이 늘어나.
> • 미연: 맞아. 가벼운 물체보다 무거운 물체를 당길 때 더 작은 힘이 들기 때문이야.
> • 지훈: 물체의 가볍고 무거운 정도에 따라 물체를 당길 때 필요한 힘의 크기가 달라져.

(   )

5 다음과 같이 나무판자의 왼쪽 ③번에 나무토막 한 개를 올려놓을 때, 무게가 같은 나무토막 한 개를 나무판자의 어느 위치에 올려놓아야 나무판자의 수평을 잡을 수 있습니까? (   )

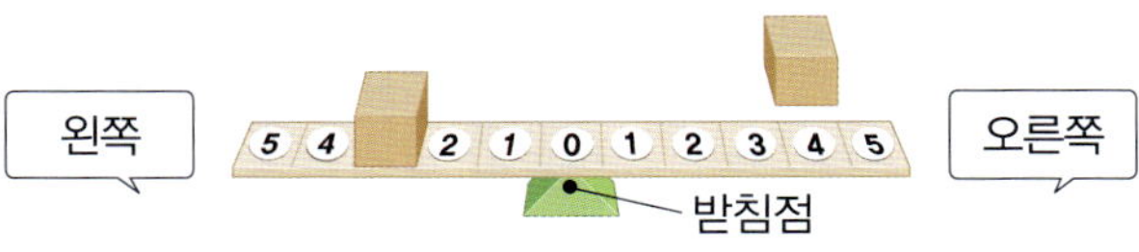

① 받침점 위   ② 오른쪽 ②번
③ 오른쪽 ③번   ④ 오른쪽 ④번
⑤ 오른쪽 ③번과 ④번 중간

6 다음 ( ) 안에 들어갈 알맞은 말끼리 옳게 짝 지은 것은 어느 것입니까? ( )

> • 받침점이 가운데인 수평대를 이용하여 무게가 같은 물체로 수평을 잡으려면 각각의 물체를 받침점으로부터 (㉠) 거리에 놓는다.
> • 받침점이 가운데인 수평대를 이용하여 무게가 다른 물체로 수평을 잡으려면 무거운 물체를 가벼운 물체보다 받침점에 더 (㉡) 놓는다.

	㉠	㉡		㉠	㉡
①	같은	가까이	②	같은	멀리
③	다른	가까이	④	다른	멀리
⑤	다른	나란히			

서술형

7 몸무게가 다른 하리와 찬호가 시소의 수평을 잡기 위해 하리보다 몸무게가 무거운 찬호가 타야 할 위치의 기호를 쓰고, 그렇게 생각한 까닭을 쓰시오.

____

____

8 다음과 같이 받침대와 나무판자를 이용해 감과 귤의 수평을 잡았습니다. 더 가벼운 과일은 무엇인지 쓰시오.

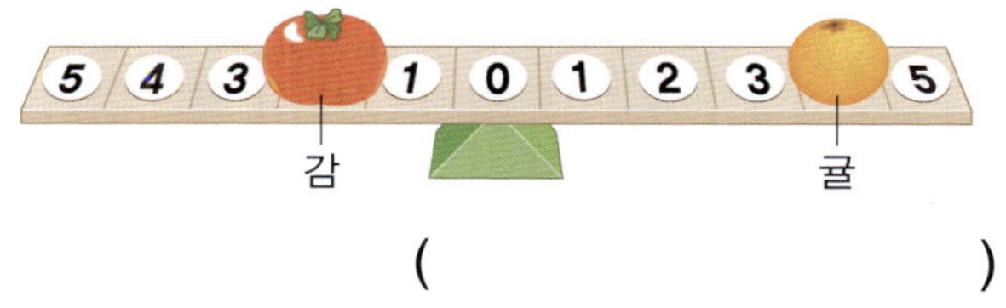

( )

9 다음 여러 가지 저울을 '용수철을 이용한 저울'과 '수평 잡기를 이용한 저울'로 구분하여 기호를 쓰시오.

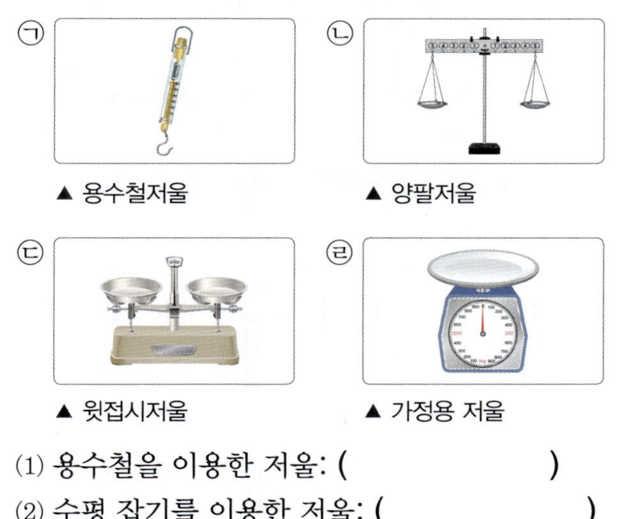

(1) 용수철을 이용한 저울: ( )
(2) 수평 잡기를 이용한 저울: ( )

10 저울을 사용해 무게를 측정해야 하는 장소와 상황을 바르게 선으로 이으시오.

11 전자저울의 사용 방법을 순서에 맞게 기호를 쓰시오.

> ㉠ 평평한 곳에 전자저울을 놓고 수평을 맞춘다.
> ㉡ 전원을 켜고 영점 단추를 눌러 영점을 맞춘다.
> ㉢ 전자저울 위에 물체를 올려놓고 무게를 읽는다.

(   ) → (   ) → (   )

12 다음은 전자저울로 여러 가지 물체의 무게를 측정한 결과를 나타낸 표입니다. 표를 보고, ( ) 안에 들어갈 알맞은 수를 쓰시오.

물체	자	지우개	필통	풀
무게(g)	20	45	190	40

> 가장 무거운 물체인 필통은 가장 가벼운 물체인 자보다 (   ) g 더 무겁다.

(   )

13 오른쪽 용수철저울의 ㉠ 부분의 이름과 역할을 쓰시오.

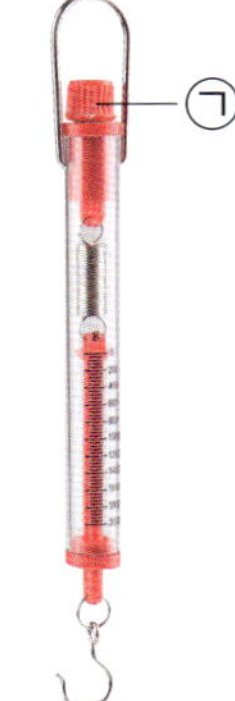

(1) 이름: (   )

(2) 역할: _______________________

____

____

14 전자저울을 이용해 감, 배, 귤의 무게를 측정하였더니 다음과 같았습니다. 용수철저울을 이용해 세 과일의 무게를 다시 측정했을 때 가장 무거운 것부터 순서대로 쓰시오.

물체	감	배	귤
무게(g)	280	450	190

(   ) → (   ) → (   )

15 용수철저울로 비교한 두 개의 필통의 무게가 다음과 같을 때 더 가벼운 필통을 골라 기호를 쓰시오.

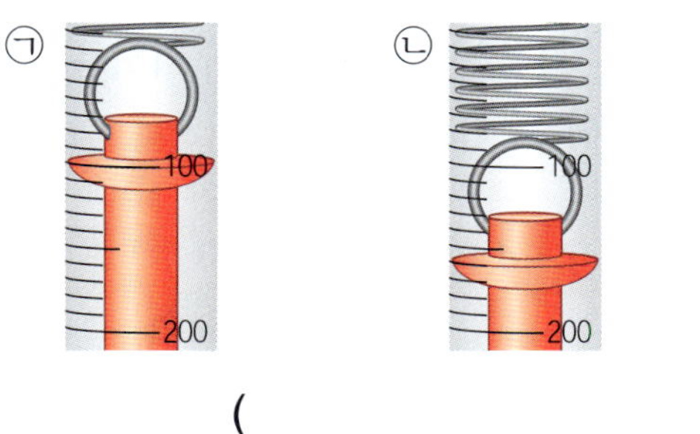

(   )

| 16~18 | 다음은 도구가 이용되는 예를 나타낸 것입니다. 물음에 답하시오.

(가)

▲ 병따개

(나)

▲ 사다리차

(다)

▲ 경사로

(라)

▲장도리

16 위 (가)~(라) 중 단단하게 박혀 있는 못을 쉽게 빼낼 수 있는 것을 골라 기호를 쓰시오.

( )

17 위 (가)~(라) 중 지레를 이용한 도구를 두 가지 골라 기호를 쓰시오.

( )

18 위 (다)에 대한 설명으로 ( ) 안에 들어갈 알맞은 말을 쓰시오.

> ( )의 원리를 이용한 경사로로 이동하면 유모차나 휠체어를 쉽게 밀고 올라갈 수 있다.

( )

19 다음 그림은 고인돌을 만드는 모습입니다. 그림에서 고인돌을 만들 때 사용된 도구의 이름과 그 도구를 사용한 까닭을 쓰시오.

(1) 도구의 이름: ( )

(2) 도구를 사용한 까닭: _______________

____

____

20 도구과 도구를 이용한 예를 바르게 선으로 이으시오.

(1) 지레 •

• ㉠
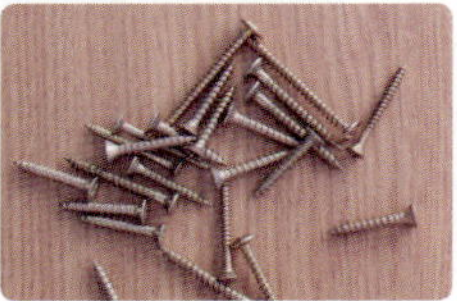
▲ 나사못

(2) 빗면 •

• ㉡

▲ 손수레

1
단원
B단계

2. 동물의 생활

● 정답 22쪽

1 동물의 분류

▶ **특징에 따른 동물의 분류**: 동물의 특징에 따라 분류 [1] 을 정해 동물을 분류할 수 있습니다.

▶ **동물 분류하기 (예)**: 다리가 있는 것과 없는 것, 날개 가 있는 것과 없는 것 등 여러 가지 기준을 정해 분류할 수 있습니다.

분류 기준: 다리가 있는가?

그렇다.	그렇지 않다.

2 땅이나 물에 사는 동물

▶ **땅에 사는 동물**: 다리로 걷거나 뛰어다니는 동물, 다리가 없어서 기어 다니는 동물, [2] 가 있어 날아다니는 동물 등이 있습니다.

▲ 고라니

▲ 뱀

▲ 물까치

▶ **물에 사는 동물**: 지느러미나 다리로 헤엄쳐 이동하는 동물, 바위에 붙어 있거나 기어서 이동하는 동물 등이 있습니다.

▲ 물방개

▲ 돌고래

▲ 바다거북

3 사막이나 극지방에 사는 동물

▶ **사막에 사는 동물**: 다양한 생김새와 생활 방식으로 물을 얻고 체온을 조절합니다.

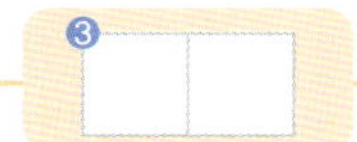
[3]
등에 지방을 저장한 혹이 있고, 발바닥이 넓어서 모래에 발이 잘 빠지지 않음.

▶ **극지방에 사는 동물**: 다양한 생김새와 생활 방식으로 추위를 견딥니다.

북극곰

몸집이 크고 피부가 두꺼워 추위를 잘 견디고, 발바닥이 넓고 털이 있어 눈 위에서도 잘 걸음.

4 동물의 특징을 이용한 예

▶ **흡착판**: 문어의 빨판이 물체에 잘 달라붙는 특징을 이용하여 만들었습니다.

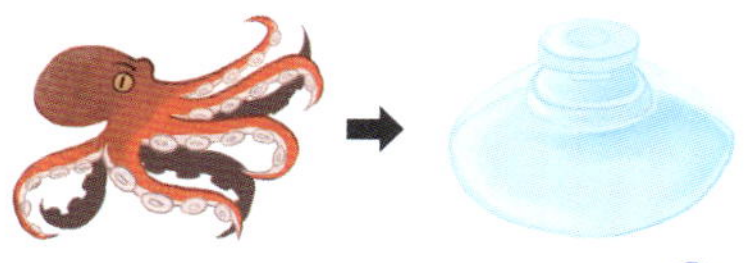

▶ **집게 차의 집게**: 움켜쥐는 힘이 강한 [4] 발의 특징을 이용하여 만들었습니다.

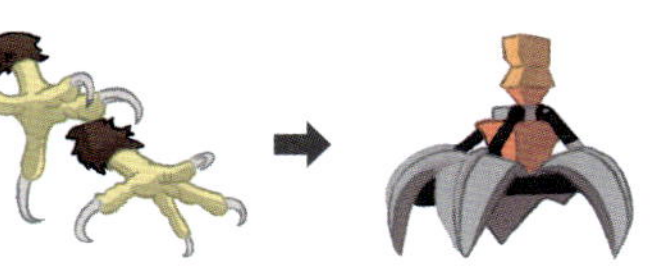

▶ **등산화의 바닥**: 잘 미끄러지지 않는 산양 발바닥의 특징을 이용하여 만들었습니다.

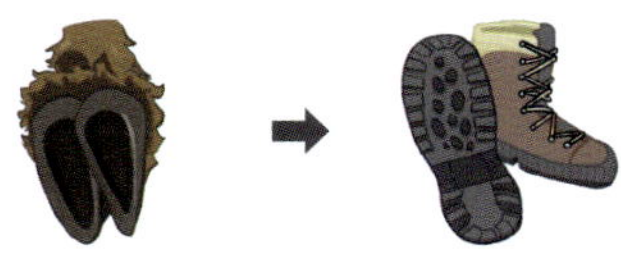

단원 평가 **A**단계

2. 동물의 생활

동물의 분류

1 동물을 분류할 수 있는 기준으로 알맞지 <u>않은</u> 것은 어느 것입니까? (　　　)

① 날개가 있는 것과 없는 것
② 귀여운 것과 귀엽지 않은 것
③ 땅에 사는 것과 물에 사는 것
④ 지느러미가 있는 것과 없는 것
⑤ 다리가 두 개인 것과 네 개인 것

2 다음 동물을 '더듬이가 있는가?'의 분류 기준에 따라 분류할 때, 같은 무리로 분류할 수 없는 것은 어느 것입니까? (　　　)

① 
▲ 나비

② 
▲ 꿀벌

③ 
▲ 거미

④ 
▲ 달팽이

3 오른쪽 동물의 특징으로 옳은 것은 어느 것입니까?
(　　　)

▲ 금붕어

① 몸이 깃털로 덮여 있다.
② 주로 돌 밑에서 볼 수 있다.
③ 다리 두 쌍으로 걸어다닌다.
④ 지느러미를 이용해서 헤엄친다.
⑤ 몸이 여러 개의 마디로 되어 있다.

땅에 사는 동물

4 땅속에서 사는 동물로 알맞은 것을 두 가지 골라 기호를 쓰시오.

㉠ 
▲ 소

㉡ 
▲ 지렁이

㉢ 
▲ 다람쥐

㉣ 
▲ 땅강아지

(　　　　　　　　　　)

5 다음은 개미를 관찰하고 그림으로 나타낸 것입니다. 개미의 특징으로 옳은 것을 (보기)에서 골라 기호를 쓰시오.

▲ 개미

(보기)
㉠ 세 쌍의 다리가 있다.
㉡ 몸이 가슴과 배의 두 부분으로 구분된다.
㉢ 대롱같이 생긴 입으로 꽃의 꿀을 먹는다.

(　　　　　　　　　　)

6 날아다니는 오른쪽 동물의 특징을 옳지 <u>않게</u> 말한 사람의 이름을 쓰시오.

▲ 나비

> • 가은: 날개 두 쌍이 있어.
> • 나미: 짧고 단단한 부리가 있어.
> • 지민: 몸이 머리, 가슴, 배의 세 부분으로 구분돼.

(   )

물에 사는 동물

7 다음 동물이 사는 곳으로 알맞은 것을 (보기)에서 골라 각각 기호를 쓰시오.

> (보기)
> ㉠ 갯벌   ㉡ 강가나 호숫가   ㉢ 바닷속

(1) 
조개
(   )

(2) 
오징어
(   )

(3) 
고등어
(   )

(4) 
개구리
(   )

8 물에서 사는 동물의 특징으로 옳은 것은 어느 것입니까? (   )

① 수달은 아가미로 숨을 쉰다.
② 붕어는 지느러미로 헤엄친다.
③ 전복은 다리가 있어 걸어 다닌다.
④ 상어는 강이나 호수의 물속에서 산다.
⑤ 다슬기는 바닷속에서 물고기를 잡아먹는다.

---

9 다음 동물의 특징으로 옳은 것을 두 가지 고르시오.
(   )

▲ 수달

① 갯벌에서 살고 있다.
② 몸이 비늘로 덮여 있다.
③ 발가락에 물갈퀴가 있다.
④ 지느러미가 있어 헤엄을 잘 친다.
⑤ 강가나 호숫가에서 물과 땅을 오가면서 살며, 물속에서 헤엄칠 수 있다.

사막이나 극지방에 사는 동물

10 오른쪽 동물이 사람이 살기 어려운 사막의 환경에서 생활하기에 알맞은 까닭으로 옳은 것을 두 가지 고르시오. (   )

▲ 사막여우

① 귓속에 털이 많아 모래가 잘 들어가지 않는다.
② 긴 꼬리로 땅바닥의 뜨거운 열기를 피할 수 있다.
③ 새벽에 땅 위로 나와 몸에 맺힌 이슬을 모아서 마신다.
④ 혹에 지방을 저장하고 있어서 오랫동안 물을 마시지 않아도 된다.
⑤ 몸에 비해 큰 귀를 가지고 있어서 몸속의 열을 밖으로 내보내는 체온 조절을 할 수 있다.

11 다음 여러 가지 동물 중 극지방에서 사는 동물로 옳은 것을 두 가지 골라 기호를 쓰시오.

㉠

▲ 바다코끼리

㉡

▲ 낙타

㉢

▲ 펭귄

㉣

▲ 미어캣

(   )

12 북극곰이 극지방에서 살아가기에 알맞은 특징으로 옳은 것을 (보기)에서 골라 기호를 쓰시오.

┌─ 보기 ─
㉠ 몸집이 작고 피부가 얇아 추위를 견딜 수 있다.
㉡ 몸에 비해 귀가 커서 몸의 열이 잘 빠져나 간다.
㉢ 발바닥이 넓고 짧은 털이 나 있어서 얼음 위에서 잘 걸어다닐 수 있다.

(   )

환경에 따른 동물의 특징과 이용

13 동물의 발과 그 특징을 바르게 선으로 이으시오.

(1) 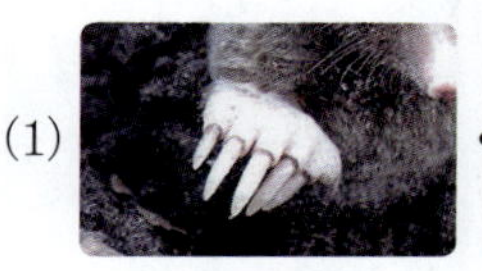 •   • ㉠ 물갈퀴가 있다.

(2)  •   • ㉡ 발톱이 길쭉하고 날카롭다.

(3) 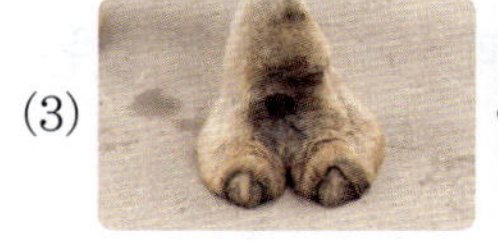 •   • ㉢ 발이 넓적하고 평평하다.

2 단원 A단계

14 우리 생활에서 동물의 특징을 이용한 예가 <u>잘못</u> 짝 지어진 것은 어느 것입니까? (   )

① 수리의 발 – 집게 차
② 상어의 비늘 – 전신 수영복
③ 산천어의 머리 – 고속 열차
④ 오리의 발 – 물놀이용 물갈퀴
⑤ 하늘다람쥐의 날개막 – 등산화의 밑창

15 다음은 동물의 특징을 이용한 생활용품에 대한 설명입니다. (   ) 안에 들어갈 알맞은 동물의 이름을 쓰시오.

어디에나 잘 달라붙는 (   )의 빨판을 이용해 만든 흡착판은 매끄러운 곳에 잘 붙고, 다른 곳으로 옮길 때 쉽게 뗄 수 있다.

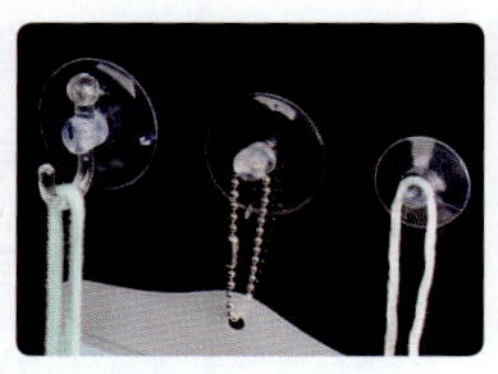
▲ 흡착판

(   )

1 다음과 같이 두 무리로 동물을 분류한 기준으로 옳은 것은 어느 것입니까? (　　　)

| 나비, 꿀벌, 개미 | 뱀, 고양이, 참새 |

① 곤충인 것과 곤충이 아닌 것
② 알을 낳는 것과 새끼를 낳는 것
③ 날개가 있는 것과 날개가 없는 것
④ 다리가 있는 것과 다리가 없는 것
⑤ 지느러미가 있는 것과 지느러미가 없는 것

|2~3| 다음 여러 종류의 동물들을 보고, 물음에 답하시오.

(가)

▲ 개구리

(나)

▲ 상어

(다)

▲ 까치

(라)

▲ 달팽이

2 위 동물을 '다리가 있는가?'의 분류 기준에 따라 분류하여 기호를 쓰시오.

그렇다.	그렇지 않다.
(1)	(2)

3 위 **2**번에서 '그렇지 않다.'로 분류한 동물을 다시 '지느러미가 있는가?'의 분류 기준에 따라 분류하여 기호를 쓰시오.

지느러미가 있는가?

그렇다. ┃ 그렇지 않다.

| (1) | (2) |

서술형

4 여러 가지 동물을 다리의 개수에 따라 ㉠과 ㉡으로 분류하였습니다. 오른쪽 개구리는 ㉠과 ㉡ 중 어느 쪽으로 분류해야 하는지 기호를 쓰고, 그렇게 생각한 까닭을 쓰시오.

▲ 개구리

㉠	㉡
개미, 꿀벌, 나비	고양이, 소, 다람쥐

(1) 개구리 분류하기: (　　　　　　　)

(2) 그렇게 생각한 까닭: ____________

____

5 땅에서 사는 동물의 공통적인 특징으로 옳은 것은 어느 것입니까? (　　　)

① 아가미로 숨을 쉰다.
② 날개가 한 쌍 있어 날 수 있다.
③ 다리가 없는 동물은 기어 다닌다.
④ 땅속에 사는 동물은 모두 다리가 없다.
⑤ 지느러미가 있어서 물속에서 헤엄칠 수 있다.

6 다음 동물에게는 어떤 특징이 있는지 땅속에서 이동하는 방법과 관련지어 쓰시오.

▲두더지

____

____

7 공벌레에 대한 설명으로 옳은 것을 〈보기〉에서 골라 기호를 쓰시오.

〈보기〉
㉠ 주둥이가 뾰족하고, 몸이 털로 덮여 있다.
㉡ 몸이 길고 원통 모양이며, 다리가 없어 기어 다닌다.
㉢ 다리는 일곱 쌍이며, 위험을 느끼면 몸을 동그랗게 마는 특징이 있다.

( )

8 다음은 수리나 제비와 같은 새가 하늘을 날 수 있는 특징을 정리한 것입니다. ( ) 안에 들어갈 알맞은 말을 쓰시오.

▲ 수리 ▲ 제비

새는 몸의 크기에 비해 무게가 가볍고, 깃털로 덮인 ( )이/가 있어 하늘을 날 수 있다.

( )

|9~10| 다음은 물에서 사는 동물입니다. 물음에 답하시오.

(가) ▲ 게 (나) ▲ 다슬기
(다) ▲ 물방개 (라) ▲ 고등어

9 위 (가)~(라) 중 강이나 호수의 물속에서 사는 동물을 두 가지 골라 기호를 쓰시오.

( )

10 위 (가)~(라) 중 다음과 같은 특징이 있는 것의 기호를 각각 쓰시오.

(1) 물속 바닥이나 바위에 붙어서 기어 다닌다.

( )

(2) 몸이 딱딱한 껍데기로 덮여 있고, 집게발 두 개가 있다. ( )

11 다음은 붕어가 물에서 생활하기에 알맞은 점입니다. ㉠~㉢ 중 잘못된 부분의 기호를 쓰고, 바르게 고쳐 쓰시오.

> 물속에 사는 붕어는 ㉠ 아가미로 숨을 쉬고, ㉡ 몸에 지느러미가 있어 물속에서 헤엄을 잘 칠 수 있다. 또 ㉢ 몸이 넓적한 상자 모양이어서 물의 저항을 적게 받는다.

(1) 잘못된 부분: (   )

(2) 바르게 고쳐 쓰기: ___________________

____

12 다음 동물을 사는 곳에 따라 구분하여 알맞게 선으로 이으시오.

(1) 오징어 •

        • ㉠ 바닷속

(2) 수달 •

(3) 개구리 •

        • ㉡ 강가나 호숫가

(4) 전복 •

13 오른쪽 동물이 사막의 환경에서 생활하기에 알맞은 까닭으로 옳지 않은 것을 (보기)에서 골라 기호를 쓰시오.

▲ 낙타

> (보기)
> ㉠ 앞다리로 땅을 파서 굴을 만들어 이동한다.
> ㉡ 등에 있는 혹에 지방이 있어서 먹이가 없어도 며칠 동안 생활할 수 있다.
> ㉢ 콧구멍을 열고 닫을 수 있어서 모래 먼지가 콧속으로 들어가는 것을 막는다.

(   )

14 오른쪽 동물이 사막의 환경에서 잘 살 수 있는 특징을 한 가지 쓰시오.

▲ 사막여우

____

____

15 다음 중 극지방에서 사는 동물이 아닌 것은 어느 것입니까? (   )

① 

▲ 황제펭귄

② 

▲ 북극여우

③ 

▲ 미어캣

④ 

▲ 북극곰

16 다음과 같은 특징이 있어 극지방에서 살 수 있는 동물은 어느 것입니까? (　　　)

> • 몸집이 크고 피부가 두꺼워 추위를 견딜 수 있다.
> • 뾰족한 엄니로 얼음을 깨거나 얼음 위로 올라갈 수 있다.

① 전갈　　　② 수달　　　③ 물방개
④ 돌고래　　　⑤ 바다코끼리

17 동물의 발에 대한 설명으로 옳지 <u>않은</u> 것에 ×표 하시오.

(1) 발의 특징은 동물이 사는 환경과 관련되어 있다. (　　　)
(2) 낙타는 발바닥이 좁아 모래에 발이 잘 빠지지 않는다. (　　　)
(3) 발에 물갈퀴가 있는 동물은 물에서 쉽게 헤엄칠 수 있다. (　　　)

18 다음 (　　　) 안에 들어갈 동물로 알맞은 것을 〈보기〉에서 찾아 이름을 쓰시오.

머리 모양이 날렵한 곡선 모양인 (　　　)의 특징을 이용해 빠르게 달릴 수 있는 고속 열차를 만들었다.

▲ 고속 열차

〈보기〉

게, 거미, 수리, 문어, 산천어, 고라니

(　　　　　　　)

| 19~20 | 다음은 동물의 특징을 이용한 예입니다. 물음에 답하시오.

(가)

▲ 굴착기

(나)

▲ 전신 수영복

(다)

▲ 윙슈트

(라)
▲ 물놀이용 물갈퀴

19 위 (가)~(라) 중 다음 밑줄 친 동물의 특징을 이용해 만든 것의 기호를 쓰시오.

이 동물은 앞발이 삽처럼 넓적하며, 두꺼운 발톱이 있어서 땅을 잘 팔 수 있다.

(　　　　　　　)

20 위 **19**번의 밑줄 친 동물로 알맞은 것은 어느 것입니까? (　　　)

①

▲ 하늘다람쥐

②

▲ 두더지

③

▲ 산양

④

▲ 흰고래

1 잎의 특징에 따른 식물의 분류

- **잎을 분류하는 기준**: 잎의 전체적인 모양, 가장자리 모양 등을 기준으로 분류할 수 있습니다.
- **잎의 특징에 따라 식물 분류하기 예**: 잎의 전체적인 모양이 길쭉한가?, 잎의 가장자리 모양이 톱니 모양인가? 등의 기준을 정해 분류할 수 있습니다.

분류 기준: 잎의 전체적인 모양이 길쭉한가?

그렇다.	그렇지 않다.

2 다양한 환경에 사는 식물 (1)

- **들이나 산에 사는 식물**

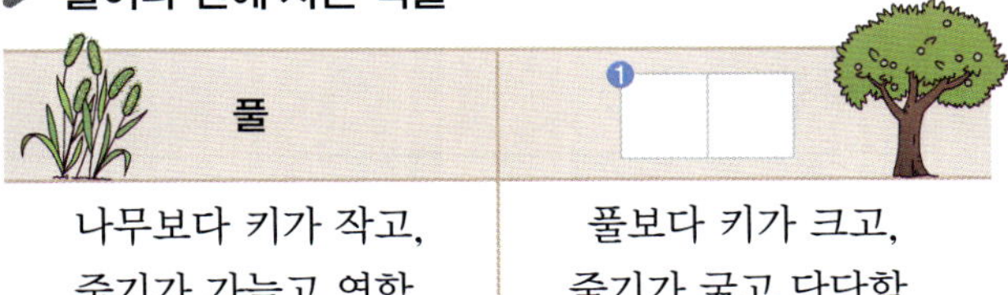

풀	①
나무보다 키가 작고, 줄기가 가늘고 연함.	풀보다 키가 크고, 줄기가 굵고 단단함.

대부분 땅에 뿌리를 내리고 자라며, 줄기와 잎이 잘 구분됨.

- **강이나 연못에 사는 식물**: 몸의 일부 또는 전체가 물 속에 잠겨서 살거나 물에 떠서 살고, 물에 살기에 알맞은 생김새와 특징을 가지고 있습니다.

부레옥잠

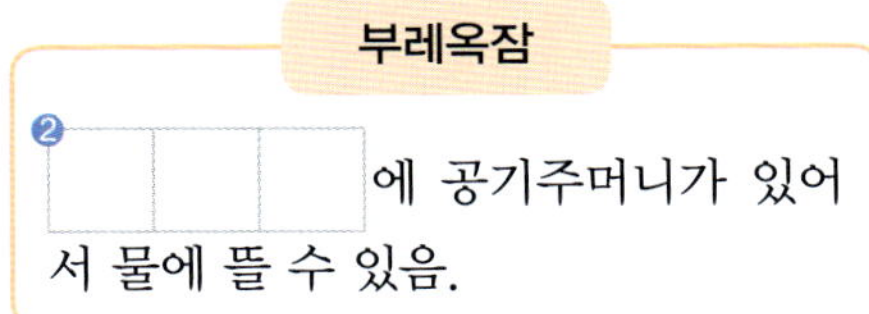

② ☐☐☐ 에 공기주머니가 있어서 물에 뜰 수 있음.

3 다양한 환경에 사는 식물 (2)

- **사막에 사는 식물**: 사막에 사는 선인장의 가시 모양의 잎은 ③ ☐ 이 빠져나가는 것을 줄이고, 굵은 줄기는 물을 저장하기에 알맞습니다.

▲ 선인장의 가시 모양의 잎 ▲ 선인장의 굵은 줄기

- **높은 산에 사는 식물**: 기온이 낮고 바람이 강하게 부는 높은 산 위에 사는 식물은 대부분 키가 작고 모여 살거나 줄기가 누워서 자랍니다.
- **갯벌에 사는 식물**: 햇빛이 강하고 소금기가 많은 갯벌의 식물은 줄기나 잎이 통통하고 광택이 납니다.

4 식물의 특징을 이용한 예

- **찍찍이 테이프**: 도꼬마리 열매의 가시 끝이 갈고리 모양으로 휘어져 물체에 잘 붙는 특징을 이용해 찍찍이 테이프를 만들었습니다.

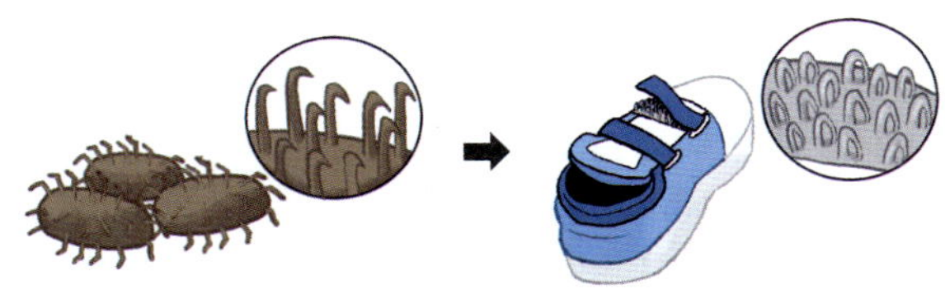

▲ 도꼬마리 열매 ▲ 찍찍이 테이프

- **방수 천**: 연잎이 ④ ☐ 에 젖지 않는 특징을 이용해 만든 방수 천은 비옷, 우산 등을 만듭니다.

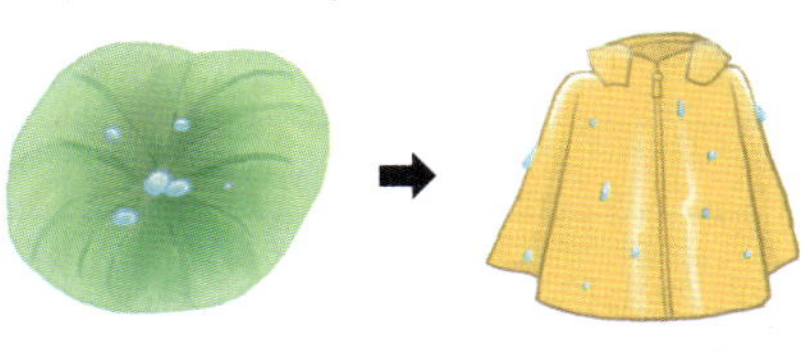

▲ 연잎 ▲ 방수 천

단원 **평가** Ⓐ 단계

3. 식물의 생활

맞은 개수 　/15

잎의 특징에 따라 분류하기

|1~3| 여러 가지 식물의 잎을 보고, 물음에 답하시오.

(가)

▲ 감나무

(나)

▲ 떡갈나무

(다)

▲ 토끼풀

(라)
▲ 강아지풀

1 위 (가)~(라) 중 길쭉한 모양이며, 끝부분은 뾰족하고 가장자리가 매끄러운 잎을 골라 기호를 쓰시오.

(　　　　　)

2 위 (가)~(라)를 잎의 특징에 따라 분류할 때 분류 기준으로 알맞은 것에 ○표 하시오.

(1) 잎의 크기가 작은가? (　　　)
(2) 잎이 모양이 귀여운가? (　　　)
(3) 한곳에 나는 잎의 개수가 여러 개인가?
(　　　)

3 **2**번 답을 분류 기준으로 하여 위 (가)~(라)를 분류하여 기호를 쓰시오.

그렇다.	그렇지 않다.
(1)	(2)

들이나 산에 사는 식물

|4~5| 들이나 산에 사는 여러 가지 식물을 보고, 물음에 답하시오.

(가)

▲ 봉숭아

(나)

▲ 소나무

(다)

▲ 민들레

(라)

▲ 쑥

4 위 (가)~(라) 식물을 풀과 나무로 분류하였을 때, 나머지와 다르게 분류되는 하나는 어느 것인지 골라 기호를 쓰시오.

(　　　　　)

5 다음에서 설명하는 식물을 위에서 찾아 기호를 쓰시오.

> • 잎이 한곳에서 뭉쳐나고, 잎의 가장자리가 갈라져 있고 톱니 모양이다.
> • 꽃은 노란색이며, 하얀 솜털 같은 열매는 바람에 날아간다.

(　　　　　)

3
단원
Ａ단계

6 풀과 나무의 특징을 비교한 내용으로 옳은 것을 골라 기호를 쓰시오.

구분	풀	나무
㉠ 키	비교적 큼.	비교적 작음.
㉡ 꽃	피지 않음.	핌.
㉢ 뿌리	있음.	없음.
㉣ 줄기	나무보다 가늚.	풀보다 굵음.

(   )

강이나 연못에 사는 식물

|7~8| 다음은 부레옥잠과 검정말의 모습입니다. 물음에 답하시오.

▲ 부레옥잠

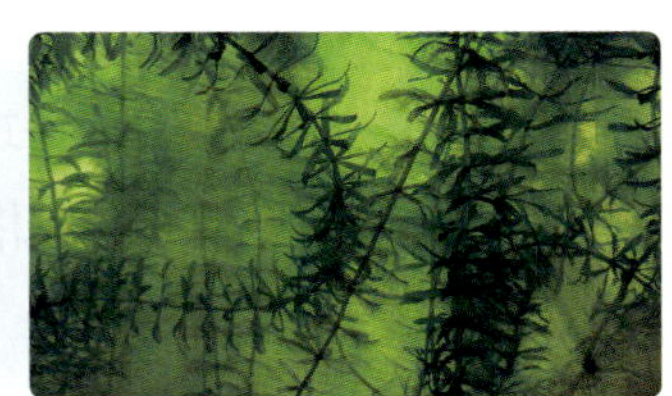

▲ 검정말

7 위 부레옥잠의 특징을 알아보기 위해 일부를 칼로 잘라 보았더니 오른쪽과 같았습니다. 어느 부분을 자른 것인지 쓰시오.

(   )

8 위 부레옥잠과 검정말에 대한 설명으로 옳은 것은 어느 것입니까? (   )

① 검정말은 물에 떠서 사는 식물이다.
② 부레옥잠은 물속에 잠겨서 사는 식물이다.
③ 부레옥잠은 물속 땅에 뿌리를 내리고 있다.
④ 검정말은 수염처럼 생긴 뿌리가 물속으로 뻗어 있다.
⑤ 검정말을 물속에 넣고 흔들면 물의 흐름에 따라 부드럽게 움직인다.

9 다음 설명에 해당하는 식물끼리 옳게 짝 지어진 것은 어느 것입니까? (   )

> • 잎과 꽃이 물 위로 높이 자란다.
> • 뿌리는 물속이나 물가의 땅에 있다.
> • 대부분 키가 크고, 줄기가 단단하다.

① 부들, 연꽃, 갈대
② 연꽃, 수련, 물상추
③ 갈대, 나사말, 개구리밥
④ 부들, 물수세미, 물상추
⑤ 연꽃, 나사말, 물수세미

사막이나 높은 산에 사는 식물

10 오른쪽 선인장의 특징으로 빈칸에 들어갈 말끼리 옳게 짝 지은 것은 어느 것입니까? (   )

> (㉠)이/가 가시 모양이라서 물이 밖으로 빠져나가는 것을 막고, 굵은 (㉡)에 물을 저장하여 사막에서 살 수 있다.

	㉠	㉡		㉠	㉡
①	잎	뿌리	②	줄기	잎
③	잎	줄기	④	줄기	뿌리
⑤	뿌리	줄기			

11 다음에서 설명하는 환경은 어느 곳인지 (보기)에서 찾아 기호를 쓰시오.

- 비가 적게 오고, 건조하다.
- 대부분 모래로 이루어져 있다.
- 햇빛이 강하고, 낮과 밤의 기온 차가 크다.

(보기)

(   )

12 다음 식물들에 대한 설명으로 옳지 <u>않은</u> 것을 골라 기호를 쓰시오.

㉠ 용설란은 굵은 잎에 물을 저장한다.
㉡ 회전초는 굴러다니면서 씨를 뿌린다.
㉢ 바오바브나무는 잎이 넓고 커서 햇빛을 많이 받을 수 있다.
㉣ 메스키트나무는 뿌리가 땅속 깊이까지 뻗어서 지하수를 흡수하여 저장한다.

(   )

13 갯벌에 사는 식물이 <u>아닌</u> 것을 골라 기호를 쓰시오.

▲ 갯메꽃   ▲ 알로에   ▲ 퉁퉁마디

(   )

14 다음 글을 읽고 지혜의 바지에 붙어 있는 열매를 이용해 만든 물체는 무엇인지 골라 기호를 쓰시오.

지혜는 학교에서 공원으로 소풍을 다녀왔다. 그런데 집에 와서 보니 가시 끝이 갈고리 모양인 열매가 바지에 붙어 있었다.
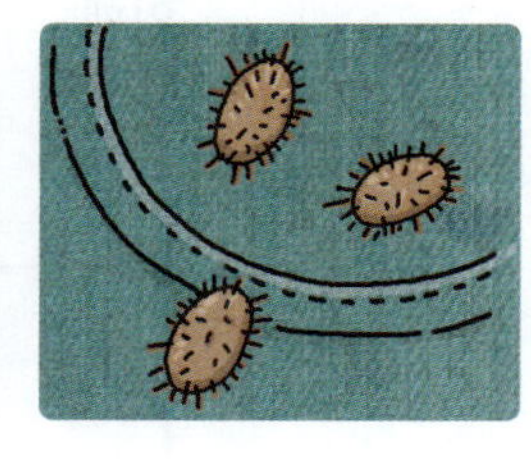

(보기)

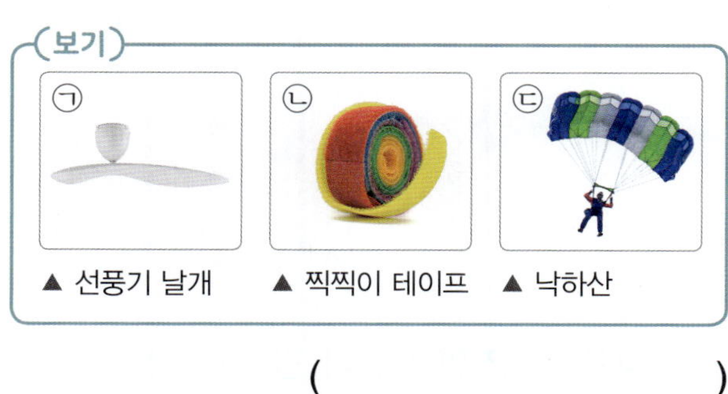

▲ 선풍기 날개   ▲ 찍찍이 테이프   ▲ 낙하산

(   )

15 오른쪽과 같이 빙글빙글 돌며 날아가는 단풍나무 열매의 특징을 이용해 만든 것은 어느 것입니까? (   )
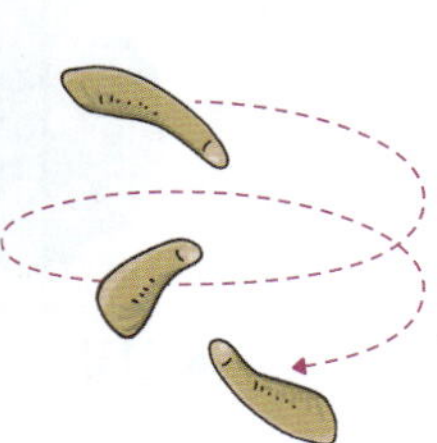

① 가시 철조망
② 물에 잘 뜨는 튜브
③ 헬리콥터 프로펠러
④ 비에 젖지 않는 우산
⑤ 독특한 향기가 나는 방향제

1 잎의 생김새에서 각 부분의 이름을 옳게 짝 지은 것은 어느 것입니까? (　　　)

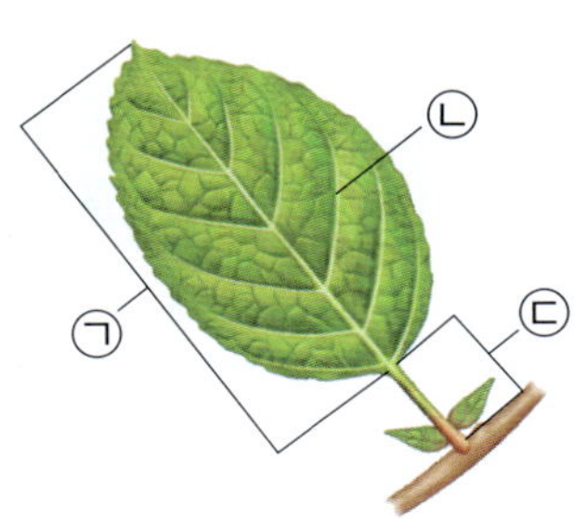

	㉠	㉡	㉢
①	잎몸	잎맥	잎자루
②	잎몸	잎자루	잎맥
③	잎맥	잎몸	잎자루
④	잎맥	잎자루	잎몸
⑤	잎자루	잎몸	잎맥

2 잎의 전체적인 모양이 길쭉한 것은 어느 것입니까? (　　　)

① ▲ 연꽃　② ▲ 감나무　③ ▲ 해바라기　④ ▲ 대나무

3 다음 (　　) 안에 들어갈 분류 기준으로 알맞은 것은 어느 것입니까? (　　　)

분류 기준: (　　　　　　　　　　)

그렇다. — ▲ 장미 ▲ 토끼풀

그렇지 않다. — ▲ 시금치 ▲ 감자

① 잎의 무게가 무거운가?
② 잎의 끝 모양이 뾰족한가?
③ 잎맥의 모양이 그물 모양인가?
④ 잎의 전체 모양이 가늘고 길쭉한가?
⑤ 한곳에 나는 잎의 개수가 여러 개인가?

서술형

4 잎의 특징에 따라 식물을 분류할 때 '잎의 크기가 큰가?'라는 분류 기준은 적당하지 않습니다. 그 까닭은 무엇인지 쓰시오.

____

____

5 다음 식물을 풀과 나무로 구분하여 쓰시오.

(1) 해바라기
(   )

(2) 단풍나무
(   )

(3) 쑥
(   )

(4) 소나무
(   )

6 다음은 풀과 나무에 대한 설명입니다. (   ) 안에 들어갈 알맞은 말을 각각 쓰시오.

> (　㉠　)은/는 키가 작으며, 줄기가 가늘고 연하다. (　㉡　)은/는 키가 크며, 줄기가 굵고 단단하다.

㉠ (   ), ㉡ (   )

7 오른쪽 씀바귀의 특징으로 옳지 <u>않은</u> 것은 어느 것입니까? (   )

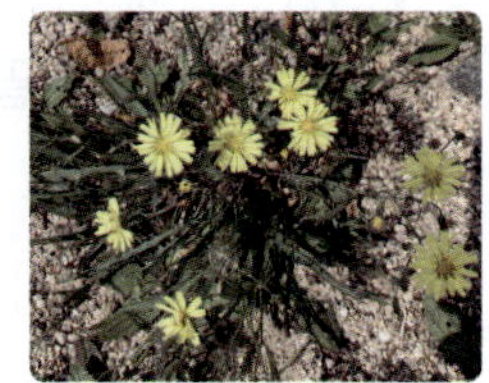

① 줄기가 가늘다.
② 땅에 뿌리를 내린다.
③ 단풍나무보다 키가 작다.
④ 뿌리, 줄기, 잎, 꽃이 있다.
⑤ 겨울에도 잎과 줄기를 볼 수 있다.

| **8～10** | 다음은 강이나 연못에 사는 식물입니다. 물음에 답하시오.

(가) ▲ 검정말
(나) ▲ 물상추
(다) ▲ 수련
(라) ▲ 연꽃

8 위 (가)～(라) 중 물에 떠서 사는 식물을 골라 기호를 쓰시오.

(   )

9 위 (가)～(라) 중 다음 식물들과 생활 방식이 같은 식물을 골라 기호를 쓰시오.

> 부들, 창포, 갈대, 줄

(   )

서술형
10 위 (가)의 특징을 강이나 연못에 살기에 적합한 점과 관련지어 한 가지 쓰시오.

____

____

____

11 다음은 어떤 식물에 대한 설명인지 (보기)에서 골라 기호를 쓰시오.

> 뿌리는 물속이나 물가의 땅에 있으며, 대부분 키가 크고 줄기가 단단하다.

(보기)
> ㉠ 물에 떠서 사는 식물
> ㉡ 잎이 물에 떠 있는 식물
> ㉢ 물속에 잠겨서 사는 식물
> ㉣ 잎이 물 위로 높이 자라는 식물

(   )

| 12~13 | 다음을 보고, 물음에 답하시오.

(가) 
▲ 선인장의 생김새

(나) 
▲ 선인장의 줄기를 자른 모습

12 위 (가)와 같이 선인장의 잎이 가시 모양이기 때문에 좋은 점을 옳게 말한 사람의 이름을 모두 쓰시오.

> • 선우: 동물의 공격을 막을 수 있어.
> • 나영: 가벼워서 물에 떠서 살 수 있어.
> • 동민: 무거워서 바람에 날아가지 않을 수 있어.
> • 미희: 잎을 통해 물이 빠져나가는 것을 막을 수 있어.

(   )

서술형
13 위 (나)와 같이 선인장의 줄기를 잘라 자른 면에 휴지를 대면 어떤 변화가 나타나는지 쓰시오.

____

____

14 사막에 사는 식물을 두 가지 골라 기호를 쓰시오.

㉠ 
▲ 한라솜다리

㉡ 
▲ 바오바브나무

㉢ 
▲ 용설란

㉣ 
▲ 갯방풍

(   )

15 높은 산에 사는 식물의 특징으로 옳은 것을 (보기)에서 두 가지 골라 기호를 쓰시오.

(보기)
> ㉠ 대부분 키가 작다.
> ㉡ 낮은 기온을 잘 견딘다.
> ㉢ 잎에 물을 저장할 수 있다.
> ㉣ 물가의 땅에 뿌리를 내린다.

(   )

| 16~17 | 다음은 여러 가지 식물의 모습을 나타낸 것입니다. 물음에 답하시오.

(가)

▲ 암매

(나)

▲ 갯메꽃

(다)

▲ 해홍나물

(라)

▲ 눈잣나무

16 위 (가)~(라)를 사는 곳의 환경에 따라 각각 분류하여 기호를 쓰시오.

갯벌에 사는 식물	높은 산에 사는 식물
(1)	(2)

17 위 (가)~(라) 중에서 다음과 같은 특징을 가진 식물을 찾아 기호를 쓰시오.

- 꽃이 나팔꽃과 비슷하게 생겼다.
- 잎 표면이 단단하고 광택이 나며, 줄기가 옆으로 뻗어나간다.

(　　　　　　　　)

18 민들레 열매가 바람에 날아가는 모습을 보고, 열매의 생김새를 이용해 만든 것은 무엇인지 골라 기호를 쓰시오.

㉠

▲ 굴착기

㉡

▲ 수세미

㉢

▲ 낙하산

(　　　　　　　　)

19 다음은 비가 온 뒤 연잎에 고인 물방울의 모습입니다. 연잎의 이러한 특징을 이용해 만든 것은 무엇인지 (보기)에서 골라 기호를 쓰시오.

▲ 연잎

(보기)

㉠ 낙하산	㉡ 방수 천
㉢ 가시 철조망	㉣ 헬리콥터 프로펠러

(　　　　　　　　)

3 단원
B단계

서술형

20 도꼬마리 열매의 특징을 이용하여 찍찍이 테이프를 만들었습니다. 식물의 어떤 특징을 이용한 것인지 쓰시오.

 → 
▲ 도꼬마리 열매　　　▲ 찍찍이 테이프

____

____

____

4. 생물의 한살이

● 정답 29쪽

1 배추흰나비의 한살이

- **동물의 한살이**: 동물이 태어나고 자라서 자손을 남기는 과정
- **배추흰나비의 한살이**: 알 → 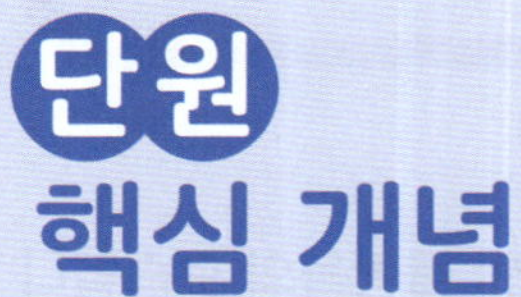 → 번데기 → 어른벌레의 한살이를 거칩니다.

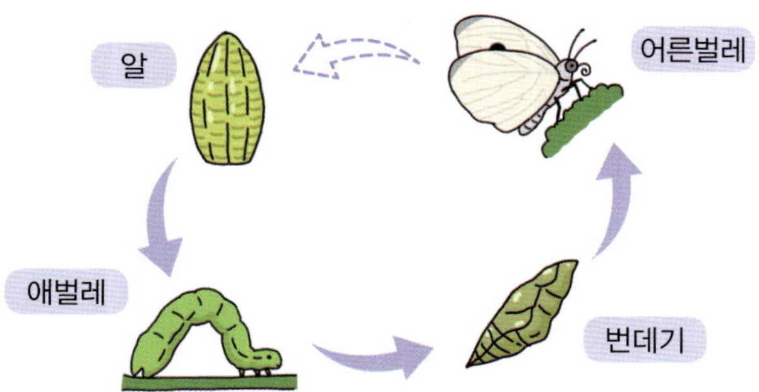

- **곤충**: 몸이 머리, 가슴, 배로 구분되고, 다리가 세 쌍인 동물입니다. ⑩ 배추흰나비, 개미, 매미, 잠자리, 무당벌레 등

2 다양한 동물의 한살이

- **알을 낳는 동물의 한살이**: 알을 낳는 장소, 알의 크기와 모양 등이 다양합니다. ⑩ 개구리, 닭, 잠자리, 뱀, 나비, 매미, 오리 등

- **새끼를 낳는 동물의 한살이**: 새끼는  을 먹고 자라며, 어렸을 때 모습과 다 자란 모습이 비슷합니다. ⑩ 개, 소, 돌고래, 박쥐, 고양이 등

3 식물이 자라는 데 필요한 조건

씨가 싹 트는 데 필요한 조건	식물이 자라는 데 필요한 조건
씨가 싹 트기 위해서는 적당한 양의 물과 알맞은 ☐ 가 필요함.	식물이 잘 자라기 위해서는 적당한 양의 물과 ☐ 이 필요함.

4 다양한 식물의 한살이

- **한해살이식물**: 씨가 싹 트고 자라 열매를 맺어 씨를 남기는 한살이를 한 해 안에 마치고 죽는 식물

- **여러해살이식물**: 여러 해를 살면서 한살이 과정의 일부를 반복하는 식물

단원 **평가** Ⓐ 단계 — 4. 생물의 한살이

배추흰나비의 한살이

1 다음은 배추흰나비 알을 관찰한 친구들의 대화입니다. 배추흰나비 알에 대해 **잘못** 말한 친구의 이름을 모두 쓰시오.

> • 채원: 알은 움직이지 않아.
> • 주원: 알은 노란색을 띠고 있어.
> • 지용: 알은 줄무늬가 없는 동그란 모양이네.
> • 수지: 알의 크기는 1 mm로 작지만 조금씩 자라.

( )

2 배추흰나비 애벌레는 네 번의 허물을 벗습니다. 애벌레가 허물을 벗는 까닭으로 옳은 것을 〈보기〉에서 골라 기호를 쓰시오.

> 〈보기〉
> ㉠ 영양분을 더 얻기 위해서
> ㉡ 더 멀리 이동하기 위해서
> ㉢ 몸이 더 크게 자라기 위해서
> ㉣ 몸의 색깔이 투명해지기 위해서

( )

3 배추흰나비 어른벌레의 생김새에 대한 설명으로 알맞은 것끼리 선으로 이으시오.

(1) 머리 • • ㉠ 더듬이 한 쌍이 있다.

(2) 가슴 • • ㉡ 마디로 되어 있다.

(3) 배 • • ㉢ 다리와 날개가 있다.

다양한 동물의 한살이

4 병아리가 닭이 되는 과정에 대한 설명으로 옳지 **않은** 것은 어느 것입니까? ( )

① 갓 태어난 병아리는 꽁지깃이 없다.
② 다 자란 닭이 되면 몸이 깃털로 덮인다.
③ 병아리는 부리로 알껍데기를 깨고 나온다.
④ 갓 태어난 병아리는 몸이 솜털로 덮여 있다.
⑤ 병아리는 알에서 나오자마자 암수 구별이 뚜렷하다.

5 개구리의 한살이 과정을 나타낸 것입니다. 각 단계의 특징을 **잘못** 설명한 것의 기호를 쓰시오.

( )

6 다음 〈보기〉는 개의 한살이 과정에서 볼 수 있는 특징을 나타낸 것입니다. 각 단계에 해당하는 특징을 각각 〈보기〉에서 골라 기호를 쓰시오.

〈보기〉
⊙ 어미젖을 먹는다.
ⓒ 암컷이 새끼를 낳는다.
ⓒ 어미젖 대신 다른 먹이를 먹기 시작한다.

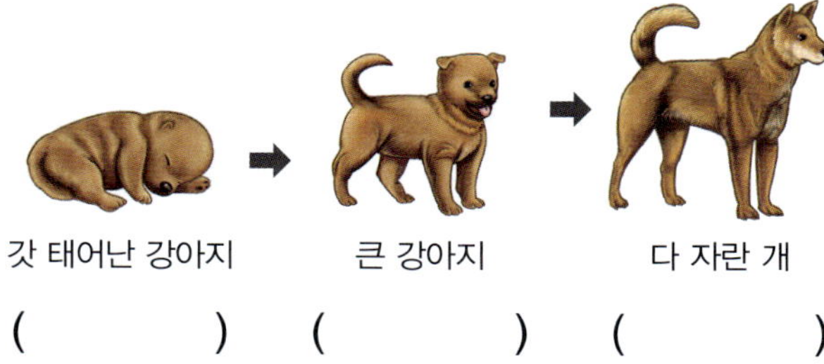

갓 태어난 강아지 ( )   큰 강아지 ( )   다 자란 개 ( )

씨가 싹 트는 데 필요한 조건

7 다음 실험 과정의 ㈎, ㈏ 페트리 접시에서 다르게 한 조건에 ◯표 하시오.

❶ 크기가 같은 페트리 접시 ㈎와 ㈏에 같은 양의 탈지면을 깔고, 같은 수의 강낭콩을 올려놓는다.
❷ 두 개의 페트리 접시에 물을 충분히 주고, 각각 상자에 넣어 ㈎ 페트리 접시를 넣은 상자는 냉장고 안에 두고, ㈏ 페트리 접시를 넣은 상자는 냉장고 밖에 둔다.

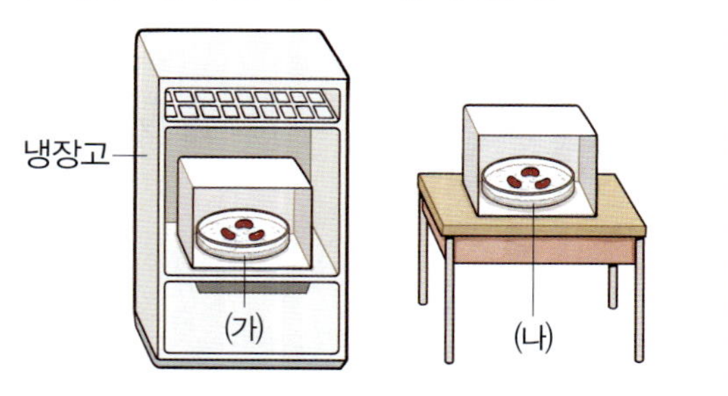

물,   온도,   탈지면,   페트리 접시

8 앞 **7**번 실험의 ㈎와 ㈏ 중 며칠 후 강낭콩의 모습이 오른쪽과 같은 페트리 접시의 기호를 쓰시오.

( )

9 씨가 싹 트는 데 물이 미치는 영향을 알아보는 실험을 할 때 다르게 할 조건은 무엇입니까?

( )

① 물   ② 햇빛   ③ 온도
④ 씨의 종류   ⑤ 씨를 놓아두는 장소

식물이 자라는 데 필요한 조건

10 비슷한 크기로 자란 강낭콩 화분 두 개를 준비하여 한 화분은 물을 적당히 주고 다른 화분은 물을 주지 않았습니다. 며칠 후 각 화분의 잎의 모습이 ㉠, ㉡과 같을 때, 각각 어떤 화분에서 자란 것인지 구분하여 쓰시오.

㉠ 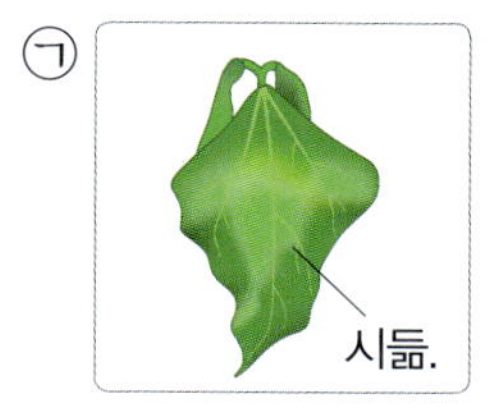

㉡ 

(1) 물을 적당히 준 화분: ( )
(2) 물을 주지 않은 화분: ( )

11 다음과 같이 비슷한 크기로 자란 강낭콩 화분 두 개에 모두 물을 적당히 주고, 한 화분에만 햇빛 차단 장치를 씌웠습니다. 며칠 후 결과를 바르게 선으로 이으시오.

(1) 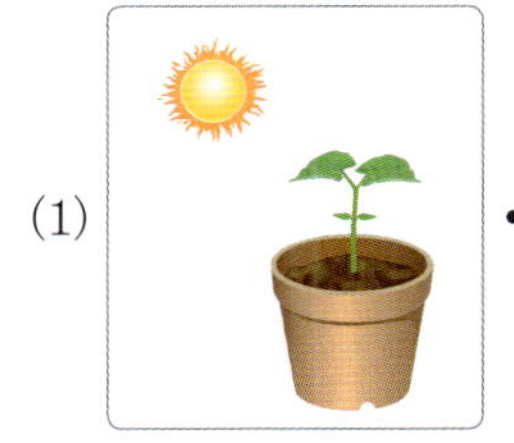　·

·　㉠ 

(2) 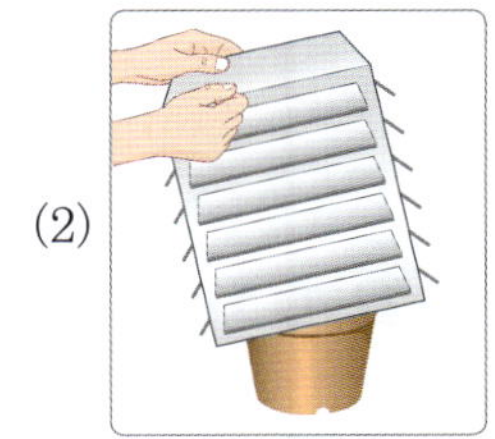　·

·　㉡ 

12 식물이 잘 자라는 데 필요한 조건에 대해 옳게 말한 사람의 이름을 쓰시오.

> • 재윤: 식물은 햇빛만 충분히 받으면 잘 자라.
> • 은채: 식물은 물과 햇빛이 있으면 온도가 매우 낮아도 잘 자랄 수 있어.
> • 시경: 물만 충분히 주면 햇빛이 비추지 않는 그늘에서도 식물이 잘 자라.
> • 인우: 식물이 잘 자라려면 알맞은 양의 물과 햇빛, 적당한 온도가 필요해.

(　　　　　)

13 봄에 씨에서 싹이 터서 자라며 꽃이 피고 열매를 맺어 씨를 만들고 일생을 마치는 식물은 어느 것입니까? (　　)

① 고추　　　　② 감나무
③ 무궁화　　　④ 진달래
⑤ 사과나무

14 다음 중 여러해살이식물을 모두 골라 기호를 쓰시오.

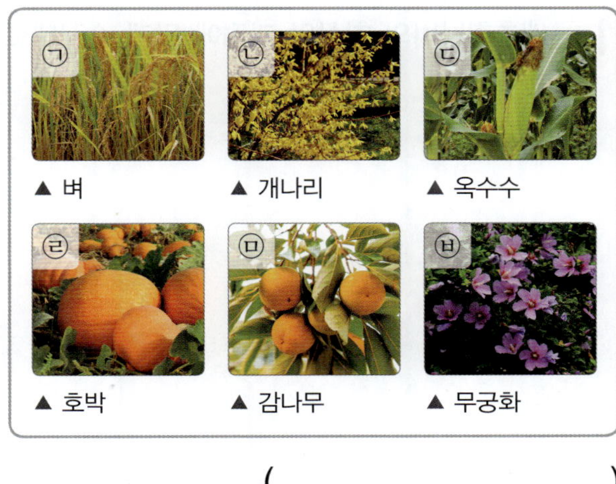

▲ 벼　　　　▲ 개나리　　　　▲ 옥수수
▲ 호박　　　　▲ 감나무　　　　▲ 무궁화

(　　　　　　　　)

15 오른쪽 식물에 대한 설명으로 옳지 <u>않은</u> 것은 어느 것입니까? (　　)

▲ 사과나무

① 씨가 싹 터서 자란다.
② 꽃이 진 후 열매가 열린다.
③ 꽃이 피고 열매를 맺는 과정을 여러 해 동안 반복한다.
④ 봄에 씨가 싹 터서 자라고 같은 해 가을에 열매를 맺고 죽는다.
⑤ 겨울이 되어도 죽지 않으며 그 다음 해에 나뭇가지에서 새순이 나온다.

4 단원　A단계

|1~2| 다음은 배추흰나비의 한살이 과정을 순서 없이 나열한 것입니다. 물음에 답하시오.

1 배추흰나비의 한살이 과정에 맞게 순서대로 기호를 쓰시오.

알 → (　　　　) → (　　　　) → (　　　　)

2 위 (가)와 (다)의 단계를 비교한 내용으로 옳은 것은 어느 것입니까? (　　　　)

① (가)와 (다)는 모두 자유롭게 움직인다.
② (가)는 꿀을 먹고, (다)는 배춧잎을 먹는다.
③ (가)는 배춧잎을 먹지만, (다)는 꿀을 먹는다.
④ (가)는 허물을 벗지만, (다)는 허물을 벗지 않는다.
⑤ (가)는 자유롭게 움직이지만, (다)는 한곳에 붙어 있다.

3 몸이 머리, 가슴, 배로 구분되고, 가슴에 다리 세 쌍이 있는 동물을 통틀어 무엇이라고 합니까?

(　　　　)

① 나비　　　　② 거미
③ 곤충　　　　④ 고치
⑤ 어른벌레

4 다음 암탉과 수탉의 모습을 보고, 차이점을 두 가지 쓰시오.

____

____

____

5 다음은 알에서 개구리가 되는 과정을 나열한 것입니다. (　　) 안에 들어갈 알맞은 말을 쓰시오.

알 → 알에서 (　㉠　)이/가 나온다. → (　㉡　)이/가 나온다. → (　㉢　)이/가 나온다. → 꼬리가 짧아진다. → 다 자란 개구리

㉠ (　　　　　　　)
㉡ (　　　　　　　)
㉢ (　　　　　　　)

6 새끼를 낳는 동물의 한살이에 대한 설명으로 옳은 것은 어느 것입니까? (   )

① 젖을 먹여 새끼를 기른다.
② 몸이 대부분 깃털로 덮여 있다.
③ 어미와 새끼의 모습이 많이 다르다.
④ 새끼는 태어나자마자 혼자 살아간다.
⑤ 다 자라면 짝짓기를 하여 수컷이 새끼를 낳는다.

7 다음은 강낭콩이 싹 트는 데 물이 미치는 영향을 알아보는 실험 과정과 실험 결과입니다. 이 실험을 통하여 알 수 있는 사실을 쓰시오.

> [실험 과정]
> 페트리 접시 두 개에 탈지면을 깔고 강낭콩을 올려놓은 다음, 한쪽 페트리 접시에만 물을 주어 탈지면이 흠뻑 젖게 하고, 며칠 동안 강낭콩의 변화를 관찰한다.
>
> [실험 결과]
>
> 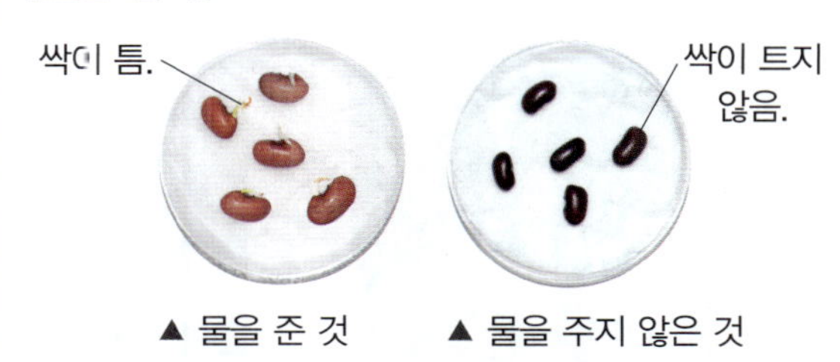
> 싹이 틈.　　　　싹이 트지 않음.
>
> ▲ 물을 준 것　　　▲ 물을 주지 않은 것

8 페트리 접시에 탈지면을 깔고 올려놓은 강낭콩이 며칠 후 싹 트는 경우를 〈보기〉에서 골라 기호를 쓰시오.

> （보기）
> ㉠ 물을 주고 냉장고에 넣어둔 강낭콩
> ㉡ 물을 주지 않고 창가에 놓아둔 강낭콩
> ㉢ 물을 주고 따뜻한 실내에 놓아둔 강낭콩

(   )

|9~10| 비슷한 크기로 자란 강낭콩 화분 두 개 중에 한 화분은 물을 적당히 주고, 다른 화분은 물을 주지 않고 며칠 동안 강낭콩의 변화를 관찰하였습니다. 물음에 답하시오.

4
단원
B단계

(가)

(나)

▲ 물을 적당히 줌.　　　▲ 물을 주지 않음.

9 위 실험은 식물이 자라는 데 무엇이 미치는 영향을 알아보기 위한 실험인지 쓰시오.

(   )

10 위 실험 결과에 대한 설명으로 옳은 것은 어느 것입니까? (   )

① (가) 화분과 (나) 화분 모두 잘 자란다.
② (가) 화분보다 (나) 화분이 더 잘 자란다.
③ (가) 화분은 잎이 작아지고, (나) 화분은 잎이 커진다.
④ (가) 화분은 잘 자라고, (나) 화분은 잘 자라지 못한다.
⑤ (가) 화분과 (나) 화분의 변화에는 별다른 차이가 없다.

11 다음은 식물이 자라는 데 필요한 조건을 알아보는 실험입니다. 이 실험에서 다르게 한 조건은 무엇인지 쓰고, 며칠 후 더 잘 자란 식물의 기호를 쓰시오.

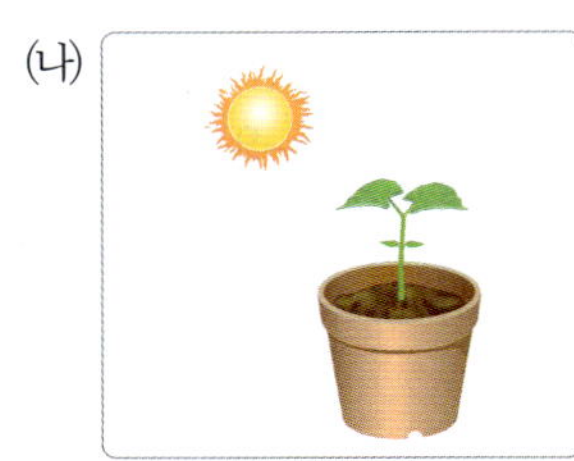

⑴ 다르게 한 조건: ( )

⑵ 더 잘 자란 식물: ( )

[서술형]

12 한해살이식물과 여러해살이식물의 한살이의 공통점을 쓰시오.

____

____

____

13 한살이 기간이 봉숭아와 비슷한 식물은 어느 것입니까? ( )

① 개나리
② 비비추
③ 진달래
④ 해바라기
⑤ 은행나무

14 다음 ( ) 안에 들어갈 알맞은 식물을 (보기)에서 모두 골라 기호를 쓰시오.

( )은/는 한살이를 여러 해 동안 반복하면서 계속 새로운 씨를 만들어 낸다.

(보기)
㉠ 고추　　　　㉡ 호박
㉢ 밤나무　　　㉣ 나팔꽃
㉤ 무궁화　　　㉥ 사과나무

( )

15 다음 여러 가지 식물을 한해살이식물과 여러해살이식물로 구분하여 각각 기호를 쓰시오.

㉠ ▲ 벼

㉡ ▲ 감나무

㉢ ▲ 강낭콩

㉣ ▲ 옥수수

⑴ 한해살이식물: ( )

⑵ 여러해살이식물: ( )

하루 4쪽, 공부 효율 1등
초등 공부는 백점

22 개정 교육과정 완벽 반영

국어 | 1~6학년 1, 2학기

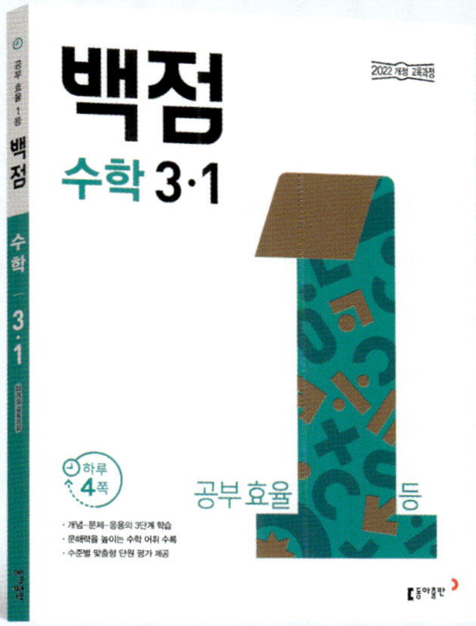

수학 | 1~6학년 1, 2학기

사회 | 3~6학년 1, 2학기

과학 | 3~6학년 1, 2학기

자기주도학습을 위한
하루 4쪽 학습

문해력 강화를 위한
교과 어휘 학습

학교 시험 대비
수준별 단원 평가

백점 **과학** 3·1

초등학교　　　　학년　　　　반　　　　번　　　　이름

백점

과학 3·1

해설북

- 한눈에 보이는 **정확한 답**
- 한번에 이해되는 **자세한 풀이**

모바일
빠른 정답

동아출판

○ 백점 과학 빠른 정답

QR코드를 찍으면 **정답과 풀이**를 쉽고 빠르게 확인할 수 있습니다.

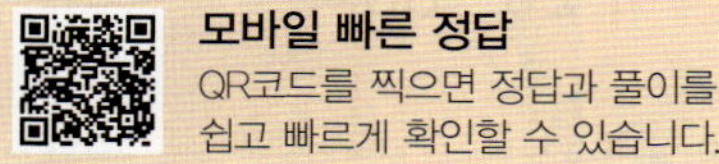

1. 힘과 우리 생활

1회 문제 학습 12~13쪽

1 움직임 **2** 작은 **3** 큰 **4** 무거운

5 (1) × **6** (1) ㉡ (2) ㉠ **7** (1) ○ **8** ㉠

9 [illegible] 교실 문을 밀었더니 문이 열렸습니다. 칠판지우개를 잡고 밀면 지우개가 밀리면서 칠판에 쓴 글씨가 지워집니다. **10** (나) **11** 채은 **12** 용수철 **13** ㉡

5 과학에서의 힘은 물체의 움직임이나 모양을 변하게 하는 것을 말합니다.

6 두꺼운 밀가루 반죽을 누르면 얇게 펴지는 것처럼 물체에 힘을 작용하면 물체의 모양이 변하게 할 수 있습니다. 원반을 던지면 멀리 날아가는 것처럼 물체에 힘을 작용하면 물체의 움직임이 변하게 할 수 있습니다.

7 물체에 미는 힘을 작용하면 물체가 나에게서 먼 쪽으로 움직이고, 물체에 당기는 힘을 작용하면 물체가 나에게서 가까운 쪽으로 움직입니다.

8 그네나 카트를 밀면 나에게서 멀리 움직이고, 그네나 카트를 당기면 나에게 가까이 움직입니다.

9 물체에 힘을 작용하면 멈춰 있던 물체가 움직이거나 물체의 모양이 변하기도 합니다.
채점 tip 책상, 의자를 움직이거나 연필로 글씨를 쓰거나 찰흙으로 작품을 만드는 등 물체에 힘을 주어 움직임이나 모양을 변하게 한 경험을 쓰면 정답으로 합니다.

10 물체가 무거울수록 물체를 밀어서 움직일 때 더 큰 힘이 필요합니다.

11 물체를 밀어서 움직일 때와 마찬가지로 무거울수록 물체를 당겨서 움직일 때 더 큰 힘이 필요합니다.

12 용수철은 힘을 작용하면 모양이 변하고 힘을 제거하면 원래의 모양으로 돌아가려는 성질이 있습니다.

13 무거운 물체를 당길 때 더 큰 힘이 필요하기 때문에 용수철의 길이가 많이 늘어납니다.

2회 문제 학습 16~17쪽

1 수평 **2** 받침점 **3** 같은 **4** 가까운

5 무게 **6** = **7** 4 **8** ㉡ **9 [illegible]** 나무판자가 오른쪽(나무토막 두 개 쪽)으로 기울어집니다.
10 가위 **11** ㉠ 무거운 ㉡ 가벼운 **12** ② **13** 우빈

5 물체의 가볍고 무거운 정도를 무게라고 합니다. 수평 잡기를 이용해 물체의 무게를 비교할 수 있습니다.

6 받침점으로부터 같은 거리에 올려놓았을 때 수평을 이루었으므로 두 물체의 무게는 같습니다.

7 두 물체의 무게가 같을 때 받침점으로부터 같은 거리에 올려놓아야 나무판자의 수평을 잡을 수 있습니다.

8 두 물체를 받침점으로부터 서로 다른 거리에 올렸을 때 나무판자가 수평을 이루었다면 받침점에 가까운 물체의 무게가 더 무겁습니다.

9 무게가 다른 나무토막을 받침점으로부터 같은 거리에 올리면 무거운 쪽으로 나무판자가 기울어집니다.
채점 tip 나무판자가 오른쪽으로 기울어진다는 내용을 쓰면 정답으로 합니다.

10 두 물체를 받침점으로부터 같은 거리에 올려놓았을 때 나무판자가 기울어지면 기울어진 쪽 물체의 무게가 더 무겁습니다. 나무판자가 수평을 이루면 두 물체의 무게는 같습니다. 그러므로 지우개와 풀의 무게는 같고, 가위는 지우개와 풀보다 무겁습니다.

11 두 물체의 무게가 다를 때 나무판자의 수평을 잡기 위해서는 무거운 물체를 가벼운 물체보다 받침점에 가까이 놓아야 합니다.

12 시소는 수평 잡기를 이용한 놀이 기구입니다. 양팔저울은 수평 잡기를 이용한 저울입니다. 미끄럼틀과 비눗방울 놀이는 수평 잡기와 관련이 없습니다.

13 몸무게가 다른 두 사람이 시소의 수평을 잡으려면 무거운 사람이 가벼운 사람보다 시소의 받침점에서 더 가까운 쪽에 앉아야 합니다.

1 단원
개념북

3회 문제 학습　20~21쪽

1 저울　**2** 킬로그램　**3** 체급　**4** 컵
5 찬형　**6** (2) ○　**7** ㉡, ㉢　**8** ②　**9** ⑤
10 ㉠ 예 전자저울의 전원을 켜거나 끕니다. ㉡ 예 영점을 맞춥니다.　**11** 배　**12** 영점　**13** 필통 → 풀 → 지우개 → 연필

5 손으로 물체의 무게를 비교하면 사람마다 물체의 무게를 비교한 결과가 다를 수 있고, 무게가 비슷한 물체는 무게를 정확하게 비교하기 어렵습니다.

6 저울을 사용해 물체의 무게를 측정하면 저울의 숫자와 단위를 확인해 무게를 정확하게 알 수 있습니다.

7 cm와 km는 길이의 단위입니다.

8 양팔저울, 대저울, 윗접시저울은 수평 잡기의 원리를 이용한 저울이고, 용수철저울은 용수철의 성질을 이용한 저울입니다.

9 우체국에서 우편물의 무게를 저울로 측정하여 요금을 정합니다. 운동선수의 몸무게에 따라 체급을 정확하게 나누어야 공정하게 경기를 할 수 있기 때문에 저울을 사용해 몸무게를 측정합니다. 건강 검진에서 몸무게를 체중계로 측정하여 몸무게의 변화를 비교합니다. 공항에서 비행기에 실을 가방의 무게를 저울로 측정하지 않으면 전체 짐의 무게가 제한된 무게를 넘는지 알 수 없어 안전한 운항을 할 수 없습니다.

10 ㉠은 전원 단추로, 전자저울의 전원을 켜거나 끌 수 있는 단추입니다. ㉡은 영점 단추로, 물체를 올려놓기 전에 영점을 맞추는 단추입니다.

채점 **tip** ㉠은 전원을 켜거나 끄는 단추이고, ㉡은 영점을 맞추는 단추라고 쓰면 정답으로 합니다.

11 전자저울 화면에 나타난 숫자가 클수록 물체의 무게가 무겁습니다.

12 저울의 영점을 맞추지 않으면 물체의 무게가 실제와 다르게 측정되기 때문에 물체를 올려놓기 전에 영점을 조절해야 합니다.

13 필통이 78 g으로 가장 무겁고, 연필이 11 g으로 가장 가볍습니다.

4회 문제 학습　24~25쪽

1 무게　**2** 0　**3** 표시 자　**4** 100
5 ㉠ 영점 조절 나사 ㉡ 표시 자 ㉢ 고리　**6** 예 무게를 측정하려고 하는 물체를 걸 때 사용하는 부분입니다.　**7** ⑤　**8** (1) × (2) ○ (3) ×　**9** ㉡ → ㉢ → ㉠ → ㉣　**10** ㉡　**11** 200　**12** 태리　**13** (1) ㉡ (2) ㉠

5 용수철저울의 ㉠은 표시 자를 눈금 '0'의 위치에 오도록 조절하는 영점 조절 나사, ㉡은 물체의 무게를 가리키는 표시 자, ㉢은 물체를 거는 고리입니다.

6 ㉢은 무게를 측정할 물체를 거는 고리입니다.

7 용수철저울은 저울마다 물체의 무게를 측정할 수 있는 최대 눈금이 표시되어 있습니다. 용수철저울에 있는 최대 눈금이 300 g이므로, 이 용수철저울로 측정할 수 있는 가장 무거운 물체의 무게는 300 g입니다.

8 용수철저울은 용수철에 매단 물체의 무게가 일정하게 늘어나면, 용수철의 길이가 일정하게 늘어나는 성질을 이용하여 만든 저울입니다. 용수철저울에 들어 있는 용수철의 종류에 따라 측정할 수 있는 무게의 범위가 다양합니다.

9 용수철저울을 스탠드에 걸고 영점을 맞춘 뒤, 고리에 물체를 걸어 표시 자가 가리키는 눈금을 확인합니다.

10 용수철저울의 눈금을 읽을 때에는 표시 자와 눈높이를 맞추고 읽습니다. 표시 자보다 눈높이가 높거나 낮은 곳에서 눈금을 읽으면 정확한 물체의 무게를 알 수 없습니다.

11 표시 자가 '200' 눈금에 있으므로, 이 용수철저울에 매단 물체의 무게는 200 g 입니다.

12 용수철저울은 용수철에 매단 물체의 무게가 일정하게 늘어나면, 용수철의 길이가 일정하게 늘어나는 성질을 이용하여 만든 저울입니다.

13 용수철저울의 표시 자가 가리키는 눈금의 숫자와 무게 단위를 비교하면 됩니다. ㉠은 120 g, ㉡은 180 g, ㉢은 140 g이므로 가장 무거운 물체는 ㉡이고, 가장 가벼운 물체는 ㉠입니다.

1 지레　　**2** 빗면　　**3** 무게　　**4** 지레

5 (2) ○　　**6** ㉠　　**7** (나)　　**8** 예 도구를 사용하여 물체를 들어 올리면 직접 들어 올릴 때보다 힘이 적게 듭니다.　　**9** (다)　　**10** (1) (가), (라) (2) (나), (다)
11 빗면　　**12** 빗면　　**13** 형빈

5 막대의 한 점을 받치고 물체를 움직이게 하는 도구를 지레라고 합니다.

6 병따개는 지레를 이용한 도구이고, 사다리차는 빗면을 이용한 도구입니다. 지레나 빗면을 이용하면 작은 힘으로 물체를 쉽게 움직일 수 있습니다.

7 (나)는 나무판자와 받침대를 이용해 지레를 만든 것입니다. 지레를 이용해 물체를 들어 올리면 물체를 직접 들어 올릴 때보다 힘이 적게 듭니다.

8 지레나 빗면과 같은 도구를 이용하여 물체를 들어 올리면 작은 힘으로 쉽게 들어 올릴 수 있습니다.
　채점 tip 지레와 같은 도구를 이용하면 물체를 들어 올릴 때 드는 힘의 크기가 작아진다고 써도 정답으로 합니다.

9 경사로는 빗면을 이용한 도구로, 유모차나 휠체어를 쉽게 밀고 올라갈 수 있습니다.

10 가위와 장도리는 지레를 이용한 도구이고, 나사못과 경사로는 빗면을 이용한 도구입니다. 가위를 사용하면 물체를 쉽게 자를 수 있고, 장도리는 단단하게 박혀 있는 못을 쉽게 빼낼 수 있습니다. 나사못은 못 둘레에 나선으로 홈이 파여 있어 쉽게 고정할 수 있습니다. 경사로를 이용하면 유모차나 휠체어를 쉽게 밀고 올라갈 수 있습니다.

11 빗면을 따라 물체를 밀어 올리면 직접 물체를 드는 것보다 힘이 적게 듭니다.

12 고인돌은 큰 돌을 몇 개 둘러 세우고 그 위에 넓적한 돌을 덮어 놓은 선사시대의 무덤으로, 빗면의 원리를 이용하여 큰 돌을 올렸습니다.

13 손톱깎이는 지레를 이용한 도구로, 작은 힘으로 손톱을 쉽게 깎을 수 있습니다.

1 준영　　**2** >　　**3** (1) ○　　**4** ㉠　　**5** 주헌,
예 주헌이가 보미보다 시소의 받침점에서 가까운 쪽에 앉았을 때 시소가 수평을 이루었으므로 주헌이가 더 무겁습니다.　　**6** (1) ○ (2) ○ (3) ×　　**7** ㉡
8 ①　　**9** ㉠　　**10** 영점　　**11** ⑤　　**12** (1) 100
(2) 20　　**13** ㉠ 가위 ㉡ 우유 ㉢ 40　　**14** 예
물체의 무게를 정확하게 측정하기 위해서입니다.
15 ③　　**16** ㉠　　**17** 준서　　**18** 빗면
19 사과　　**20** 예 (가)에서 사과와 감이 받침점으로부터 서로 같은 거리에 있고, 나무판자가 사과 쪽으로 기울어졌으므로 사과가 감보다 더 무겁습니다. (나)에서 감이 귤보다 받침점에 가까이 있을 때 나무판자가 수평을 이루었으므로 감이 귤보다 더 무겁습니다. 따라서 가장 무거운 물체는 사과입니다.

1
단원
개념북

1 물체에 힘을 작용하면 물체의 움직임이나 모양이 변하게 할 수 있습니다.

문제 속 개념

• **물체에 힘을 작용했을 때 움직임의 변화**

힘을 주어 그네를 밀면 그네가 움직입니다.

축구공을 발로 차면 축구공이 날아갑니다.

원반을 던지면 멀리 날아갑니다.

• **물체에 힘을 작용했을 때 모양의 변화**

두꺼운 밀가루 반죽을 누르면 얇게 펼 수 있습니다.

고무 밴드를 잡아당기면 길게 늘일 수 있습니다.

손에 힘을 주어 페트병을 찌그러뜨릴 수 있습니다.

2 무거운 물체를 당길 때에는 큰 힘이 필요하고, 가벼운 물체를 당길 때에는 무거운 물체를 당길 때보다 작은 힘이 필요합니다.

3 물체가 든 바구니와 비어 있는 바구니에 각각 용수철을 연결하여 당기면 물체가 든 바구니가 움직일 때 용수철의 길이가 많이 늘어납니다. 그 까닭은 무거운 물체를 당길 때 더 큰 힘이 필요하기 때문입니다.

▲ 물체가 든 바구니를 당길 때

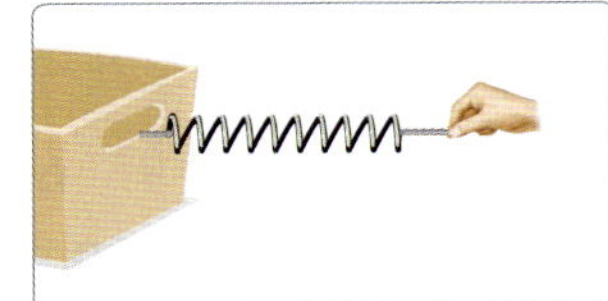

▲ 비어 있는 바구니를 당길 때

4 두 나무토막을 받침점으로부터 서로 같은 거리에 놓았을 때 나무판자가 수평을 이루었으므로 두 나무토막의 무게는 같습니다.

5 몸무게가 다른 두 사람이 시소에 앉아 수평을 잡으려면 몸무게가 무거운 사람이 가벼운 사람보다 받침점에 더 가까이 앉아야 합니다.

채점 tip 보미가 주헌이보다 시소의 받침점에서 멀리 앉았을 때 수평을 이루었기 때문이라고 까닭을 써도 정답으로 합니다.

이런 답도 가능해!

예 보미가 주헌이보다 시소의 받침점에서 멀리 앉았을 때 수평을 이루었기 때문에 주헌이가 더 무겁습니다.

6 두 물체를 받침점으로부터 서로 다른 거리에 올렸을 때 나무판자가 수평을 이루면 받침점에 가까운 물체의 무게가 더 무겁습니다.

7 여러 가지 물체를 손으로 들어 보면 어느 물체가 더 무거운지 어림할 수 있지만, 사람마다 무게를 다르게 느낄 수 있기 때문에 물체의 무게를 정확히 비교할 수 없습니다. 저울을 사용하면 물체의 무게를 정확하게 측정하여 비교할 수 있습니다.

8 무게의 단위에는 'g'과 'kg'을 사용하고, '그램'과 '킬로그램'이라고 읽습니다.

9 ㉠은 물체를 올려놓는 부분이고, ㉡은 숫자로 나타난 무게를 확인하는 부분입니다. ㉢은 전원을 켜거나 끄는 전원 단추이고, ㉣은 영점을 맞추는 영점 단추입니다.

10 전원 단추를 눌러 전원을 켠 다음, 영점 단추를 눌러 영점을 맞춘 후 물체를 올려놓아야 정확한 물체의 무게를 측정할 수 있습니다.

11 ㉤은 물체를 거는 고리이고, 용수철저울을 잡을 때에는 용수철저울 위쪽의 손잡이를 잡습니다.

문제 속 개념

용수철저울 각 부분의 이름과 역할

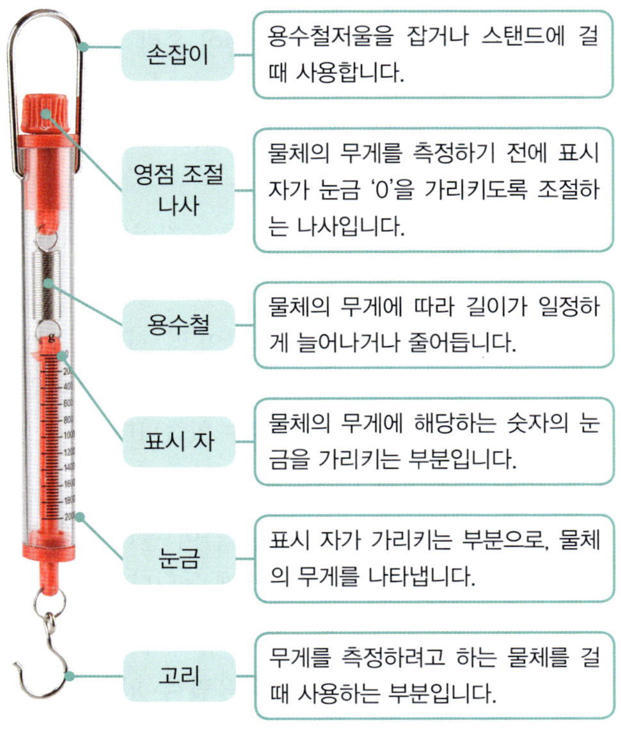

손잡이	용수철저울을 잡거나 스탠드에 걸 때 사용합니다.
영점 조절 나사	물체의 무게를 측정하기 전에 표시 자가 눈금 '0'을 가리키도록 조절하는 나사입니다.
용수철	물체의 무게에 따라 길이가 일정하게 늘어나거나 줄어듭니다.
표시 자	물체의 무게에 해당하는 숫자의 눈금을 가리키는 부분입니다.
눈금	표시 자가 가리키는 부분으로, 물체의 무게를 나타냅니다.
고리	무게를 측정하려고 하는 물체를 걸 때 사용하는 부분입니다.

12 큰 눈금 한 칸이 나타내는 무게는 100 g이고, 작은 눈금 한 칸이 나타내는 무게는 20 g입니다.

13 용수철저울의 표시 자가 가리키는 눈금을 확인한 결과 우유의 무게는 200 g이고, 가위의 무게는 240 g이므로 가위가 우유보다 40 g 더 무겁다는 것을 알 수 있습니다.

14 물체를 걸기 전에 영점 조절 나사를 돌려 표시 자를 눈금의 '0'의 위치에 맞추어야 물체를 걸어 놓았을 때 물체의 정확한 무게를 측정할 수 있습니다.

채점 tip 물체의 무게를 정확하게 측정하기 위해서라는 내용을 쓰면 정답으로 합니다.

▲ 영점 조절 나사

15 사다리, 나사못, 경사로 등은 빗면을 이용한 예이고, 시소는 지레를 이용한 예입니다.

- **지레**: 막대의 한 점을 받치고 물체를 움직이게 하는 도구 ⑩ 가위, 호두 까는 기구, 병따개, 장도리, 손톱깎이, 손수레, 시소 등
- **빗면**: 비스듬한 면 ⑩ 사다리차, 경사로, 나사못, 산길, 지퍼, 트럭 경사면, 미끄럼틀 등

16 물체를 직접 들어 올릴 때보다 빗면을 이용해 들어 올릴 때 용수철의 길이가 더 조금 늘어납니다. 그 까닭은 빗면을 이용해 물체를 들어 올리면 더 작은 힘이 들기 때문입니다.

17 지레나 빗면을 이용해 물체를 들어 올릴 때 필요한 힘의 크기는 물체를 직접 들어 올릴 때 필요한 힘의 크기보다 작습니다. ㉡은 지레, ㉢은 빗면을 이용하여 물체를 들어 올리는 경우입니다.

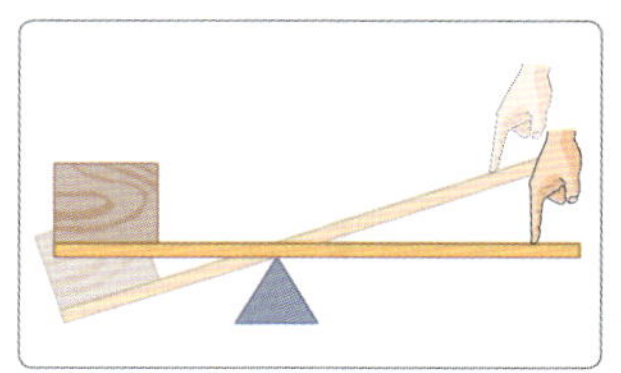
▲ 지레

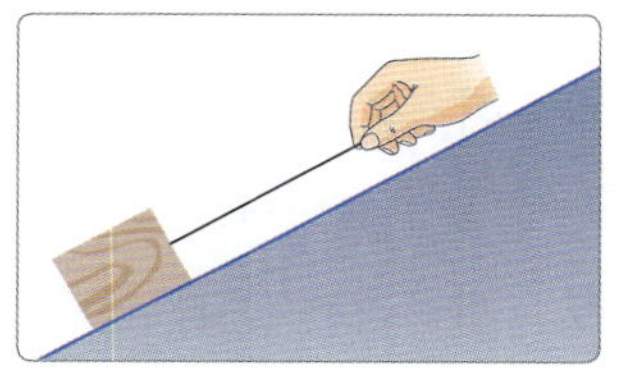
▲ 빗면

18 고대 이집트 사람들은 흙으로 비탈길을 만들어 빗면의 원리를 이용해 커다란 돌덩어리를 높은 곳까지 끌어올렸습니다.

▲ 피라미드

19 사과 > 감 > 귤 순으로 무게가 무겁습니다.

20 두 물체가 받침점으로부터 서로 같은 거리에 있으면 무거운 물체 쪽으로 나무판자가 기울어집니다. 두 물체가 받침점으로부터 서로 다른 거리에 있으면 무거운 물체가 받침점에 더 가까이 있어야 나무판자가 수평을 이룰 수 있습니다.

채점 tip 두 물체를 받침점으로부터 서로 같은 거리에 올렸을 때와 받침점으로부터 서로 다른 거리에 올렸을 때 무게를 비교하는 방법을 모두 써야 정답으로 합니다.

2. 동물의 생활

1 개미 **2** 비늘 **3** 분류 **4** 꼬리박각시

5 ㉠ **6** ⑤ **7** ② **8** (3) ○ **9** (1) ㉡ (2) ⑩ 크기가 크고 작은 것은 사람에 따라 판단하는 기준이 달라 분류한 결과가 달라질 수 있기 때문입니다. **10** 물까치 **11** (2) ○ **12** ③ **13** ㉢

5 공벌레는 땅에서 살고, 물방개, 붕어는 물에서 삽니다.

6 물방개는 몸은 넓적한 타원형으로 등쪽은 초록색을 띤 검은색입니다. 또 더듬이와 날개가 있으며 다리가 세 쌍입니다.

7 오징어는 다리가 열 개, 북극곰은 다리가 두 쌍, 물까치는 다리가 한 쌍 있습니다.

8 고라니는 땅에서 살고 다리가 두 쌍 있습니다. 오징어는 물에서 살고 다리가 열 개 있습니다.

9 분류 기준을 정할 때에는 다른 사람이 분류하더라도 같은 결과가 나와야 합니다.

채점 tip (1)에 ㉡을 쓰고, (2)에 사람에 따라 분류한 결과가 다르기 때문이라는 내용을 쓰거나 크기가 큰 것을 판단하는 기준이 사람마다 다르기 때문이라는 내용을 쓰면 정답으로 합니다.

10 공벌레, 개미, 꼬리박각시는 더듬이가 있지만 물까치는 더듬이가 없습니다.

11 (1) 물까치, 꼬리박각시, 고라니, 공벌레는 땅에 살고, 물방개와 오징어는 물에 삽니다. (3) 물까치, 물방개, 꼬리박각시, 고라니, 오징어, 공벌레는 모두 다리가 있습니다.

12 ① 개미와 북극곰은 땅에 살고, 붕어와 전복은 물에 삽니다. ② 개미, 북극곰, 붕어, 전복은 모두 날개가 없습니다. ④ 개미와 전복은 더듬이가 있고, 북극곰과 붕어는 더듬이가 없습니다. ⑤ 개미, 북극곰, 전복은 지느러미가 없고, 붕어는 지느러미가 있습니다.

13 바닷속에 사는 오징어는 몸통, 머리, 다리 순으로 되어 있고, 10개의 다리가 있습니다. 몸통에 있는 지느러미로 물속에서 헤엄칠 수 있습니다.

2회 문제 학습   42~43쪽

1 뱀   **2** 앞다리   **3** 장수풍뎅이   **4** 날개

5 두더지, 토끼   **6** ⑤   **7** (1) ○ (3) ○   **8** (1) ㉣
(2) ⑳ 다리가 없어서 기어서 이동합니다.   **9** (1) △
(2) ○ (3) ○   **10** ③   **11** ②   **12** ㉠ 참새
㉡ 독수리   **13** 진영

5 두더지는 땅속에서 살고, 토끼는 땅 위에서 삽니다.

6 ① 개미는 종류에 따라 날개가 있는 것도 있으나 공벌레는 날개가 없습니다. ② 개미는 땅 위와 땅속을 오가며 살고, 공벌레는 땅 위에서 삽니다. ③ 개미는 몸이 검은색이고, 공벌레는 몸이 어두운 회색 또는 갈색입니다. ④ 개미는 다리가 세 쌍이고, 공벌레는 다리가 일곱 쌍입니다.

7 (2) 토끼는 몸이 털로 덮여 있습니다.

8 소, 토끼, 고라니, 두더지, 땅강아지는 다리가 있고, 뱀은 다리가 없습니다. 다리가 없는 뱀은 땅 위와 땅속을 기어서 이동합니다.
채점 tip (1)에 ㉣을 쓰고, (2)에 다리가 없어 기어 다닌다는 내용을 쓰면 정답으로 합니다.

9 물까치는 다리와 날개가 각각 한 쌍씩 있으며, 깃털이 덮인 날개를 이용해 날 수 있습니다. 매미는 날개가 두 쌍, 다리가 세 쌍 있습니다.

10 장수풍뎅이와 같은 곤충이나 참새, 직박구리와 같은 새는 날개가 있어서 하늘을 날 수 있습니다. 장수풍뎅이는 날개가 두 쌍이고 겉 날개와 속 날개가 있습니다. 참새와 직박구리는 날개가 한 쌍이고 깃털로 덮여 있습니다.

11 날아다니는 동물은 날개가 있으며, 대부분 몸의 크기에 비해 무게가 가볍습니다.

12 참새와 독수리는 나는 모습에 차이가 있습니다. 참새는 나는 동안 계속 날갯짓을 하지만, 독수리는 날개를 쭉 펴고 비행기처럼 날다가 간혹 날갯짓을 합니다.

13 새는 날개가 있고, 뼈가 가늘고 뼈 속이 비어 있기 때문에 무게가 가벼워 하늘을 날 수 있습니다.

3회 문제 학습   46~47쪽

1 지느러미   **2** 고등어   **3** (뒷)다리   **4** 전복

5 ⑤   **6** (2) ○ (5) ○   **7** ⑤   **8** ④
9 개구리   **10** ㉢   **11** 게, 낙지, 조개
12 ⑳ 바닷속에 삽니다. 몸이 부드러운 곡선 모양입니다. 지느러미를 이용해 물속을 헤엄칩니다.
13 물갈퀴

5 물방개는 넓적하고 털이 많은 뒷다리를 이용해 헤엄을 칩니다.

6 붕어는 물에서 살고 아가미가 있어 물속에서 숨을 쉴 수 있습니다. 또 몸이 부드러운 곡선 모양이고 지느러미가 있어 물속에서 헤엄을 잘 칩니다.

7 개구리와 다슬기는 강이나 호수에서 삽니다.

8 붕어, 다슬기, 물방개는 강이나 호수에서 삽니다. 상어, 돌고래, 전복, 고등어, 오징어, 바다거북은 바다에서 삽니다.

9 개구리는 물과 땅을 오가며 사는 동물로, 뒷다리에 물갈퀴가 있어 물속에서도 헤엄을 잘 칩니다.

10 다슬기는 강이나 호수에서 살고 전복은 바다에서 삽니다. 다슬기는 주로 바닥의 모래나 돌에 붙어서 생활하며, 기어서 이동합니다. 전복은 한 장의 껍데기로 덮여 있으며, 기어서 이동합니다.

11 오리, 수달, 개구리는 강이나 호수에 사는 동물이고, 두더지, 고라니, 땅강아지는 땅에 사는 동물입니다.

12 돌고래와 고등어는 바다에서 살고 몸이 부드러운 곡선 모양이며, 지느러미를 이용해 물속에서 헤엄쳐 다닙니다.
채점 tip 이 외에 '다리가 없다.'와 같은 공통점을 써도 정답으로 합니다.

13 수달은 몸이 길고 털로 덮여 있고, 머리는 납작하며 둥글게 생겼습니다. 물과 땅을 오가며 살고, 발가락 사이에 물갈퀴가 있어 물속에서 헤엄쳐 다닙니다. 오리는 날개와 다리가 한 쌍씩 있고, 납작한 부리가 있습니다. 몸이 물에 잘 젖지 않는 깃털로 덮여 있으며, 발가락 사이에 물갈퀴가 있어서 헤엄을 잘 칩니다.

1 지방　　**2** 미어캣　　**3** 극지방　　**4** 깃털

5 (1) ○　　**6** ①　　**7** ②, ⑤　　**8** ⑩ 낙타는 발바닥이 넓어서 모래가 많은 땅에서 발이 잘 빠지지 않고 걸을 수 있습니다.　　**9** 나희, 도경　　**10** ㉠ 작고 ㉡ 크지만 ㉢ 크고 ㉣ 작다　　**11** 황제펭귄

12 ②, ④　　**13** ㉣

5 사막은 비가 거의 내리지 않아 건조하고 모래바람이 많이 불며, 낮에는 매우 뜨겁습니다. (2)는 극지방의 모습입니다.

6 낙타는 등에 지방을 저장한 혹이 있어서 물과 먹이가 없어도 며칠 동안 살 수 있습니다.

7 ① 미어캣은 사막에서 삽니다. ③ 미어캣은 몸이 갈색의 털로 덮여 있습니다. ④ 미어캣은 앞다리에 구부러진 발톱이 있어 굴을 파기에 알맞습니다.

8 낙타의 넓적한 발바닥은 모래에 발이 잘 빠지지 않게 해 줍니다.

　채점 tip 발바닥이 넓어서 모래에 발이 잘 빠지지 않는다는 내용을 쓰면 정답으로 합니다.

9 북극곰은 발가락 사이에 물갈퀴가 있어서 헤엄을 잘 칠 수 있고, 몸이 털로 덮여 있어서 추위를 견딜 수 있습니다.

10 사막여우는 몸에 비해 큰 귀로 몸속의 열을 밖으로 내보내어 체온을 조절하고, 북극여우는 귀가 작아서 몸의 열을 빼앗기지 않습니다.

11 극지방에 사는 황제펭귄은 물에 젖지 않는 깃털로 몸이 촘촘하게 덮여 있고, 무리 지어 생활하며 추위를 견딥니다.

12 바다코끼리는 몸집이 크고 피부가 두꺼워 추위를 견딜 수 있습니다. 주름이 많으며, 몸에 갈색의 털이 드문드문 나 있습니다. 무리를 지어 생활합니다.

13 사막이나 극지방은 사람이 살기 어려운 환경이지만, 사막이나 극지방에 사는 동물들은 이러한 환경에서도 잘 살 수 있는 특징이 있습니다.

1 오리　　**2** 물　　**3** 산양　　**4** 윙슈트

5 (2) ○　　**6** ⑤　　**7** ③　　**8** 예은　　**9** ③

10 (1) 수리　(2) 수리의 발은 움켜쥐는 힘이 강해 먹이를 잡으면 잘 놓치지 않습니다.　　**11** ⑤

12 ㉡　　**13** (1) ㉡ (2) ㉠

5 (1)은 낙타의 발, (2)는 오리의 발입니다. 오리는 발에 물갈퀴가 있기 때문에 물속에서 쉽게 헤엄칠 수 있습니다.

6 두더지는 앞발이 삽처럼 넓적하며 발톱이 길고 날카로워서 땅속에 굴을 파며 이동할 수 있습니다.

7 낙타는 발바닥이 넓어 모래에 발이 잘 빠지지 않고 사막에서 걷기 편합니다.

8 나무 위에서 사는 나무늘보의 발은 발톱이 갈고리 모양으로 휘어져 있어 나무에 매달릴 수 있습니다.

9 물체에 잘 달라붙는 문어 빨판의 특징을 이용해서 흡착판을 만들었습니다.

10 수리의 발은 움켜쥐는 힘이 강해 먹이를 잡으면 잘 놓치지 않습니다. 이러한 수리 발의 특징을 이용한 집게 차는 무거운 물건을 꽉 붙잡아 집어 올릴 수 있습니다.

　채점 tip (1)에 수리를 쓰고, (2)에 수리 발의 특징을 옳게 쓰면 정답으로 합니다.

11 하늘다람쥐는 날개막을 펼치고 하늘을 활공합니다. 하늘다람쥐의 날개막을 본떠서 만든 윙슈트를 입으면 스카이다이빙을 할 때 떨어지는 빠르기를 줄일 수 있습니다.

12 산천어의 머리 모양은 날렵한 곡선 모양입니다. 이러한 산천어의 머리 모양을 본떠서 만든 고속 열차는 빠르게 달릴 수 있습니다.

13 산양 발바닥의 안쪽은 고무처럼 말랑말랑해서 절벽에서 잘 미끄러지지 않습니다. 이 특징을 이용해서 등산화의 밑창을 만들고, 오리의 발에 있는 물갈퀴의 특징을 이용해서 물놀이용 물갈퀴를 만들었습니다.

2 단원　개념북

6회 **마무리** 평가   56~59쪽

1 ③   **2** ②, ④   **3** ㉠, ㉣   **4** ⑴ ㉢ ⑵ 다리가 있는 것에는 고라니, 공벌레, 낙타, 두더지가 있고, 다리가 없는 것에는 뱀, 전복이 있습니다.
5 ③   **6** ③, ⑤   **7** 경민   **8** ⑩ 날개가 있어서 날 수 있습니다. 몸의 크기에 비해 무게가 가볍습니다.   **9** ②, ③   **10** ㉠, ㉢, ㉥   **11** 돌고래   **12** ①   **13** ㉠, ㉥, ㉣   **14** 지방
15 ⑴ ㉡ ⑵ ㉠   **16** ⑴ × ⑵ ○ ⑶ ×   **17** ㉢
18 ⑴ 하늘다람쥐 ⑵ ⑩ 하늘다람쥐가 날개막을 펼치고 하늘을 활공하는 특징을 이용해 스카이다이빙을 할 때 떨어지는 빠르기를 줄일 수 있는 윙슈트를 만들었습니다.   **19** ①, ④   **20** ⑩ 발가락 사이에 물갈퀴가 있어서 헤엄을 잘 칠 수 있습니다. 발바닥이 넓고 짧은 털이 나 있어서 얼음이나 눈 위에서 잘 걸어다닐 수 있습니다.

1 ① 고라니는 다리가 두 쌍입니다. ② 물까치는 몸이 깃털로 덮여 있고 날개가 있습니다. ④ 오징어는 다리가 열 개입니다. ⑤ 꼬리박각시는 더듬이가 한 쌍, 날개가 두 쌍, 다리가 세 쌍입니다.

▲ 고라니

▲ 물까치

▲ 붕어

▲ 오징어

▲ 꼬리박각시

2 ① 꼬리박각시, 북극곰, 뱀은 땅에 살고, 물방개와 붕어는 물에 삽니다. ③ 꼬리박각시, 물방개, 북극곰은 다리가 있고, 붕어와 뱀은 다리가 없습니다. ⑤ 꼬리박각시, 물방개, 북극곰, 뱀은 지느러미가 없고, 붕어는 지느러미가 있습니다.

3 '키가 작은가?', '생김새가 아름다운가?'는 사람마다 판단하는 기준이 다르므로 분류 기준으로 적절하지 않습니다.

4 몸집이 크고 작은 것은 사람마다 판단하는 기준이 다르므로 분류 기준으로 알맞지 않습니다. 고라니, 뱀, 공벌레, 낙타, 전복, 두더지는 모두 날개와 지느러미가 없습니다. 따라서 날개가 있는 것과 날개가 없는 것, 지느러미가 있는 것과 지느러미가 없는 것은 분류 기준으로 알맞지 않습니다.
채점 tip ⑴에 ㉢을 쓰고, ⑵에 다리가 있는 것에는 고라니, 공벌레, 낙타, 두더지를 쓰고 다리가 없는 것에는 뱀, 전복을 써야 정답으로 합니다.

5 토끼, 고라니, 여우는 땅 위에서 살고, 땅강아지와 두더지는 땅속에서 살며, 뱀은 땅 위와 땅속을 오가며 삽니다. 전복과 물방개는 물에서 삽니다.

6 두더지는 시력이 약해 거의 보이지 않고, 땅속에서 살며 몸이 흑갈색의 털로 덮여 있습니다.

7 주로 땅속에 사는 땅강아지는 앞다리가 몸에 비해 크고 갈퀴처럼 생겨서 땅을 파기에 알맞습니다.

8 물까치는 새이고 잠자리는 곤충입니다. 물까치와 잠자리는 모두 날개가 있어 하늘을 날 수 있습니다. 물까치나 잠자리처럼 날아다니는 동물은 모두 날개가 있고 대부분 몸의 크기에 비해 무게가 가볍습니다.
채점 tip 물까치와 잠자리의 공통점으로 '날개가 있습니다.', '날 수 있습니다.', '몸의 크기에 비해 무게가 가볍습니다.', '다리가 있습니다.' 등의 내용을 쓰면 정답으로 합니다.

9 ㈎는 새이고 날개와 다리가 각각 한 쌍씩 있으며, 날개는 깃털로 덮여 있습니다. ㈏는 곤충이고 날개가 두 쌍, 다리가 세 쌍 있으며 날개는 비늘로 덮여 있지 않습니다.

▲ 참새

▲ 직박구리

▲ 매미

▲ 장수풍뎅이

① 참새와 직박구리는 새이고, 매미와 장수풍뎅이는 곤충입니다.

④ 참새와 직박구리는 다리가 한 쌍이고, 매미와 장수풍뎅이는 다리가 세 쌍입니다.

⑤ 참새와 직박구리는 날개가 깃털로 덮여 있고, 매미와 장수풍뎅이는 날개가 비늘로 덮여 있지 않습니다.

10 다슬기, 붕어, 물방개는 강이나 호수에서 살고, 고등어, 돌고래, 전복은 바다에서 삽니다.

11 돌고래는 몸이 부드러운 곡선이고 지느러미를 이용해 헤엄칩니다. 게, 오리, 수달, 개구리는 다리를 이용해 걷거나 물에서 헤엄쳐 다닙니다.

12 전복은 둥근 모양의 단단한 껍데기로 덮여 있으며, 물속 바위에 붙어서 기어 다닙니다.

13 사막은 비가 거의 내리지 않아 건조합니다. 북극곰은 극지방에 살고, 미어캣은 사막에 삽니다.

14 물과 먹이가 부족한 사막에 사는 낙타는 등에 있는 혹에 지방을 저장할 수 있어 먹이가 없어도 며칠 동안 버틸 수 있습니다.

15 북극여우는 몸이 털로 촘촘하게 덮여 있고, 귀가 몸집에 비해 작고 둥급니다. 황제펭귄은 물에 젖지 않는 깃털로 몸이 촘촘하게 덮여 있고, 무리 지어 생활하며 추위를 견딥니다.

16 (1) 오리는 발에 물갈퀴가 있어서 물속에서 헤엄을 칠 수 있습니다. (3) 두더지는 앞발이 삽처럼 넓적하고 발톱이 길고 날카로워서 땅속에 굴을 파며 이동할 수 있습니다.

• 오리의 발

발가락 사이에 물갈퀴가 있어 물속에서 쉽게 헤엄칠 수 있습니다.

• 낙타의 발

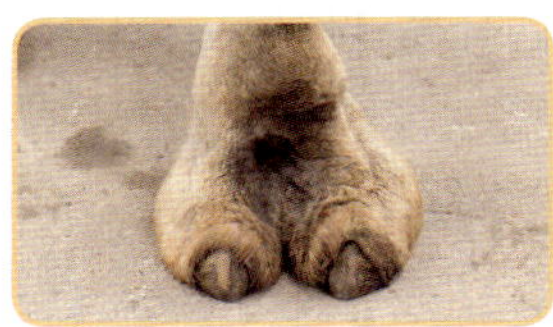

발바닥이 넓어 모래에 발이 빠지지 않고, 사막에서 걷기 편합니다.

• 두더지의 발

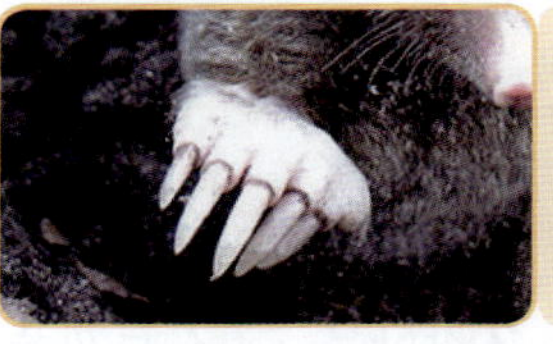

앞발이 삽처럼 넓적하고 발톱이 길고 날카로워서 땅속에 굴을 파며 이동할 수 있습니다.

17 흡착판은 물체에 잘 달라붙는 문어 빨판의 특징을 이용하여 만들었습니다.

▲ 문어 빨판

▲ 흡착판

18 하늘다람쥐의 날개막을 본떠서 만든 윙슈트를 입으면 스카이다이빙을 할 때 떨어지는 빠르기를 줄일 수 있습니다.

채점 **tip** (1)에 하늘다람쥐를 쓰고, (2)에 날개막을 펼쳐 활공하는 특징을 쓰면 정답으로 합니다.

▲ 하늘다람쥐의 날개막

▲ 윙슈트

19 극지방은 눈과 얼음으로 덮여 있고 매우 추우며 넓은 바다로 둘러싸여 있습니다. 북극곰은 몸집이 크고 피부가 두꺼우며 몸이 털로 덮여 있고, 바다코끼리는 피부가 두껍고 주름이 많습니다. ②는 바다코끼리의 특징입니다.

20 북극곰은 몸집이 크고 피부가 두꺼우며 몸이 털로 덮여 있어 매서운 북극의 추위를 견딜 수 있습니다. 또 물갈퀴가 있는 발로 헤엄을 쳐서 물속에 있는 먹이를 잡으며, 발바닥이 넓고 짧은 털이 나 있어서 얼음에서 미끄러지지 않고 걸어다닐 수 있습니다.

채점 **tip** '발에 물갈퀴가 있어 헤엄을 잘 칠 수 있습니다.', '발바닥이 넓고 짧은 털이 나 있어서 얼음이나 눈 위에서 잘 걸어다닐 수 있습니다.'와 같은 의미의 내용이 들어가면 정답으로 합니다.

3. 식물의 생활

1회 문제 학습 64~65쪽

1 잎몸 **2** 강아지풀 **3** 감나무 **4** 토끼풀

5 ③ **6** (2) ◯ **7** ② **8** ㉡ **9** ㉠
10 ㉢ **11** (1) ⑩ 잎의 끝 모양이 뾰족한가? (2) ⑩ 잎의 끝 모양이 뾰족한 것은 대나무, 잣나무이고, 그렇지 않은 것은 은행나무, 떡갈나무입니다. **12** 잎자루 **13** ㉢

5 ① 토끼풀 잎은 대개 동그란 모양의 잎 세 개가 한곳에 함께 나 있습니다. ② 감나무 잎은 넓적하며 가장자리 모양이 매끄럽습니다. ④ 강아지풀 잎은 길쭉한 모양이고 만져 보면 꺼끌꺼끌합니다. ⑤ 단풍나무 잎은 손바닥 모양으로 가장자리가 여러 갈래로 갈라져 있습니다.

6 감나무 잎은 넓적한 모양이고, 강아지풀 잎은 길쭉한 모양입니다. 감나무 잎과 강아지풀 잎은 잎의 끝 부분이 뾰족하고, 한곳에 나는 잎의 개수가 한 개입니다.

7 단풍나무 잎은 만져 보면 얇고 부드럽습니다.

8 ㉠은 잎몸, ㉡은 잎맥, ㉢은 잎자루입니다.

9 '예쁘다.', '예쁘지 않다.'는 사람에 따라 분류 결과가 다를 수 있기 때문에 잎의 분류 기준으로 알맞지 않습니다.

10 단풍나무 잎은 잎의 끝 모양이 뾰족합니다.

11 대나무와 잣나무 잎은 끝 모양이 뾰족하고, 전체적인 모양이 길쭉합니다. 은행나무와 떡갈나무 잎은 끝 모양이 둥글고, 전체적인 모양이 넓적합니다.
채점 tip 잎의 끝 모양이나 잎의 전체적인 모양을 분류 기준으로 정하고 옳게 분류하였으면 정답으로 합니다.

12 잎자루에 달린 잎의 개수로도 식물을 분류할 수 있습니다. 회양목과 아까시나무는 잎자루에 달린 잎의 개수가 여러 개이고, 나팔꽃과 벚나무는 잎자루에 달린 잎의 개수가 한 개입니다.

13 강아지풀 잎은 잎맥의 모양이 나란합니다.

2회 문제 학습 68~69쪽

1 민들레 **2** 단풍나무 **3** 뿌리 **4** 풀

5 ㉠ 들 ㉡ 산 **6** ② **7** (1) × (2) ◯ (3) ◯ (4) × **8** ⑤ **9** ⑩ 가을이 되면 잎을 떨어뜨리고 뿌리와 줄기가 살아남아 추운 겨울을 납니다.
10 ㉠, ㉣ **11** (1) ㉡ (2) ㉠ **12** 승우
13 단풍나무

5 들이나 산에는 여러 가지 풀과 나무가 자라고 있습니다. 들은 평평하고 넓게 트인 땅이고, 산은 주변보다 높은 땅입니다.

6 봉숭아, 토끼풀, 민들레, 명아주, 강아지풀, 해바라기는 풀입니다. 회양목, 무궁화, 개나리, 은행나무, 떡갈나무, 단풍나무는 나무입니다.

7 (1) 토끼풀은 잎이 보통 3개씩 달립니다. (4) 토끼풀은 나무가 아니라 풀입니다.

8 회양목은 키가 7 m까지도 자라며 줄기는 회색이고, 마주나게 달리는 잎은 타원형이며 앞면에 광택이 있습니다.

9 벚나무와 은행나무는 나무입니다. 나무는 가을이 되면 대부분 잎을 떨어뜨리고 굵은 뿌리와 줄기로 겨울을 납니다.
채점 tip 뿌리와 줄기로 겨울을 난다는 내용을 쓰면 정답으로 합니다.

10 풀과 나무는 대부분 잎, 줄기, 뿌리가 있습니다. 대부분 땅에 뿌리를 내리고 자라며, 줄기와 잎이 잘 구분됩니다.

11 풀은 나무보다 비교적 줄기가 가늘고 키가 작은 것이 많습니다. 나무는 풀보다 비교적 줄기가 굵고 단단하며 대부분 키가 큽니다.

12 명아주와 비비추는 모두 풀입니다. 풀은 나무에 비해 키가 작고, 줄기가 가늘고 연합니다.

13 단풍나무는 들이나 산에 사는 나무로, 키가 보통 10 m 정도로 자랍니다. 잎은 손가락처럼 여러 갈래로 갈라져 있고, 가을이 되면 잎이 붉은색 등으로 변합니다.

1 잎자루   **2** 나사말   **3** 뿌리   **4** 부들

5 ③   **6** 하늘   **7** ⑷ ○   **8** 예 부레옥잠은 잎자루에 공기주머니가 있어서 물에 뜰 수 있습니다.

9 ③   **10** ㉠   **11** ⑤   **12** ①, ⑤   **13** 우리

5 부레옥잠은 잎자루가 공처럼 볼록하게 부풀어 있는 모양이고, 살짝 눌러 보면 폭신폭신합니다.

6 부레옥잠의 잎자루 속에는 수많은 공기주머니가 있습니다.

7 부레옥잠의 잎자루를 잘라 수조의 물속에 넣고 손가락으로 누르면 잎자루에서 공기 방울이 나와 위로 올라갑니다.

8 부레옥잠은 잎자루 속에 공기주머니가 있어 공기를 저장하여 물에 뜰 수 있습니다.

채점 tip 잎자루에 공기주머니가 있기 때문이라는 내용을 쓰면 정답으로 합니다.

9 ① 부들과 갈대는 물가에 살고, 뿌리가 물속이나 물가의 땅에 박혀 있습니다. ② 수련과 마름은 잎이 넓고 잎과 꽃이 물 위에 떠 있습니다. ④ 강아지풀과 봉숭아는 들이나 산에 사는 식물입니다. ⑤ 부레옥잠과 개구리밥은 잎이 둥글고, 수염 모양의 뿌리가 있으며 물에 떠 있습니다.

10 마름은 잎이 물에 떠 있는 식물입니다. 뿌리는 땅속에 있고, 잎자루에 공기주머니가 있어 잎은 물 위에 떠 있습니다.

11 검정말은 물속에 잠겨서 살며 잎과 줄기가 부드러워 물살이 센 곳에서도 잘 부러지지 않습니다. 또 뿌리는 물속 땅에 있습니다.

12 갈대와 부들은 주로 물가에 살고 뿌리가 물속이나 물가의 땅에 있으며 튼튼한 줄기와 길쭉한 잎이 물 위로 높이 자랍니다.

13 수련과 연꽃은 잎의 모양이 다른데, 수련은 한쪽이 트여 있는 원형의 잎이 물 위에 납작하게 펼쳐지는 듯 떠 있고, 연꽃은 뒤집힌 우산 모양의 잎이 물 위로 솟아 있습니다.

1 잎   **2** 줄기   **3** 눈잣나무   **4** 바람

5 ③   **6** ⑴ ○ ⑵ ○   **7** 예 선인장의 줄기를 자른 면에 휴지를 대어 보면 휴지가 젖습니다. 이를 통해 선인장 줄기를 자른 면에 물(물기)이 있음을 알 수 있습니다.   **8** ㉢   **9** ⑴ × ⑵ ○ ⑶ ×

10 ②   **11** 암매   **12** ④   **13** 알로에

5 사막은 낮에는 햇빛이 강해서 뜨겁고, 낮과 밤의 온도 차가 큽니다. 비가 적게 오고 건조하여 물이 적은 환경입니다.

6 ⑶ 선인장 줄기를 자른 면은 촉촉합니다. ⑷ 선인장의 줄기는 굵고 통통한 모양입니다.

7 선인장을 자른 면에 물(물기)이 있기 때문에 휴지를 대어 보면 휴지가 젖습니다.

채점 tip '휴지가 젖습니다.' 대신 '휴지에 물이 묻습니다.'라고 써도 정답으로 합니다.

8 사막에 사는 선인장은 잎이 가시 모양이어서 물이 밖으로 빠져나가는 것을 줄이고 동물의 공격을 막을 수 있습니다.

9 ⑴ 용설란은 두껍고 껍질이 단단한 잎에 물을 저장합니다. ⑶ 바오바브나무는 굵은 줄기에 물을 저장합니다.

10 높은 산에 사는 식물은 대부분 키가 작고 모여 살거나 줄기가 누워서 자라므로 낮은 기온과 강한 바람을 견딜 수 있습니다.

11 암매는 높이가 3 cm~5 cm로, 키가 가장 작은 나무로 알려져 있으며, 바위틈의 한군데에서 모여서 자랍니다.

12 아데니움, 회전초, 메스키트나무는 사막에 사는 식물입니다. 눈잣나무는 높은 산과 같이 바람이 세게 부는 환경에서는 누워서 자라므로 강한 바람을 견딜 수 있습니다.

13 알로에는 사막에 사는 식물로, 잎이 두꺼워서 물을 많이 저장할 수 있고, 껍질이 두꺼워 물이 밖으로 빠져나가는 것을 막아 줍니다. 알로에 잎을 자르면 젤리 같은 물질이 있는데, 99 % 이상이 물입니다.

3
단원

개념북

5회 문제 학습   80~81쪽

1 소금기   **2** 갯벌   **3** 방수   **4** 찍찍이 테이프

5 통보리사초   **6** ②   **7** ⑴ 퉁퉁마디 ⑵ 갯메꽃
8 정원   **9** ②, ⑤   **10** ⑴ 도꼬마리 ⑵ **예** 도꼬마리 열매는 가시 끝이 갈고리 모양으로 휘어져 있어 천과 같은 물체에 붙으면 잘 떨어지지 않습니다.
11 ⑴ ㉠ ⑵ ㉡   **12** ㉢   **13** 낙하산

5 통보리사초는 키가 10 cm~20 cm 정도이며, 바닷가 모래땅에 뿌리를 깊게 내려서 강한 바람이 불어도 잘 자랍니다. 곧은 줄기 끝에 여러 개의 이삭이 달린 모습이 보리와 비슷하게 생겼습니다.

6 회전초, 선인장은 사막에 사는 식물이고, 나사말은 강이나 연못에 사는 식물입니다.

7 퉁퉁마디는 줄기가 퉁퉁하여 물을 저장할 수 있고, 광택이 나서 강한 햇빛에도 잘 자랍니다. 갯메꽃은 잎 표면이 단단하고 광택이 나며, 줄기가 옆으로 뻗어나가 바닷가의 강한 햇빛과 바람에도 잘 자랍니다.

8 갯벌에 사는 식물은 소금기가 많고 바람과 햇빛이 강한 환경에서도 살 수 있도록 잎 표면이 단단하고 광택이 나며 줄기가 옆으로 뻗어나갑니다.

9 연잎과 방수 천에 물을 한 방울씩 떨어뜨리면 물방울이 퍼지지 않고 공처럼 둥글게 뭉칩니다.

10 도꼬마리 열매의 가시 끝이 갈고리 모양으로 휘어져 있어 동물의 털이나 사람의 옷에 잘 붙는 특징을 이용하여 찍찍이 테이프를 만들었습니다.

채점 tip ⑴ 도꼬마리를 쓰고, ⑵ 열매의 가시 끝이 갈고리 모양으로 휘어져 있어 물체에 잘 달라붙는다는 내용을 쓰면 정답으로 합니다. 도꼬마리 대신 우엉을 써도 정답으로 합니다.

11 바람을 타고 빙글빙글 돌며 떨어지는 단풍나무 열매의 생김새를 이용해 헬리콥터의 프로펠러를 만들었습니다. 장미 줄기의 가시가 동물의 접근을 막아 자신을 보호하는 특징을 이용해 철조망을 만들었습니다.

12 수세미외 열매를 잘라 보면 구멍이 송송 뚫려 있는 것을 이용해 설거지용 수세미를 만들었습니다.

13 민들레 열매가 바람에 날려 퍼지는 모습을 보고 열매의 생김새를 이용해 낙하산을 만들었습니다.

6회 마무리 평가   82~85쪽

1 강아지풀, 소나무   **2** 토끼풀   **3** ④   **4** ⑴ ㉠, ㉡, ㉣, ㉻ ⑵ ㉢, ㉱   **5** ⑴ **예** 대부분 땅에 뿌리를 내리고 삽니다. ⑵ **예** 대부분 줄기와 잎이 잘 구별됩니다.   **6** ⑤   **7** ②, ⑤   **8** **예** 물속에서 잎자루를 누르면 공기 방울이 나와 물 위로 올라갑니다.   **9** ⑴ ○ ⑵ △ ⑶ △ ⑷ ○   **10** 재희
11 ③   **12** ③   **13** ㉢   **14** ⑴ ㉢ ⑵ ㉠ ⑶ ㉡   **15** 갯벌   **16** ㉮   **17** ㉯   **18** ⑴ ○ ⑵ ○ ⑶ ×   **19** ②, ③   **20** ⑴ **예** 잎이 가시 모양이어서 물이 빠져나가는 것을 줄입니다. ⑵ **예** 굵은 줄기에 물을 많이 저장할 수 있어서 오랫동안 비가 오지 않아도 살 수 있습니다.

1 강아지풀과 소나무 잎은 전체적인 모양이 길쭉하고, 감나무와 토끼풀 잎은 전체적인 모양이 넓적합니다.

2 감나무, 강아지풀, 소나무 잎은 잎의 끝 모양이 뾰족하고, 토끼풀은 잎의 끝 모양이 둥급니다.

3 토끼풀과 단풍나무 잎은 잎의 가장자리 모양이 톱니 모양이고, 강아지풀과 소나무 잎은 잎의 가장자리 모양이 톱니 모양이 아닙니다.

▲ 토끼풀   ▲ 단풍나무

4 민들레, 토끼풀, 봉숭아, 강아지풀은 풀이고, 은행나무와 회양목은 나무입니다.

5 들이나 산에 사는 식물은 대부분 땅에 뿌리를 내리고 자라며, 줄기와 잎이 잘 구분됩니다.

채점 tip '땅에 뿌리를 내립니다.', '줄기와 잎이 잘 구별됩니다.', '잎, 줄기, 뿌리가 있습니다.' 등의 내용을 쓰면 정답으로 합니다.

6 풀은 나무보다 비교적 줄기가 가늘고, 키가 작은 것이 많습니다. 나무는 풀보다 비교적 줄기가 굵고 단단하며, 대부분 키가 큽니다.

7 ② 부레옥잠의 잎자루를 살짝 눌러 보면 폭신폭신합니다. ⑤ 부레옥잠은 잎자루에 공기주머니가 있어서 물에 뜰 수 있습니다.

부레옥잠의 생김새

- 잎은 초록색이고 둥근 모양이며, 표면이 매끈매끈하고 광택이 납니다.
- 잎자루는 공처럼 부풀어 있고, 살짝 눌러 보면 폭신폭신합니다.
- 뿌리는 수염 같은 잔뿌리가 많습니다.

8 부레옥잠의 잎자루를 물속에서 누르면 공기 방울이 생기면서 위로 올라가고, 세게 누르면 더 많은 공기 방울이 생깁니다.

채점 tip 공기 방울이 나온다는 내용을 쓰면 정답으로 합니다.

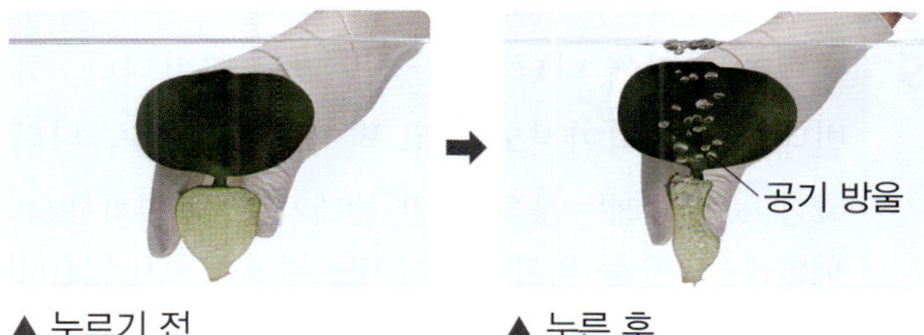

▲ 누르기 전   ▲ 누른 후

9 나사말과 검정말은 식물 전체가 물에 잠겨서 사는 침수식물이고, 개구리밥과 물상추는 식물 전체가 물에 떠서 사는 부유식물입니다.

10 수련은 뿌리가 물속 땅에 있고, 잎과 꽃이 물에 떠 있습니다. 연꽃, 부들, 갈대는 물속이나 물가의 땅에 뿌리를 내리고 잎과 꽃이 물 위로 높이 자랍니다.

▲ 연꽃   ▲ 부들   ▲ 갈대

11 ③ 바오바브나무는 키가 약 20 m 정도로, 굵은 줄기에 물을 많이 저장할 수 있어서 물이 부족할 때 오래 견딜 수 있습니다. 굴러다니면서 씨를 뿌리다가 비가 오면 빠르게 번식하는 식물은 회전초입니다.

- 용설란

두껍고 껍질이 단단한 잎에 물을 저장하고, 잎의 가장자리에는 날카로운 가시가 있습니다.

- 바오바브나무

키가 약 20 m 정도로, 굵은 줄기에 물을 많이 저장할 수 있어서 물이 부족할 때 오래 견딜 수 있습니다.

- 알로에

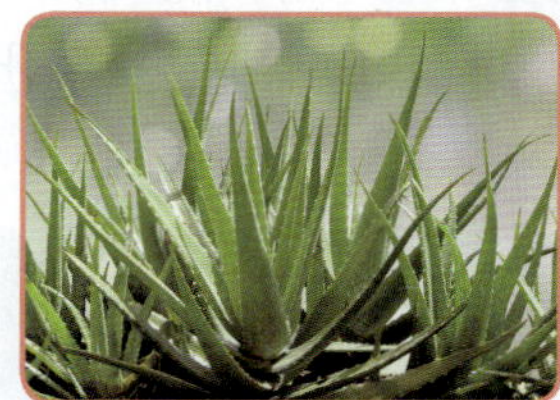
잎이 두꺼워서 물을 많이 저장할 수 있고, 껍질이 두꺼워 물이 밖으로 빠져나가는 것을 막아 줍니다.

12 암매, 눈잣나무, 한라솜다리는 높은 산에 사는 식물입니다. 회전초, 메스키트나무, 아데니움은 사막에 사는 식물이고, 수련, 창포, 개구리밥은 강이나 연못에 사는 식물입니다.

13 높은 산에 사는 식물은 대부분 키가 작아 강한 바람을 견딜 수 있습니다.

14 통보리사초, 갯메꽃, 해홍나물은 갯벌에 사는 식물입니다. 통보리사초는 바닷가 모래땅에 뿌리를 깊게 내려서 강한 바람이 불어도 잘 자랍니다. 갯메꽃은 잎 표면이 단단하고 광택이 나며, 줄기가 옆으로 뻗어나가 바닷가의 강한 햇빛과 바람에도 잘 자랍니다. 해홍나물은 통통한 줄기에 물을 저장할 수 있어 소금기가 많은 환경에서도 살 수 있고, 잎이 바늘 모양이어서 바람의 영향을 적게 받습니다.

15 밀물 때는 물에 잠기고, 썰물 때는 물 밖으로 드러나는 땅을 갯벌이라고 합니다. 갯벌에는 통보리사초, 갯메꽃, 퉁퉁마디, 해홍나물, 칠면초, 나문재 등의 다양한 식물이 살고 있습니다.

16 도꼬마리 열매의 가시 끝이 갈고리처럼 휘어져 있어 동물의 털이나 사람의 옷에 잘 붙는 특징을 이용해 찍찍이 테이프를 만들었습니다.

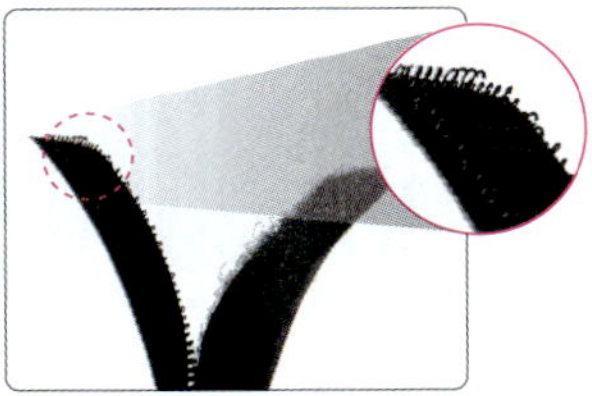

▲ 도꼬마리 열매　　　▲ 찍찍이 테이프

17 바람을 타고 빙글빙글 돌며 떨어지는 단풍나무 열매의 특징을 이용해 드론이나 선풍기 날개, 헬리콥터 프로펠러 등을 만들었습니다.

18 물이 잘 스며들지 않는 연잎의 특징을 이용해서 방수 천을 만듭니다. 방수 천은 방수 소파, 비옷, 우산 등을 만드는 데 이용합니다.

▲ 연잎　　　　　▲ 방수 천

19 선인장의 굵은 줄기 안에는 물이 들어 있습니다.

왜 답이 아닐까?

① 선인장은 잎이 가시 모양입니다.
④ 선인장은 햇빛이 강하고, 비가 거의 오지 않아 물이 부족한 사막에서 삽니다.
⑤ 줄기를 자른 면에 휴지를 대어 보면 휴지가 젖습니다.

20 선인장의 가시 모양의 잎은 물이 빠져나가는 것을 줄이고, 굵은 줄기는 물을 저장하기에 알맞습니다. 선인장은 이러한 특징이 있어서 사막에서도 잘 살아갈 수 있습니다.

채점 tip '잎이 가시 모양이어서 물이 빠져나가는 것을 줄입니다.', '굵은 줄기에 물을 많이 저장할 수 있습니다.'와 같은 의미의 내용을 쓰면 정답으로 합니다.

4. 생물의 한살이

1회 문제 학습　　　90~91쪽

1 한살이　　**2** 허물　　**3** 날개돋이　　**4** 가슴
- -
5 ⑤　　**6** ⓒ　　**7** 알껍데기　　**8** (1) 날개돋이 (2) 허물벗기　　**9** (1) ⑩ 애벌레는 기어 다니지만, 번데기는 움직이지 않습니다. (2) ⑩ 애벌레는 잎을 먹지만, 번데기는 먹이를 먹지 않습니다.　　**10** 보민
11 ㉠ 애벌레 ㉡ 번데기　　**12** ④　　**13** 태진

5 배추흰나비 알은 먹이를 먹지 않고, 움직이지 않습니다.

6 ㉠ 알에서 갓 나온 애벌레는 노란색입니다. ㉡ 애벌레의 몸은 잎을 먹고 자라면서 초록색이 됩니다. ㉢ 애벌레는 허물을 벗으면서 몸이 점점 커집니다.

7 배추흰나비 애벌레가 알에서 나오자마자 알껍데기를 갉아 먹는 까닭은 알껍데기에 영양분이 풍부하고 자신의 흔적을 없애 천적으로부터 보호하기 위함입니다.

8 날개돋이는 번데기에서 날개가 있는 어른벌레가 나오는 것이고, 허물벗기는 애벌레가 더 크게 자라기 위해 몸을 감싸고 있는 껍질을 벗는 과정입니다.

9 애벌레는 기어 다니면서 잎을 먹고 자랍니다. 하지만 번데기는 움직이지도 않고 먹이도 먹지 않습니다.

채점 tip '애벌레는 움직이지만, 번데기는 움직이지 않습니다.', '애벌레는 먹이를 먹지만, 번데기는 먹이를 먹지 않습니다.'라고 써도 정답으로 합니다.

10 배추흰나비 어른벌레의 몸은 머리, 가슴, 배로 구분됩니다. 가슴에 두 쌍의 날개와 세 쌍의 다리가 있고 날개를 펴서 날아다닙니다. 머리에 더듬이가 한 쌍 있고, 대롱 모양의 입을 펴서 꽃의 꿀을 빨아 먹습니다.

11 배추흰나비는 '알 → 애벌레 → 번데기 → 어른벌레'의 한살이를 거칩니다.

12 몸이 머리, 가슴, 배로 구분되고, 다리가 세 쌍인 동물을 곤충이라고 합니다. 공벌레는 다리가 일곱 쌍이므로 곤충이 아닙니다.

13 거미는 몸이 머리가슴, 배 두 부분으로 나뉘어져 있고, 네 쌍의 다리가 있으므로 곤충이 아닙니다. 날개는 곤충인지 아닌지를 구분하는 기준이 되지 않습니다.

1 솜털　　**2** 올챙이　　**3** 새끼　　**4** 오리

5 부화　　**6** ㈐　　**7** ⑴ ○　　**8** ㉡ → ㉠ →
㉣ → ㉤　　**9** ⑤　　**10** ①, ③　　**11** ①, ②
12 ㈎ 닭은 알을 낳고, 개는 새끼를 낳습니다. 병아
리는 스스로 먹이를 먹고, 강아지는 어미젖을 먹고
자랍니다.　　**13** 어미젖

5 암탉이 알을 품은 지 약 21일이 지나면 병아리가 부
리로 알을 깨고 나옵니다. 새끼가 알을 깨고 나오는
것을 부화라고 합니다.

6 ㈐는 다 자란 닭의 모습입니다. 다 자란 닭은 몸이 깃
털로 덮여 있고, 볏이 뚜렷해지면서 암수 구별이 뚜
렷해집니다.

7 병아리는 볏과 꽁지깃이 없습니다. 몸이 솜털로 덮여
있고, 암수 구별이 뚜렷하지 않습니다. ⑵와 ⑶은 다
자란 닭의 특징입니다.

8 물속에 있는 알에서 나온 올챙이는 자라면서 뒷다
리가 먼저 나옵니다. 그리고 앞다리가 나온 후 꼬리
가 서서히 없어지면서 어린 개구리가 됩니다. 다 자
란 개구리는 짝짓기를 하고 암컷이 물속에 알을 낳습
니다.

9 ①, ②, ③, ④는 갓 태어난 강아지에 대한 설명입
니다.

10 ① 어미젖을 먹고 자라는 것은 새끼를 낳는 동물입니
다. ③ 새끼를 낳는 동물은 어렸을 때 모습과 다 자랐
을 때의 모습이 비슷합니다.

11 박쥐와 돌고래는 새끼를 낳고, 뱀과 나비는 알을 낳
습니다.

12 닭은 알을 낳는 동물이고, 개는 새끼를 낳는 동물입
니다.

채점 **tip** 병아리는 모이를 먹고, 강아지는 어미젖을 먹는다고
써도 정답으로 합니다.

13 갓 태어난 강아지는 이빨이 없어 씹지 못하기 때문에
어미젖을 먹고 자랍니다.

1 물　　**2** 물을 준 강낭콩　　**3** 봄　　**4** 온도

5 ①　　**6** ㈎　　**7** ㈎ 씨가 싹 트려면 적당한 양
의 물이 필요합니다.　　**8** ⑵ ○　　**9** ㉠, ㉢, ㉣
10 ㉡　　**11** ㉠ 겨울 ㉡ 봄　　**12** 수호　　**13** ⑴ ○

5 씨가 싹 트는 데 물이 미치는 영향을 알아보는 실험
을 할 때에는 물의 조건만 다르게 하고, 물 이외의 조
건(온도, 탈지면, 강낭콩의 종류, 컵을 두는 장소 등)
은 모두 같게 합니다.

6 적당한 양의 물을 준 ㈎ 플라스틱 컵의 강낭콩만 싹
이 틉니다.

7 물을 주지 않은 강낭콩은 싹이 트지 않고, 물을 준
강낭콩은 싹이 튼 실험 결과로 보아, 씨가 싹 트려
면 적당한 양의 물이 있어야 한다는 것을 알 수 있습
니다.

채점 **tip** 물이 있어야 씨가 싹 틀 수 있다고 써도 정답으로 합
니다.

8 싹이 튼 강낭콩은 씨가 부풀어 커지고, 뿌리가 자라
나와 있습니다.

9 씨가 싹 트는 데 온도가 미치는 영향을 알아보는 실험
을 할 때에는 온도의 조건만 다르게 하고, 온도 이외
의 조건(물, 강낭콩의 종류, 강낭콩을 놓아 두는 장소
등)은 모두 같게 합니다.

10 씨는 온도가 적당해야 싹이 틉니다. 냉장고 안은 온
도가 낮기 때문에 싹이 트지 않습니다.

11 대부분의 식물은 날씨가 추운 겨울에는 온도가 낮아
씨가 싹 트지 않지만 봄에는 온도가 적당해 씨가 싹
틉니다.

12 씨가 싹 트려면 적당한 양의 물과 알맞은 온도가 필
요합니다.

13 대부분 식물의 씨는 온도가 낮은 겨울에 싹 트지 않
고, 온도가 적당한 봄에 싹이 틉니다. 추운 겨울에도
실내의 온도는 따뜻하기 때문에 씨가 싹 틀 수 있습
니다.

4
단원

개념북

4회 문제 학습　　102~103쪽

1 물　　**2** 준　　**3** 받은　　**4** 햇빛

5 물　　**6** ② ○　　**7** 예 식물(강낭콩)이 자라는 데 물이 미치는 영향을 알아보기 위한 실험입니다.
8 물　　**9** ③　　**10** 우진　　**11** 예 물, 햇빛, 양분 등　　**12** 햇빛　　**13** ㉡

5 한 화분에만 물을 적당히 주고, 다른 화분에는 물을 주지 않았습니다.

6 물을 적당히 준 강낭콩은 잎과 줄기가 싱싱하게 자라지만, 물을 주지 않은 강낭콩은 시들어 버립니다.

7 한 화분은 물을 적당히 주고 다른 화분은 물을 주지 않은 뒤에 식물의 자람을 비교하는 실험은 식물이 자라는 데 물이 미치는 영향을 알아보기 위한 실험입니다.

채점 tip 식물 또는 강낭콩이 자라는 데 물이 미치는 영향을 알아보는 실험이라는 내용을 쓰면 정답으로 합니다.

8 물을 적당히 준 강낭콩은 잘 자라고, 물을 주지 않은 강낭콩은 잘 자라지 못한 것으로 보아, 식물이 자라는 데에는 적당한 양의 물이 필요하다는 것을 알 수 있습니다.

9 햇빛을 받지 못한 식물과 햇빛을 받은 식물이 자라는 모습을 비교하여 식물이 자라는 데 햇빛이 미치는 영향을 알아보는 실험입니다.

10 햇빛을 받은 ㉡ 식물은 잎의 색깔이 진하고 줄기가 굵게 자라며, 햇빛을 받지 못한 ㉠ 식물은 잎의 색깔이 연하고 줄기가 가늘게 자랍니다.

11 식물이 자라는 데 온도가 미치는 영향을 알아보는 실험을 할 때에는 온도 이외의 조건은 모두 같게 합니다. 온도를 제외한 물, 햇빛, 양분, 화분의 크기, 식물의 종류 등을 쓰면 정답으로 합니다.

12 그늘진 곳은 햇빛이 잘 비치지 않기 때문에 식물이 잘 자라지 못합니다.

13 식물이 잘 자라기 위해서는 적당한 양의 물과 햇빛이 필요합니다. 햇빛이 잘 드는 창가에 두었지만, 한 달 동안 물을 주지 않았기 때문에 식물이 잘 자라지 못한 것입니다.

5회 문제 학습　　106~107쪽

1 한살이　　**2** 한해살이　　**3** 여러해살이　　**4** 비비추

5 ㉡ → ㉣ → ㉠ → ㉢　　**6** 씨　　**7** ㉢　　**8** 강아지풀, 예 한 해 동안 한살이를 마치고 죽습니다.
9 ③　　**10** ㉠, ㉡, ㉢　　**11** ⑤　　**12** ㉠
13 여러해살이식물

5 봉숭아는 씨가 싹 트고 잎과 줄기가 자란 후 꽃이 피고 열매를 맺어 씨를 남긴 후 죽습니다.

6 봉숭아는 씨가 싹 트고 자라 꽃이 피고 열매를 맺어 씨를 만듭니다. 식물이 씨를 만드는 까닭은 자손을 만들어 대를 잇기 위해서입니다.

7 사과나무는 여러 해를 살면서 한살이 과정의 일부를 반복하는 여러해살이식물입니다.

8 강아지풀은 한해살이식물이고, 진달래는 여러해살이식물입니다. 한해살이식물은 씨가 싹 트고 자라 열매를 맺어 씨를 남기는 한살이를 한 해 안에 마치고 죽습니다.

채점 tip 강아지풀을 고르고, 한 해 동안 한살이를 마치고 죽는다는 내용을 쓰면 정답으로 합니다.

9 겨울이 되어도 죽지 않고 살아남아 여러 해 동안 한살이를 반복하는 식물은 여러해살이식물입니다. 강낭콩, 옥수수, 해바라기는 씨가 싹 트고 잎과 줄기가 자란 후 꽃이 피고 열매를 맺습니다. 강낭콩, 옥수수, 해바라기는 이렇게 한 해 동안 한살이를 마치고 죽습니다.

10 벼, 호박, 나팔꽃은 한해살이식물이고, 민들레, 개나리, 비비추는 여러해살이식물입니다.

11 여러해살이식물에는 풀과 나무가 있습니다. 여러해살이식물은 여러 해를 살면서 한살이 과정의 일부를 반복하며 겨울에도 죽지 않고 살아남아 다음 해에 새 순이 나옵니다.

12 한해살이식물과 여러해살이식물의 공통점은 씨가 싹 트고 자라 꽃이 피고 열매를 맺어 씨를 만드는 것입니다.

13 한살이 과정이 여러 해 동안 일어나는 여러해살이식물 중에 두 해에 걸쳐 한살이를 끝내고 죽는 식물을 두해살이식물이라고 합니다.

1 ③, ⑤ **2** ㉠ **3** ㉠ → ㉢ → ㉡ → ㉢ → ㉣
4 예 몸이 머리, 가슴, 배로 구분되고, 다리가 세 쌍이기 때문입니다. **5** ①, ④ **6** 올챙이 **7** (나) → (가) → (다) **8** 유리 **9** ㉡ **10** (1) ㉡, ㉢, ㉣ (2) ㉠ **11** (가), 예 씨가 싹 트려면 적당한 양의 물이 필요합니다. **12** 온도 **13** 물 **14** 예 식물이 자라는 데 햇빛이 미치는 영향을 알아보는 실험에서는 햇빛 조건만 다르게 하고, 햇빛을 제외한 온도, 물, 식물의 종류 등 나머지 조건은 같게 합니다.
15 ㉡ **16** (라) → (가) → (다) **17** 민재 **18** ③ **19** (마) → (라) → (나) → (다) **20** 예 뒷다리가 길고 튼튼하며 뒷다리의 발가락에 물갈퀴가 있어 헤엄을 잘 칩니다.

1 ③ 알은 움직이지 않지만, 애벌레는 잎 위를 꿈틀꿈틀 기어 다닙니다. ⑤ 애벌레는 잎을 먹으면서 점차 초록색으로 변합니다.

2 배추흰나비 번데기는 이동하지 않고, 먹이도 먹지 않습니다. 어른벌레는 날개를 펄럭이며 날아다니고, 대롱 모양의 입을 펴서 꽃의 꿀을 빨아먹습니다.

3 알에서 나온 애벌레가 허물을 벗으며 자랍니다. 허물을 네 번 벗고 자란 애벌레는 입에서 실을 뽑아 몸을 묶고 번데기가 됩니다. 번데기는 애벌레와 비슷한 초록색이었다가 주변과 비슷한 색깔로 변합니다. 시간이 지나 번데기의 껍질이 벌어지면서 어른벌레가 나오고, 어른벌레는 젖은 날개를 펼쳐서 말립니다.

▲ 알　　▲ 애벌레　　▲ 번데기　　▲ 어른벌레

4 곤충은 몸이 머리, 가슴, 배 세 부분으로 구분되고, 다리가 세 쌍 있는 동물을 말합니다.

> 채점 tip 몸이 머리, 가슴, 배 세 부분으로 구분된다는 것과 다리가 세 쌍이라는 내용이 모두 들어가야 정답으로 합니다.

5 수탉은 암탉에 비해 볏이 크고 화려하며, 꽁지깃이 길고 휘어졌습니다. 또한 암탉보다 깃털의 색깔이 화려합니다.

> **왜 답이 아닐까?**
> ② 수탉과 암탉의 날개의 개수는 두 개로 같습니다.
> ③ 수탉과 암탉의 부리의 모양은 비슷합니다.
> ⑤ 몸 표면의 깃털의 개수는 닭에 따라 다릅니다.

6 개구리 알에서 태어난 새끼를 올챙이라고 부릅니다. 올챙이는 물속에서 헤엄을 치며 살다가 다 자란 개구리가 되면 물과 땅을 오가며 생활합니다.

▲ 여러 개의 알이 뭉쳐 있음.　▲ 올챙이가 됨.　▲ 뒷다리가 나옴.
▲ 앞다리가 나옴.　▲ 꼬리가 서서히 없어짐.　▲ 다 자란 개구리가 됨.

7 갓 태어난 강아지는 어미젖을 먹으며 자랍니다. 약 2주 후 눈을 떠 사물을 볼 수 있으며, 다리에 힘이 생겨 걷기 시작합니다. 3주 후부터는 귀가 열려 소리를 들을 수 있고 젖니가 나오기 시작합니다. 6~8주에는 젖니가 다 나오고 젖을 뗍니다. 3~5개월 동안 몸이 빠르게 자라고, 9~12개월에 다 자란 개가 되며, 짝짓기를 하고 암컷은 새끼를 낳을 수 있습니다.

> **문제 속 개념**
> **개의 한살이**

갓 태어난 강아지	• 눈이 감겨 있고 귀가 막혀 있으며 다리에 힘이 없어 일어서지 못합니다. • 어미젖을 먹고 자랍니다.
큰 강아지	• 눈을 떠 사물을 볼 수 있고, 귀가 열려 소리를 들을 수 있으며, 이빨이 나오기 시작합니다. • 먹이를 씹어 먹을 수 있습니다.
다 자란 개	• 9개월~12개월이 지나면 다 자란 개가 됩니다. • 짝짓기를 하여 암컷이 새끼를 낳을 수 있습니다.

8 ㈏ 갓 태어난 강아지는 몸이 털로 덮여 있으며, 코는 털이 없고 촉촉합니다. 다리가 네 개이고 갓 태어났을 때에도 꼬리는 있습니다.

9 한살이 과정 중 번데기 단계를 거치는 것은 알을 낳는 곤충에게서 볼 수 있는 특징입니다.

10 씨가 싹 트는 데 물이 미치는 영향을 알아보는 실험이므로 다른 조건은 모두 같게 하고, 물의 양만 다르게 합니다.

11 적당한 양의 물을 준 ㈎ 페트리 접시의 강낭콩만 싹이 틉니다. 이 결과를 통해 씨가 싹 트려면 적당한 양의 물이 필요하다는 것을 알 수 있습니다.

채점 tip ㈎를 옳게 쓰고, 씨가 싹 트려면 물이 필요하다고 쓰면 정답으로 합니다.

12 온도 외의 조건을 같게 하였으므로, 씨가 싹 트는 데 온도가 미치는 영향을 알아보는 실험입니다.

13 화분에 주는 물의 양을 다르게 하였으므로 식물이 자라는 데 물이 미치는 영향을 알아보는 실험입니다.

14 식물이 자라는 데 햇빛이 미치는 영향을 알아보는 실험에서는 한 화분에만 햇빛을 받게 하고, 다른 화분에는 햇빛을 받지 못하게 하여 식물의 자람을 비교합니다.

채점 tip 다르게 할 조건으로 햇빛을 쓰고, 같게 할 조건에 온도, 물, 식물의 종류를 모두 포함하여 쓰면 정답으로 합니다.

15 햇빛을 받은 ㉡ 화분의 강낭콩은 잎의 색깔이 진하고 줄기가 굵게 자라며, 햇빛을 받지 못한 ㉠ 화분의 강낭콩은 잎의 색깔이 연하고 줄기가 가늘게 자랍니다.

16 봉숭아는 봉숭아씨가 싹 터서 떡잎이 두 장 나옵니다. 떡잎 사이로 본잎이 나오고 잎과 줄기가 자라다가 잎겨드랑이에서 꽃이 핍니다. 꽃이 지면 열매가 맺힙니다.

17 한해살이식물은 열매를 맺고 나면 시들어 일생을 마칩니다.

18 호박, 나팔꽃, 봉숭아, 해바라기, 옥수수는 한해살이식물이고, 민들레, 은행나무, 감나무, 무궁화, 개나리, 진달래, 사과나무는 여러해살이식물입니다.

• **한해살이식물**: 한 해 동안 한살이를 마치고 죽는 식물입니다.

▲ 호박　　　　▲ 나팔꽃　　　　▲ 해바라기

• **여러해살이식물**: 여러 해 동안 죽지 않고 살아가면서 한살이 과정의 일부를 반복하는 식물입니다.

▲ 민들레　　　　▲ 은행나무　　　　▲ 감나무

19 알에서 올챙이가 나오고, 뒷다리가 먼저 나옵니다. 앞다리가 나온 후에는 꼬리가 서서히 없어지고 어린 개구리가 됩니다. 다 자란 개구리는 물속에 알을 낳습니다.

20 개구리는 다리가 네 개이고, 뒷다리의 발가락에는 물갈퀴가 있어서 헤엄을 잘 칩니다.

채점 tip 뒷다리의 발가락에 물갈퀴가 있기 때문이라는 내용을 쓰면 정답으로 합니다.

용어 퍼즐 1학기 용어 되돌아 보기　　112쪽

용				번		애
수	평			데		벌
철		허	물	벗	기	지	레
	병		갈			느
강	아	지	퀴		도	러
	리		올		꼬	미
			챙		마	
날	개	돋	이		다	리	곤	충

1. 힘과 우리 생활

단원 핵심 개념   2쪽

① 큰 ② 무게 ③ 킬로그램 ④ 지레

단원 평가 Ⓐ 단계   3~5쪽

1 ③	**2** ㉠	**3** ㉢	**4** ④	**5** ④	**6** ㉡
7 저울	**8** (1) kg (2) 킬로그램		**9** ㉠	**10** ②	
11 ㉡	**12** (1) 20 (2) 100		**13** ㉠	**14** ㉠	
15 (1) ㉡ (2) ㉢ (3) ㉠					

1 과학에서의 힘은 물체의 움직임이나 모양을 변하게 하는 것을 말합니다.

2 물체에 힘을 작용하면 물체의 움직임이나 모양을 변하게 할 수 있습니다. 두꺼운 밀가루 반죽을 눌러 얇게 펴고, 손에 힘을 주어 페트병을 찌그러뜨리는 것은 물체의 모양이 변하는 경우입니다.

3 물체가 무거울수록 물체를 밀거나 당길 때 더 큰 힘이 필요합니다.

문제 속 개념

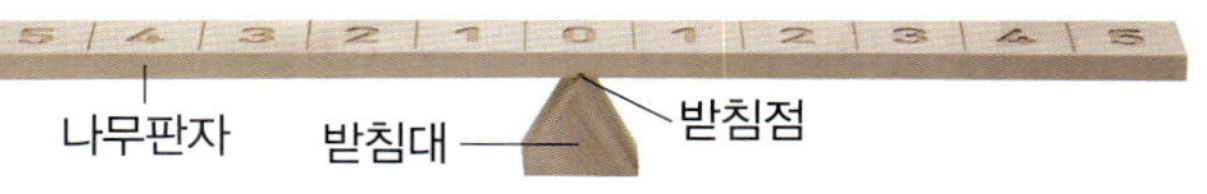

물체를 넣은 상자를 밀 때	빈 상자를 밀 때
더 큰 힘이 듭니다.	더 작은 힘이 듭니다.

4 수평 잡기의 원리를 이용하면 비교하려는 물체를 받침대 위의 나무판자 위에 올려놓고, 수평을 잡았을 때 받침점으로부터의 거리를 확인하여 두 물체의 무게를 비교할 수 있습니다.

5 무게가 같은 물체는 받침점으로부터 같은 거리에 있을 때 수평을 이룹니다.

6 몸무게가 다른 두 사람이 시소에 앉아 수평을 잡으려면 무거운 사람이 가벼운 사람보다 받침점에 더 가까이 앉아야 합니다.

문제 속 개념

시소에서 수평 잡기

▲ 두 사람의 몸무게가 같은 경우   ▲ 두 사람의 몸무게가 다른 경우

· 두 사람의 몸무게가 같은 경우: 두 사람이 시소의 받침점으로부터 같은 거리에 앉으면 시소의 수평을 잡을 수 있습니다.
· 두 사람의 몸무게가 다른 경우: 무거운 사람이 가벼운 사람보다 시소의 받침점에서 가까운 쪽에 앉으면 시소의 수평을 잡을 수 있습니다.

7 같은 물체라도 사람마다 느끼는 물체의 무게가 다를 수 있기 때문에 저울을 사용하여 물체의 무게를 측정하면 정확하게 무게를 비교할 수 있습니다.

8 무게를 나타내는 단위에는 g(그램), kg(킬로그램) 등이 있습니다.

9 우편물을 보낼 때, 운동선수들의 체급을 정할 때, 빵이나 음식을 만들기 위해 들어갈 재료의 양을 측정할 때 등의 경우에 저울로 물체의 무게를 측정합니다.

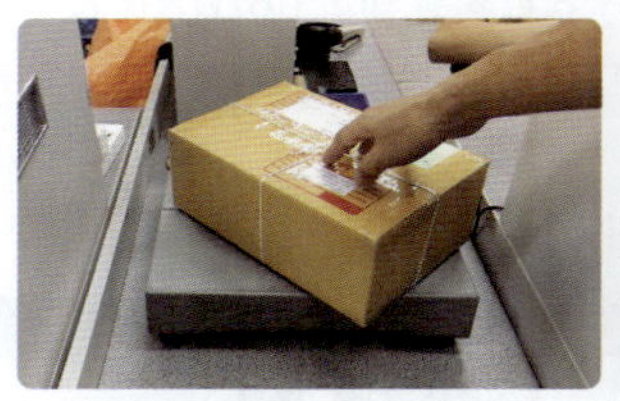

▲ 우편물을 보낼 때

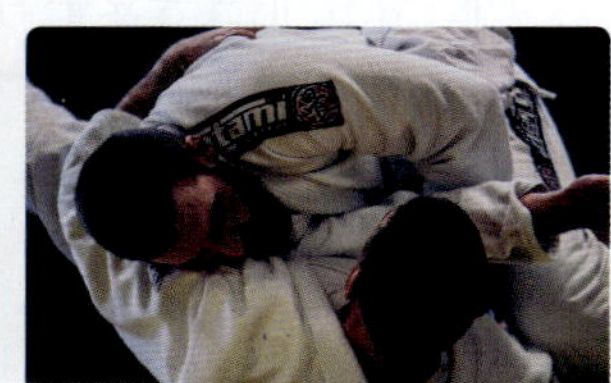

▲ 운동선수의 체급을 정할 때

▲ 요리 재료의 양을 측정할 때

10 용수철저울에 물체를 걸기 전에 가장 먼저 영점 조절 나사를 돌려 표시 자가 눈금 '0'을 가리키도록 영점 조절을 해야 합니다. ①은 손잡이, ②는 영점 조절 나사, ③은 용수철, ④는 눈금, ⑤는 고리입니다.

11 용수철저울의 눈금을 읽을 때에는 표시 자와 눈높이를 수평으로 맞추고 읽어야 정확한 무게를 측정할 수 있습니다.

왜 답이 아닐까?

㉠ 표시 자가 멈춘 뒤에 눈금을 읽습니다.

㉢ 용수철저울로는 한번에 한 개의 물체만 무게를 측정할 수 있습니다.

12 큰 눈금 하나가 100 g을 나타내고, 큰 눈금을 5칸으로 나눈 작은 눈금 하나는 20 g을 나타냅니다.

13 막대의 한 점을 받치고 물체를 움직이게 하는 도구를 지레라고 합니다. 비스듬한 면을 빗면이라고 합니다. ㉠은 지레, ㉢은 빗면을 이용하여 주스 통을 들어 올리는 모습입니다.

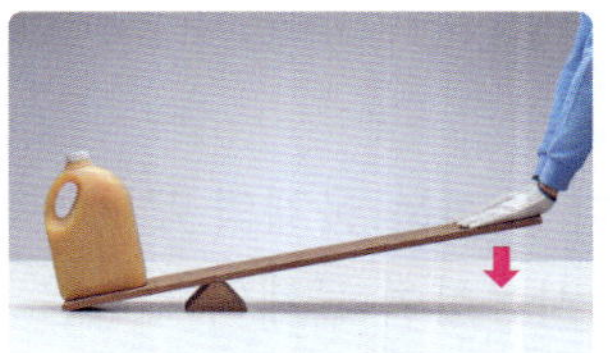
▲ 지레

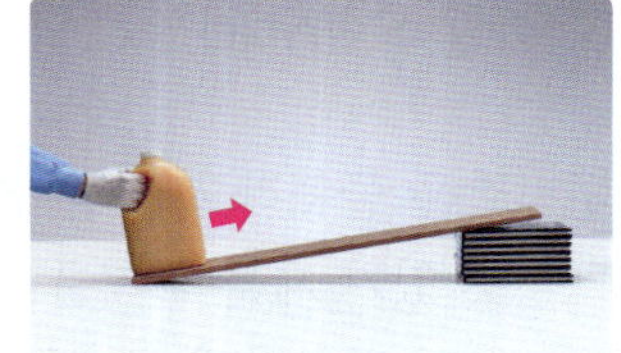
▲ 빗면

14 물체를 직접 들어 올릴 때보다 지레나 빗면을 이용해 들어 올릴 때 더 작은 힘이 듭니다.

15 가위, 손톱깎이, 병따개는 지레를 이용한 도구입니다. 가위는 종이를 자를 때, 손톱깎이는 손톱을 깎을 때, 병따개는 음료수 뚜껑을 딸 때 사용합니다.

문제 속 개념

지레를 이용한 도구

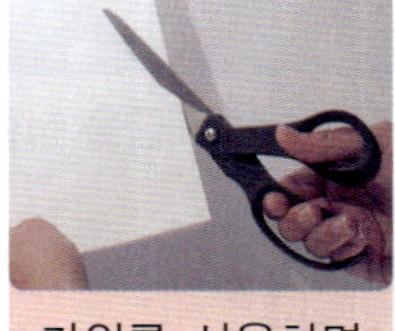
가위를 사용하면 물체를 쉽게 자를 수 있습니다.

손톱깎이를 사용하면 손톱을 쉽게 깎을 수 있습니다.

병따개를 사용하면 병뚜껑이나 마개를 쉽게 딸 수 있습니다.

단원 평가 Ⓑ 단계   6~9쪽

1 (나)   **2** 예 물체의 무게가 가벼울수록 물체를 밀어서 움직일 때 더 작은 힘이 필요하기 때문입니다. **3** (1) ㉢ (2) ㉠   **4** 미연   **5** ③   **6** ①   **7** ㉢, 예 몸무게가 다른 두 사람이 수평을 잡기 위해서는 몸무게가 무거운 사람이 가벼운 사람보다 받침점에 더 가까이 앉아야 하기 때문입니다.   **8** 귤 **9** (1) ㉠, ㉣ (2) ㉢, ㉢   **10** (1) ㉠ (2) ㉢ (3) ㉢ **11** ㉠ → ㉢ → ㉢   **12** 170   **13** (1) 영점 조절 나사 (2) 예 물체의 무게를 측정하기 전에 표시 자가 눈금 '0'을 가리키도록 조절하는 나사입니다. **14** 배 → 감 → 귤   **15** ㉠   **16** (라)   **17** (가), (라)   **18** 빗면   **19** (1) 빗면 (2) 예 빗면을 사용하면 무거운 물체를 들어 올릴 때 힘이 적게 들기 때문입니다.   **20** (1) ㉢ (2) ㉠

1 물체를 넣은 상자를 밀 때 더 큰 힘이 들고, 빈 상자를 밀 때 더 작은 힘이 듭니다.

2 물체의 무거운 정도에 따라 움직일 때 필요한 힘의 크기가 다릅니다. 무거운 물체를 밀 때에는 큰 힘이 필요하고, 가벼운 물체를 밀 때에는 작은 힘이 필요합니다.

채점 기준	상	무게가 가벼울수록 물체를 밀 때 더 작은 힘이 필요하기 때문이라고 쓰거나 무게가 무거울수록 물체를 밀 때 더 큰 힘이 필요하기 때문이라고 쓴 경우
	하	빈 상자가 더 가볍기 때문이라고 쓴 경우

3 물체에 힘을 작용하는 방향에 따라 물체가 움직이는 방향이 달라지기도 합니다. 물체에 미는 힘을 작용하면 물체가 나에게서 먼 쪽으로 움직이고, 물체에 당기는 힘을 작용하면 물체가 나에게서 가까운 쪽으로 움직입니다.

4 물체가 든 바구니를 당길 때는 용수철의 길이가 많이 늘어나고, 비어 있는 바구니를 당길 때는 용수철의 길이가 조금 늘어납니다. 가벼운 물체보다 무거운 물체를 당길 때 용수철의 길이가 많이 늘어나는 까닭은 무거운 물체를 당길 때 더 큰 힘이 필요하기 때문입니다.

5 무게가 같은 나무토막으로 수평을 잡으려면 각각의 나무토막을 받침점으로부터 같은 거리에 올려놓습니다.

6 받침점이 가운데에 있는 경우 무게가 같은 물체는 받침점으로부터 같은 거리에 놓고, 무게가 다른 물체는 무거운 물체를 가벼운 물체보다 받침점에 더 가까이 놓아야 수평을 잡을 수 있습니다.

• **무게가 같은 두 물체의 수평 잡기**: 받침점이 가운데에 있는 경우 무게가 같은 두 물체는 받침점으로부터 같은 거리에 올려놓아야 수평을 잡을 수 있습니다.

• **무게가 다른 두 물체의 수평 잡기**: 받침점이 가운데에 있는 경우 무거운 물체를 가벼운 물체보다 받침점에 가깝게 올려놓아야 수평을 잡을 수 있습니다.

7 몸무게가 다를 때 시소에서 수평을 잡기 위해서는 몸무게가 무거운 사람이 몸무게가 가벼운 사람보다 받침점에 더 가까이 앉아야 합니다.

채점 기준	상	ⓒ을 옳게 고르고, 무거운 사람이 가벼운 사람보다 받침점에 더 가까이 앉아야 한다고 쓴 경우
	중	ⓒ을 옳게 고르고, 찬호가 더 무겁기 때문이라고 쓴 경우
	하	ⓒ만 옳게 쓴 경우

8 두 물체가 받침점으로부터 서로 다른 거리에 있으면 무거운 물체가 받침점에 더 가까이 있어야 나무판자가 수평을 이룰 수 있습니다. 감이 귤보다 받침점에 가까이 있을 때 나무판자가 수평을 이루었으므로 감이 귤보다 더 무겁습니다.

9 용수철을 이용한 저울에는 용수철저울, 가정용 저울 등이 있고, 수평 잡기를 이용한 저울에는 양팔저울, 대저울, 윗접시저울 등이 있습니다.

10 우체국에서 우편물의 무게를 저울로 측정해 무게에 따라 요금을 정합니다. 마트에서 고기나 채소의 무게를 저울로 측정해 무게에 따라 가격을 정합니다. 공항에서 비행기에 실을 가방의 무게를 저울로 측정합니다.

11 전자저울로 물체의 무게를 측정하기 위해서는 먼저 전자저울을 평평한 곳에 놓고, 수평을 맞춥니다. 전원 단추를 눌러 전원을 켜고, 영점 단추를 눌러 영점을 맞춥니다. 무게를 측정하려는 물체를 전자저울 위에 올려놓고 무게를 읽습니다.

전자저울 사용 방법

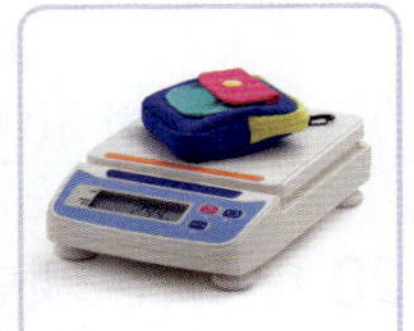

12 필통은 190 g이고, 자는 20 g이므로, 필통은 자보다 170 g 더 무겁습니다.

13 용수철저울로 물체의 무게를 측정할 때, 먼저 영점 조절 나사를 돌려 표시 자를 눈금 '0'에 맞춥니다.

채점 기준	상	(1)에 영점 조절 나사를 옳게 쓰고, (2)에 물체의 무게를 측정하기 전에 표시 자가 눈금 '0'을 가리키도록 조절하는 나사라고 쓴 경우
	중	(1)에 영점 조절 나사를 옳게 쓰고, (2)에 영점을 맞추는 나사라고 쓴 경우
	하	(1)에 영점 조절 나사만 옳게 쓴 경우

14 전자저울로 측정한 결과와 용수철저울로 측정한 결과는 같으므로 가장 무거운 과일은 배이고, 가장 가벼운 과일은 귤입니다.

15 ㉠ 필통은 100 g, ㉡ 필통은 160 g이므로, 더 가벼운 필통은 ㉠입니다.

16 장도리는 한쪽은 뭉뚝하여 못을 박는 데 쓰고, 다른 한쪽은 넓적하고 둘로 갈라져 있어 못을 빼는 데 쓰는 도구입니다. 지레의 원리를 이용해 단단하게 박혀 있는 못을 쉽게 빼낼 수 있습니다.

17 병따개와 장도리는 막대의 한 점을 받치고 물체를 움직이게 하는 지레의 원리를 이용한 도구입니다.

18 비스듬한 면을 빗면이라고 하며, 빗면의 원리를 이용한 경사로로 이동하면 유모차나 휠체어를 쉽게 밀고 올라갈 수 있습니다.

19 고인돌은 큰 돌을 몇 개 둘러 세우고 그 위에 넓적한 돌을 덮어 놓은 옛 무덤으로, 큰 돌을 들어 올릴 때 흙을 쌓아 빗면을 만들어 사용했습니다.

채점 기준	상	(1)에 빗면을 옳게 쓰고, (2)에 빗면을 사용하면 물체를 들어 올릴 때 힘이 적게 들기 때문이라고 쓴 경우
	중	(1)에 빗면을 옳게 쓰고, (2)에 빗면을 사용하면 더 쉽게 물체를 들어 올릴 수 있기 때문이라고 쓴 경우
	하	(1)에 빗면만 옳게 쓴 경우

20 나사못은 빗면을 이용한 예로, 못 둘레에 나선으로 홈이 파여 있어 쉽게 고정할 수 있습니다. 손수레는 지레를 이용한 예로, 무거운 짐을 쉽게 나를 수 있습니다.

문제 속 개념

• 빗면을 이용한 예

나사못은 못 둘레에 나선으로 홈이 파여 있어 쉽게 고정할 수 있습니다.

사다리차를 사용하면 높은 곳까지 무거운 짐을 옮길 수 있습니다.

구불구불한 산길로 가면 작은 힘을 사용해 산을 오를 수 있습니다.

• 지레를 이용한 예

손수레는 무거운 짐을 쉽게 나를 수 있습니다.

호두 까는 기구를 사용하면 단단한 껍질을 쉽게 깔 수 있습니다.

장도리는 단단하게 박혀 있는 못을 쉽게 빼낼 수 있습니다.

2. 동물의 생활

단원 핵심 개념   10쪽

❶ 기준   ❷ 날개   ❸ 낙타   ❹ 수리

단원 평가 Ⓐ 단계   11~13쪽

1 ②   **2** ③   **3** ④   **4** ㉡, ㉣   **5** ㉠
6 나미   **7** (1) ㉠ (2) ㉢ (3) ㉢ (4) ㉡   **8** ②
9 ③, ⑤   **10** ①, ⑤   **11** ㉠, ㉢   **12** ㉢
13 (1) ㉡ (2) ㉠ (3) ㉢   **14** ⑤   **15** 문어

1 동물을 분류하는 분류 기준은 누가 분류하더라도 분류 결과가 같은 것이어야 합니다. 귀여운 것과 귀엽지 않은 것은 분류하는 사람에 따라 결과가 다를 수 있으므로 분류 기준으로 알맞지 않습니다.

2 나비, 꿀벌, 달팽이는 더듬이가 있는 동물로 분류할 수 있습니다. 거미는 더듬이가 없는 동물입니다.

3 금붕어는 연못에서 볼 수 있고 지느러미를 이용해서 물속을 헤엄칩니다.

▲ 금붕어

4 소와 다람쥐는 땅 위에서 사는 동물이고, 지렁이와 땅강아지는 땅속에서 사는 동물입니다.

5 개미는 몸이 머리, 가슴, 배의 세 부분으로 구분됩니다. 대롱같이 생긴 입으로 꽃의 꿀을 먹는 것은 나비입니다.

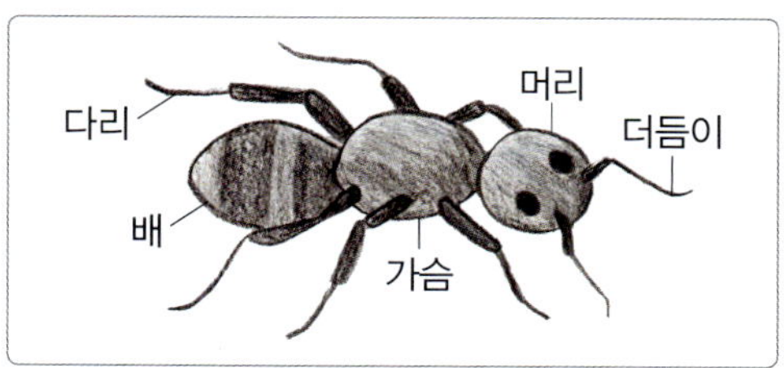

▲ 개미

6 나비는 대롱같이 생긴 모양의 입이 있습니다.

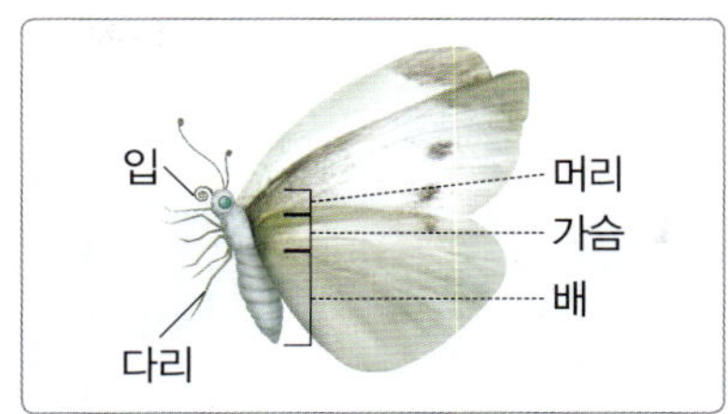

▲ 배추흰나비

7 조개는 갯벌에서 살고, 오징어와 고등어는 바닷속에서 삽니다. 개구리는 강가나 호숫가에서 땅과 물을 오가며 사는 동물입니다.

8 붕어는 지느러미를 이용하여 물속에서 헤엄쳐 이동합니다.

① 수달은 코로 숨을 쉽니다.
③ 전복은 다리가 없으며 기어 다닙니다.
④ 상어는 바닷속에 삽니다.
⑤ 다슬기는 강이나 호수의 물속에 삽니다.

9 수달은 발가락에 물갈퀴가 있어 물속에서 헤엄을 잘 치며, 강가나 호숫가에서 사는 동물입니다. ① 강가나 호숫가에 삽니다. ② 몸이 털로 덮여 있습니다. ④ 지느러미가 없습니다.

10 사막여우는 귓속에 털이 많아 모래바람이 불어도 귓속으로 모래가 잘 들어가지 않으며, 몸에 비해 큰 귀를 가지고 있어서 몸속의 열을 밖으로 내보내는 체온 조절을 잘 할 수 있습니다.

11 낙타와 미어캣은 사막에서 사는 동물입니다.

사막에 사는 동물

▲ 낙타　　　▲ 미어캣　　　▲ 사막여우

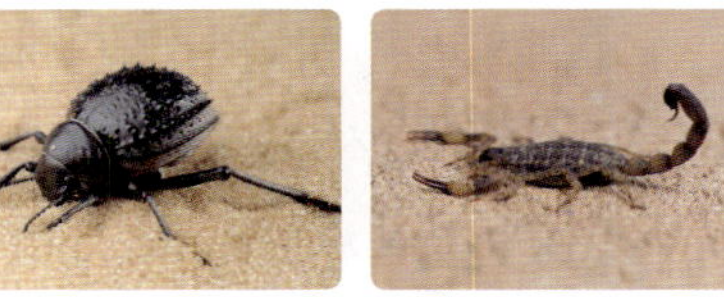

▲ 사막 딱정벌레　　　▲ 사막전갈

12 북극곰은 몸집이 크고 피부가 두꺼우며 몸이 털로 덮여 있어서 추위를 견딜 수 있습니다. 발바닥이 넓고 짧은 털이 나 있어서 얼음이나 눈 위에서도 잘 걸어 다닐 수 있습니다.

13 두더지는 앞발이 삽처럼 넓적하고 발톱이 길고 날카로워서 땅속에 굴을 파며 이동할 수 있습니다. 낙타는 발바닥이 넓적하고 평평해서 모래에 발이 빠지지 않고 사막에서 걷기 편합니다. 오리는 발가락 사이에 물갈퀴가 있어 물속에서 쉽게 헤엄칠 수 있습니다.

14 하늘다람쥐는 날개막을 펼치고 하늘을 활공합니다. 하늘다람쥐의 날개막을 본떠서 만든 윙슈트를 입으면 스카이다이빙을 할 때 떨어지는 빠르기를 줄일 수 있습니다. 등산화의 밑창은 산양의 발바닥을 본떠서 만든 것입니다.

15 흡착판은 어디에나 잘 달라붙는 문어 빨판의 특징을 이용하여 만든 것입니다.

단원 평가 Ⓑ 단계   14~17쪽

1 ①   **2** (1) ㈎, ㈐ (2) ㈏, ㈑   **3** (1) ㈏ (2) ㈑
4 (1) ㉡ (2) **예** 개구리는 다리가 네 개인 동물이기 때문입니다.   **5** ③   **6** **예** 두더지는 앞다리가 삽처럼 넓적하며 두꺼운 발톱이 있어 땅속에 굴을 파서 이동합니다.   **7** ㉢   **8** 날개   **9** ㈏, ㈐
10 (1) ㈏ (2) ㈎   **11** (1) ㉢ (2) **예** 몸이 부드러운 곡선 모양(유선형)   **12** (1) ㉠ (2) ㉡ (3) ㉡ (4) ㉠   **13** ㉠   **14** **예** 몸에 비해 큰 귀로 몸속의 열을 밖으로 내보내서 체온 조절을 합니다. 발바닥에도 털이 있어 모래에 잘 빠지지 않습니다.
15 ③   **16** ⑤   **17** (2) ×   **18** 산천어
19 ㈎   **20** ②

1 나비, 꿀벌, 개미는 곤충이고, 뱀, 고양이, 참새는 곤충이 아닙니다.

문제 속 개념
- **곤충**: 몸이 머리, 가슴, 배로 구분되고, 다리가 세 쌍인 동물
- **곤충의 종류**: 나비, 꿀벌, 개미, 잠자리, 장수풍뎅이, 매미 등

▲ 배추흰나비

▲ 꿀벌

▲ 개미

2 개구리와 까치는 다리가 있지만, 상어와 달팽이는 다리가 없는 동물입니다.

3 다리가 없는 동물인 상어와 달팽이 중에서 지느러미가 있는 동물은 상어이고, 지느러미가 없는 동물은 달팽이입니다.

4 ㉠은 다리가 여섯 개인 동물, ㉡은 다리가 네 개인 동물로 분류된 것입니다. 따라서 다리가 네 개인 개구리는 ㉡으로 분류해야 합니다.

채점 기준	상	(1)에 ㉡을 옳게 쓰고, (2)에 개구리의 다리가 네 개이기 때문이라고 쓴 경우
	중	(1)에 ㉡을 옳게 쓰고, (2)에 다리의 개수가 고양이, 소, 다람쥐와 같기 때문이라고 쓴 경우
	하	(1)에 ㉡만 옳게 쓴 경우

5 땅에서 사는 동물 중에서 다리가 있는 동물은 걷거나 뛰어다니고, 다리가 없는 동물은 기어 다닙니다. 뱀, 지렁이는 다리가 없어 기어서 이동합니다.

▲ 뱀

▲ 지렁이

6 두더지는 앞발이 튼튼하여 땅속에 굴을 파서 이동할 수 있습니다. 또 몸이 털로 덮여 있고 꼬리가 짧습니다.

채점 기준	상	두더지는 앞다리(앞발)가 넓적하고, 발톱이 두꺼워 땅속에 굴을 파서 이동한다고 쓴 경우
	중	두더지는 앞다리(앞발)가 튼튼해서 땅을 파서 이동한다고 쓴 경우
	하	두더지는 땅을 파서 이동한다고만 쓴 경우

7 공벌레는 일곱 쌍의 다리로 걸어다니며, 위험을 느끼면 몸을 동그랗게 말고 움직이지 않습니다.

▲ 공벌레가 위험을 느꼈을 때

8 새는 날개가 있고, 몸의 크기에 비해 무게가 가벼워 하늘을 날 수 있습니다.

9 게는 갯벌에서 살고, 고등어는 바닷속에서 삽니다.

10 다슬기는 강이나 호수의 물속에 사는 동물로 물속 바위에 붙어서 기어 다니며, 몸이 고깔 모양의 단단한 껍데기로 덮여 있습니다. 게는 갯벌에 사는 동물로 몸이 딱딱한 껍데기로 덮여 있고, 집게발 두 개와 걷거나 헤엄치는 데 이용하는 다리 여덟 개가 있습니다.

11 붕어는 몸이 부드러운 곡선 모양이어서 물의 저항을 적게 받으므로 물속에서 헤엄을 잘 칠 수 있습니다.

채점 기준	상	(1)에 ㉢을 옳게 쓰고, (2)에 몸이 부드러운 곡선 모양 또는 유선형이라는 내용을 쓴 경우
	하	(1)에 ㉢만 옳게 쓴 경우

붕어가 물속에서 살기에 알맞은 점

- 몸이 부드러운 곡선 모양이어서 물에서 이동하기에 좋습니다.
- 지느러미가 있어 물속을 헤엄쳐 다닙니다.
- 아가미가 있어 물속에서 숨을 쉴 수 있습니다.

12 오징어, 전복은 바닷속에 사는 동물이고, 수달, 개구리는 강가나 호숫가에서 물과 땅을 오가며 사는 동물입니다.

▲ 오징어

▲ 전복

▲ 수달

▲ 개구리

13 낙타는 등에 있는 혹에 지방을 저장해 먹이가 없어도 버틸 수 있고, 콧구멍을 여닫을 수 있어서 모래바람을 견딜 수 있습니다.

낙타가 사막에서 살기에 알맞은 점

14 사막에 사는 동물은 다양한 생김새와 생활 방식으로 물을 얻고 체온을 조절합니다. 사막여우는 몸집이 작고, 몸에 비해 큰 귀로 몸 속의 열을 밖으로 내보내서 체온 조절을 하며, 작은 소리도 잘 들을 수 있습니다. 발바닥에도 털이 있어 모래에 잘 빠지지 않아 사막에서 잘 살 수 있습니다.

채점기준	상	큰 귀로 열을 밖으로 내보내는 특징과 발바닥에 털이 있어 모래에 잘 빠지지 않는 특징 중 한 가지를 옳게 쓴 경우
	하	'귀가 큽니다.' 또는 '발바닥에 털이 있습니다.'와 같이 생김새에 대한 설명만 쓴 경우

15 황제펭귄, 북극여우, 북극곰은 극지방에서 사는 동물입니다.

16 바다코끼리는 극지방에 사는 동물로, 몸집이 크고 피부가 두꺼워 추위를 견딜 수 있습니다. 몸에 주름이 많으며, 갈색의 털이 드문드문 나 있습니다. 뾰족한 엄니로 얼음을 깨거나 얼음 위로 올라갈 수 있으며, 무리를 지어 생활합니다.

▲ 바다코끼리

17 낙타는 발바닥이 넓어 모래에 발이 잘 빠지지 않고, 사막에서 걷기 편합니다.

18 산천어의 머리 모양은 날렵한 곡선 모양입니다. 이러한 특징을 이용해 공기 저항을 줄여 빠르게 달릴 수 있는 고속 열차를 만들었습니다.

19 땅을 잘 파는 두더지 앞발의 특징을 이용해 땅이나 암석 따위를 파내는 굴착기를 만들었습니다.

▲ 두더지 앞발

▲ 굴착기

20 하늘다람쥐의 특징을 이용해 만든 것은 윙슈트이고, 산양 발바닥의 특징을 이용해 만든 것은 등산화의 밑창입니다. 흰고래의 생김새를 본떠서 만든 비행기는 큰 짐을 싣는 화물기로 이용됩니다.

▲ 흰고래의 머리

▲ 비행기

3. 식물의 생활

1 강아지풀 잎은 길쭉한 모양이며 끝부분은 뾰족하고 잎맥이 나란합니다. 가장자리 모양이 매끄럽고 만졌을 때 느낌은 꺼끌꺼끌합니다.

2 분류 기준을 정할 때 '크다, 귀엽다, 무겁다, 아름답다' 등과 같이 사람마다 판단하는 기준이 달라 다르게 분류할 수 있는 기준은 적당하지 않습니다.

3 토끼풀 잎은 한곳에 잎이 세 개가 함께 나고, 감나무, 떡갈나무, 강아지풀 잎은 한곳에 잎이 한 개가 납니다.

4 봉숭아, 민들레, 쑥은 풀이고, 소나무는 나무입니다.

5 민들레는 들이나 산에서 쉽게 볼 수 있으며, 잎이 한곳에서 뭉쳐납니다. 잎의 가장자리가 갈라져 있고, 톱니 모양입니다. 노란색 꽃이 피며, 하얀 솜털처럼 생긴 열매는 바람에 잘 날아갑니다.

6 풀과 나무는 뿌리, 줄기, 잎이 있습니다. 풀은 나무보다 키가 작고, 줄기가 가늡니다.

풀과 나무의 공통점과 차이점

구분	풀	나무
공통점	• 대부분 뿌리, 줄기, 잎이 있음. • 대부분 땅에 뿌리를 내리고 몸을 지탱함. • 대부분 줄기와 잎이 잘 구분됨.	
차이점	• 나무보다 키가 작음. • 줄기가 가늘고 연함. • 겨울이 되면 씨를 남기고 죽거나 땅속 부분으로 겨울을 남.	• 풀보다 키가 큼. • 풀보다 비교적 줄기가 굵고 단단함. • 대부분 잎을 떨어뜨리고 굵은 뿌리와 줄기가 살아남아 겨울을 남.

7 부레옥잠의 잎자루는 연두색이고, 가운데가 볼록하게 부풀어 있습니다. 잎자루를 살짝 눌러 보면 폭신폭신하고, 손으로 들어 보면 크기에 비해 가볍습니다. 잎자루를 칼로 자른 단면을 보면 수많은 공기주머니가 보입니다.

▲ 가로로 자를 때

▲ 세로로 자를 때

8 검정말은 물속에 잠겨서 사는 식물로, 물속 땅에 뿌리를 내리고 있습니다. 줄기가 가늘고 부드러워 물의 흐름에 따라 잘 휘어져서 물살이 센 곳에서도 잘 부러지지 않습니다. 부레옥잠은 물에 떠서 사는 식물로, 수염처럼 생긴 뿌리가 물속으로 뻗어 있고, 잎자루에 공기주머니가 있어 쉽게 물에 뜹니다.

9 잎이 물 위로 높이 자라는 식물에는 연꽃, 부들, 창포, 갈대, 줄 등이 있습니다. 수련은 잎이 물에 떠 있는 식물이고, 물상추, 개구리밥은 물에 떠서 사는 식물입니다. 나사말, 물수세미는 물속에 잠겨서 사는 식물입니다.

10 선인장은 잎이 가시 모양이라서 물을 필요로 하는 동물의 공격과 물이 밖으로 빠져나가는 것을 막을 수 있습니다. 굵은 줄기에 물을 저장하여 사막에서 살 수 있습니다.

11 사막은 햇빛이 강하며, 비가 적게 오고 건조하여 물이 적은 환경입니다.

12 바오바브나무는 잎이 작아 물이 밖으로 빠져나가는 것을 막고, 굵은 줄기에 물을 저장합니다.

13 갯벌에는 갯메꽃, 퉁퉁마디, 통보리사초, 해홍나물, 칠면초, 나문재, 갯방풍 등의 식물이 살고 있습니다. 알로에는 사막에 사는 식물입니다.

갯벌에 사는 식물

통보리사초

- 키가 10 cm~20 cm 정도이며, 바닷가 모래땅에 뿌리를 깊게 내려서 강한 바람이 불어도 잘 자람.
- 곧은 줄기 끝에 여러 개의 이삭이 달린 모습이 보리와 비슷하게 생겼음.

갯메꽃

- 잎 표면이 단단하고 광택이 나며, 줄기가 옆으로 뻗어나가 바닷가의 강한 햇빛과 바람에도 잘 자람.
- 꽃이 나팔꽃과 비슷하게 생겼음.

퉁퉁마디

- 키가 15 cm~35 cm 정도로, 마디가 많고 원통 모양임.
- 줄기가 퉁퉁하여 물을 저장할 수 있고, 광택이 나서 강한 햇빛에도 잘 자람.

해홍나물

- 통통한 줄기에 물을 저장할 수 있어 소금기가 많은 환경에서도 잘 자람.
- 잎이 바늘 모양이어서 바람의 영향을 적게 받음.

14 도꼬마리 열매의 가시 끝이 갈고리 모양으로 되어 있어 천에 걸리면 잘 떨어지지 않는 특징을 이용하여 찍찍이 테이프를 만들었습니다.

15 단풍나무 열매가 바람에 빙글빙글 돌며 날아가는 특징을 활용하여 헬리콥터 프로펠러, 선풍기 날개, 바람을 타고 회전하며 떨어지는 드론 등을 만들었습니다.

1 ①　**2** ④　**3** ⑤　**4** 예 분류 기준을 정할 때 '크다, 무겁다, 예쁘다, 아름답다' 등과 같이 사람마다 판단하는 기준이 달라 다르게 분류할 수 있는 기준은 적당하지 않습니다.　**5** (1) 풀 (2) 나무 (3) 풀 (4) 나무　**6** ㉠ 풀 ㉡ 나무　**7** ⑤

8 (나)　**9** (라)　**10** 예 줄기가 부드럽고 잎이 가늘어서 물의 흐름에 따라 잘 구부러져 쉽게 꺾이지 않아 물속에서 살기에 적합합니다.　**11** ㉣

12 선우, 미희　**13** 예 휴지가 물에 젖습니다.

14 ㉡, ㉢　**15** ㉠, ㉡　**16** (1) (나), (다) (2) (가), (라)

17 (나)　**18** ㉢　**19** ㉡　**20** 예 도꼬마리 열매 가시 끝이 갈고리처럼 휘어져 있어 동물의 털이나 사람의 옷에 잘 붙는 특징을 이용하여 찍찍이 테이프를 만들었습니다.

1 ㉠은 잎몸, ㉡은 잎맥, ㉢은 잎자루입니다.

잎의 생김새

- 잎몸은 잎을 이루는 넓은 부분입니다.
- 잎맥은 잎에서 선처럼 보이는 부분으로, 물과 양분이 이동하는 통로이며, 잎의 형태를 유지해 줍니다. 잎맥은 퍼진 모양에 따라 그물맥과 나란히맥으로 나눌 수 있습니다.
- 잎자루는 잎몸 부분을 받치며 줄기에 붙어 있는 부분입니다. 잎자루에 달린 잎의 개수에 따라 홑잎과 겹잎으로 나눌 수 있습니다.

2 대나무 잎은 잎의 전체적인 모양이 길쭉하며, 연꽃, 감나무, 해바라기 잎은 잎의 전체적인 모양이 넓적합니다.

3 장미와 토끼풀 잎은 한곳에 나는 잎의 개수가 여러 개이고, 시금치와 감자 잎은 한곳에 나는 잎의 개수가 한 개입니다.

4 잎의 특징에 따라 식물을 분류할 때 잎의 전체적인 모양, 가장자리 모양, 잎맥 모양 등 생김새에 따라 다양하게 분류 기준을 정할 수 있습니다. 하지만 '크다, 무겁다, 예쁘다, 아름답다'와 같이 사람마다 분류 결과가 다르게 나올 수 있는 기준은 적당하지 않습니다.

채점 기준	상	잎의 크기는 사람마다 판단하는 기준이 달라 다르게 분류할 수 있기 때문이라고 쓴 경우
	하	잎의 크기가 큰지, 작은지 판단하기 어렵다고 쓴 경우

5 해바라기와 쑥은 풀이고, 단풍나무와 소나무는 나무입니다.

6 풀은 나무보다 키가 작고 줄기가 가늡니다. 나무는 풀보다 키가 크고 줄기가 굵습니다.

7 씀바귀는 들이나 산에 사는 풀입니다. 풀은 나무보다 줄기가 가늘고 키가 작습니다. 겨울이 되면 씨를 남기고 죽거나 땅속 부분으로 겨울을 납니다.

8 검정말은 물속에 잠겨서 사는 식물이고, 물상추는 물에 떠서 사는 식물입니다. 수련은 잎이 물에 떠 있는 식물이고, 연꽃은 잎이 물 위로 높이 자라는 식물입니다.

9 연꽃, 부들, 창포, 갈대, 줄은 잎이 물 위로 높이 자라는 식물입니다. 뿌리는 물속이나 물가의 땅에 있으며, 대부분 키가 크고 줄기가 단단합니다.

10 검정말은 줄기가 부드럽고 잎이 가늘어서 흐르는 물에 줄기와 잎이 잘 구부러져 쉽게 꺾이지 않아 물속에 잠겨서 살기에 적합합니다.

채점 기준	상	줄기가 부드럽고 잎이 가늘어서 물의 흐름에 따라 잘 구부러져 쉽게 꺾이지 않는 특징을 쓴 경우
	중	줄기가 부드러워 잘 구부러진다고 쓴 경우
	하	줄기가 부드럽다고 쓴 경우

⑩ 줄기가 가늘고 부드러워 물살에 잘 휘어집니다.

⑩ 줄기와 잎이 가늘고 길어 물속에서 쉽게 부러지지 않습니다.

11 잎이 물 위로 높이 자라는 식물의 뿌리는 물속이나 물가의 땅에 있으며, 대부분 키가 크고 줄기가 단단합니다. 연꽃, 부들, 창포, 갈대 등이 있습니다.

12 선인장의 잎이 가시 모양이라서 물을 필요로 하는 동물의 공격과 물이 밖으로 빠져나가는 것을 막을 수 있습니다.

13 선인장의 줄기를 자른 면은 미끄럽고 축축합니다. 줄기를 자른 면에 마른 휴지를 대면 물이 묻습니다.

채점 기준	상	휴지가 물에 젖는다거나 휴지에 물이 묻는다고 쓴 경우
	하	휴지가 달라진다는 의미로 단순하게 쓴 경우

14 한라솜다리는 한라산처럼 높은 산 위에 사는 식물이고, 갯방풍은 갯벌에 사는 식물입니다.

15 한라산처럼 높은 산은 기온이 낮고 강한 바람이 붑니다. 높은 산에 사는 식물은 대부분 키가 작고 모여 살거나 줄기가 누워서 자라므로 낮은 기온과 강한 바람을 견딜 수 있습니다.

높은 산에 사는 식물

한라산 정상부에 살고, 키가 10 cm 정도로 작으며, 줄기는 여러 개가 함께 모여 남.

높이가 3 cm~5 cm로, 키가 가장 작은 나무로 알려져 있으며, 바위틈의 한군데에서 모여서 자람.

높은 산과 같이 바람이 세게 부는 환경에서는 누워서 자라지만, 바람이 많이 불지 않는 산 아래에서는 위로 곧게 자람.

16 암매, 눈잣나무는 높은 산에 사는 식물이고, 갯메꽃, 해홍나물은 갯벌에 사는 식물입니다.

17 갯메꽃은 갯벌에 사는 식물로, 꽃이 나팔꽃과 비슷하게 생겼으며, 잎 표면이 단단하고 광택이 납니다.

18 민들레 열매는 바람에 잘 날아가 씨를 퍼뜨립니다. 이 모습을 보고 민들레 열매의 생김새를 이용해 낙하산을 만들었습니다.

▲ 민들레 열매

▲ 낙하산

19 물에 젖지 않는 연잎의 특징을 이용해 물이 스며들지 않는 방수 천을 만들었습니다.

문제 속 개념

연잎의 특징을 이용한 방수 천

맺힌 물방울
▲ 연잎

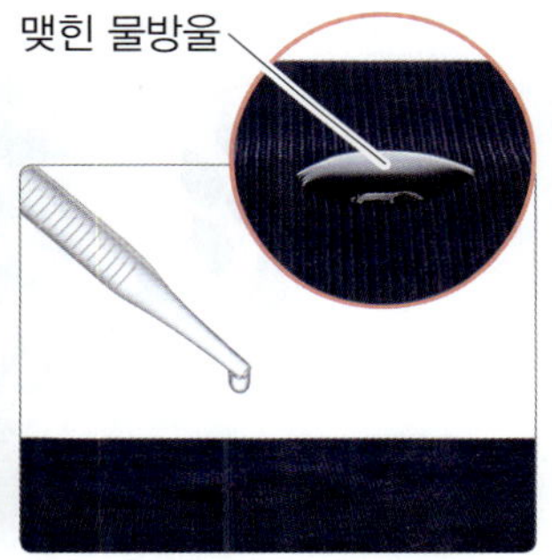
맺힌 물방울
▲ 방수 천

- 연잎과 방수 천에 물을 한 방울씩 떨어뜨리면 물방울이 퍼지지 않고 공처럼 둥글게 뭉칩니다.
- 연잎과 방수 천 위의 물방울은 흡수되지 않고 미끄러지듯이 흘러내립니다.
- 연잎이 물에 젖지 않는 성질을 이용해 만든 방수 천으로 천막, 비옷, 우산, 방수 소파 등을 만듭니다.

20 도꼬마리 열매의 가시 끝이 갈고리 모양으로 되어 있어 천에 걸리면 잘 떨어지지 않는 특징을 이용하여 찍찍이 테이프를 만들었습니다.

채점 기준	상	가시 끝이 갈고리처럼 휘어져 있어 털이나 옷에 잘 달라붙는 특징을 이용했다고 쓴 경우
	중	가시 끝이 갈고리처럼 휘어져 있는 특징을 이용했다고 쓴 경우
	하	잘 달라붙는 특징을 이용했다고만 쓴 경우

4. 생물의 한살이

단원 핵심 개념　　　　26쪽

❶ 애벌레　❷ 어미젖　❸ 온도　❹ 햇빛

단원 평가 Ⓐ 단계　　　27~29쪽

1 지용, 수지　**2** ㉢　**3** (1) ㉠ (2) ㉢ (3) ㉡
4 ⑤　**5** ㉢　**6** ㉠ → ㉢ → ㉡　**7** 온도
8 (나)　**9** ①　**10** (1) ㉡ (2) ㉠　**11** (1) ㉠
(2) ㉡　　**12** 인우　**13** ①　**14** ㉡, ㉣, ㉧
15 ④

1 배추흰나비 알은 줄무늬가 많고 연한 노란색으로, 움직이지 않고 자라지도 않습니다.

2 배추흰나비 애벌레는 허물을 네 번 벗으며, 약 30 mm까지 자랍니다.

3 배추흰나비 어른벌레의 몸은 머리, 가슴, 배의 세 부분으로 되어 있습니다. 머리에는 더듬이 한 쌍이 있고, 가슴에는 세 쌍의 다리와 두 쌍의 날개가 있으며, 배는 마디로 되어 있습니다.

4 병아리는 암수 구별이 어렵지만 태어난 지 약 6개월이 지나 다 자란 닭이 되면 볏의 크기와 꽁지깃의 길이가 달라져 암수 구별이 뚜렷해집니다.

문제 속 개념

닭의 한살이

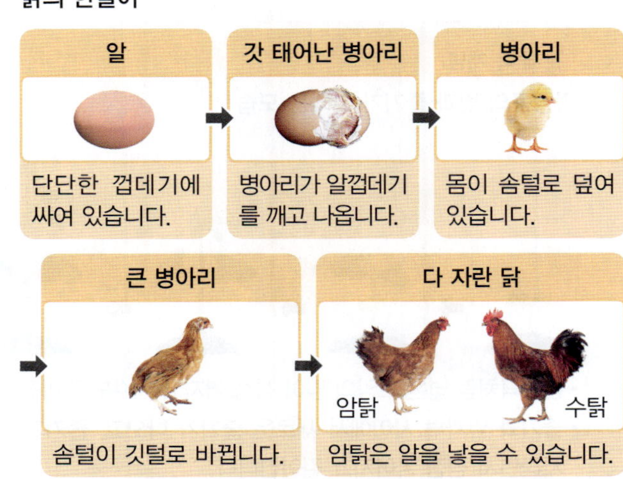

5 다리가 없는 올챙이는 꼬리로 헤엄을 치며 물속에서 살다가 뒷다리가 먼저 나온 후 앞다리가 나옵니다. 시간이 지나며 꼬리가 서서히 짧아져 어린 개구리가 됩니다. 다 자란 개구리는 물과 땅을 오가며 삽니다.

6 갓 태어난 강아지와 다 자란 개는 모두 꼬리가 있으며 갓 태어난 강아지는 어미젖을 먹고, 자라면서 어미젖 대신에 다른 먹이를 먹기 시작합니다. 다 자란 개는 짝짓기를 하여 암컷이 새끼를 낳을 수 있습니다.

7 다른 조건은 모두 같게 하고, 온도만 다르게 하였습니다. 씨가 싹 트는 데 온도가 미치는 영향을 알아보는 실험입니다.

8 냉장고에 넣어 둔 ㉮ 강낭콩은 싹이 트지 않고, 냉장고 밖에 둔 ㉯ 강낭콩은 싹이 틉니다. 온도가 낮으면 씨가 싹 트기 어렵기 때문입니다. 이 실험을 통해 씨가 싹 트려면 적당한 온도가 필요하다는 것을 알 수 있습니다.

9 씨가 싹 트는 데 물이 미치는 영향을 알아보려면 물의 조건만 다르게 하고, 햇빛, 온도, 씨의 종류, 씨를 놓아두는 장소 등 나머지 조건은 모두 같게 합니다.

10 물을 적당히 준 화분의 강낭콩 잎은 잘 자랐고, 물을 주지 않은 화분의 강낭콩 잎은 시들고 잘 자라지 못했습니다.

강낭콩의 잎과 줄기가 자라는 모습

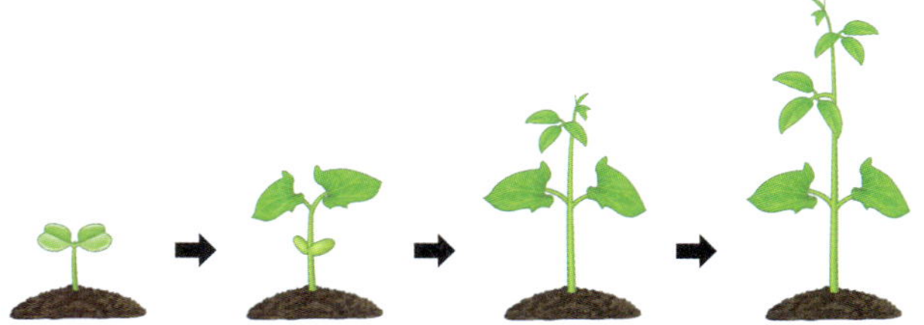

- 손바닥처럼 넓은 모양의 잎이 점점 커지고 개수도 많아집니다.
- 줄기와 잎자루 사이에서 새로운 줄기가 나오고, 줄기가 위로 자라면서 점점 굵어지고 길어집니다.

11 식물이 잘 자라려면 적당한 양의 햇빛이 필요합니다. 햇빛을 받은 식물은 색깔이 진하고, 줄기가 굵게 자라고, 햇빛을 받지 못한 식물은 색깔이 연하고, 줄기가 가늘게 자랍니다.

12 식물이 잘 자라기 위해서는 적당한 양의 물과 햇빛, 알맞은 온도가 필요합니다. 온도가 너무 높거나 낮으면 잎과 줄기가 잘 자라지 못합니다.

13 고추는 봄에 씨가 싹 터서 자라며 꽃이 피고 열매를 맺어 대를 잇고 죽는 한해살이식물입니다. ② 감나무, ③ 무궁화, ④ 진달래, ⑤ 사과나무는 모두 여러해살이식물입니다.

14 여러 해 동안 살면서 한살이의 일부를 반복하는 여러해살이식물에는 개나리, 감나무, 무궁화, 사과나무 등이 있습니다.

15 사과나무는 한살이 과정을 여러 해 동안 반복합니다.

사과나무의 한살이

1 (나) → (다) → (가)　　**2** ⑤　　**3** ③　　**4** (예) 암탉의 볏은 수탉에 비해 크기가 작습니다. 암탉은 깃털의 색깔이 수수하지만, 수탉은 화려합니다.　　**5** ㉠ 올챙이 ㉡ 뒷다리 ㉢ 앞다리　　**6** ①　　**7** (예) 강낭콩이 싹 트는 데는 적당한 양의 물이 필요합니다.　　**8** ㉢　　**9** 물　　**10** ④　　**11** (1) 햇빛 (2) (나)　　**12** (예) 한해살이식물과 여러해살이식물 모두 씨가 싹 터서 자라며 꽃을 피우고 열매를 맺어 번식합니다.　　**13** ④　　**14** ㉢, ㉤, ㉥　　**15** (1) ㉠, ㉢, ㉣ (2) ㉡

1 배추흰나비의 한살이 단계는 알 → (나) 애벌레 → (다) 번데기 → (가) 어른벌레입니다.

2 (가)는 배추흰나비 어른벌레로 꿀을 먹고, 자유롭게 움직입니다. (다)는 번데기로 아무것도 먹지 않고, 한곳에 붙어 움직이지 않습니다.

3 몸이 머리, 가슴, 배의 세 부분으로 구분되고, 가슴에 다리 세 쌍이 있는 것은 곤충의 특징입니다.

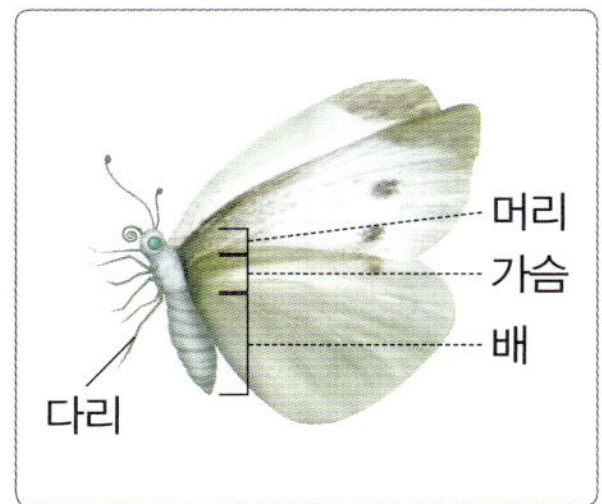

▲ 배추흰나비

▲ 잠자리

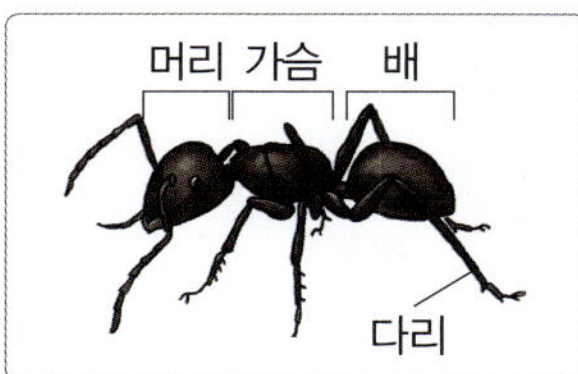

▲ 개미

4 그 밖에 암탉의 꽁지깃은 짧고 휘어지지 않았지만, 수탉의 꽁지깃은 길고 휘어졌습니다.

채점 기준	상	몸의 크기, 볏의 크기, 꽁지깃의 모양, 깃털의 색깔 등의 차이점 중 두 가지를 옳게 쓴 경우
	중	몸의 크기, 볏의 크기, 꽁지깃의 모양, 깃털의 색깔 등의 차이점 중 한 가지를 옳게 쓴 경우
	하	'크기가 다릅니다.', '색깔이 다릅니다.'와 같이 구체적인 차이점을 쓰지 않고 단순히 쓴 경우

5 투명한 우무질에 싸인 알에서 나온 올챙이는 자라면서 뒷다리가 먼저 나오고, 앞다리가 나온 후 꼬리가 없어지면서 개구리가 됩니다.

개구리의 한살이

6 새끼를 낳는 동물은 새끼가 이빨이 나서 먹이를 먹기 전까지는 젖을 먹여 기릅니다.

② 대부분의 몸이 털로 덮여 있습니다.
③ 어미와 새끼의 모습이 비슷합니다.
④ 새끼는 다 자랄 때까지 어미의 보살핌을 받습니다.
⑤ 다 자라면 암수가 만나 짝짓기를 하고 일정한 시간이 흐르면 암컷이 새끼를 낳습니다.

7 물을 준 페트리 접시의 강낭콩만 싹이 튼 것으로 보아 강낭콩이 싹 트는 데는 물이 필요하다는 것을 알 수 있습니다.

채점 기준	상	강낭콩(씨)이 싹 트는 데 적당한 양의 물이 필요하다고 쓴 경우
	하	물을 준 강낭콩만 싹이 텄다고 쓴 경우

8 강낭콩이 싹 트는 데에는 적당한 물과 알맞은 온도가 필요합니다.

9 한 화분은 물을 적당히 주고 다른 화분은 물을 주지 않았으므로 식물이 자라는 데 물이 미치는 영향을 알아보기 위한 실험입니다.

10 물을 준 ㈎ 강낭콩은 잘 자라지만, 물을 주지 않은 ㈏ 강낭콩은 잎이 시들고 잘 자라지 못합니다.

문제 속 개념

식물이 자라는 데 물이 미치는 영향

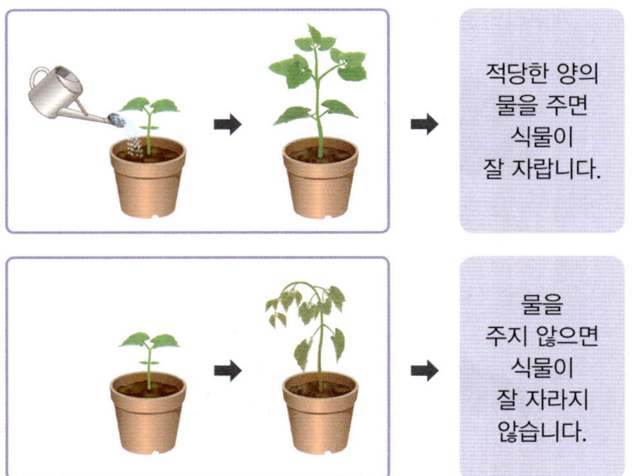

11 햇빛을 받지 못한 ㈎ 식물은 잎의 색깔이 연하고 줄기가 가늘게 자랍니다. 햇빛을 받은 ㈏ 식물은 잎의 색깔이 진하고 줄기가 굵게 자랍니다. 이 실험 결과를 통해 식물이 자라는 데 햇빛이 필요하다는 것을 알 수 있습니다.

12 한해살이식물과 여러해살이식물은 한살이 기간이 다르지만, 모두 씨가 싹 터서 자라 열매를 맺어 번식하는 공통점이 있습니다.

채점 기준	상	씨가 싹 터서 자라 꽃을 피우고 열매를 맺어 씨를 만든다는 내용을 쓴 경우
	하	한살이 과정 중 '씨가 싹 틉니다.', '꽃이 핍니다.' 등과 같이 일부만 쓴 경우

이런 답도 가능해!

㉑ 씨가 싹 트고 자라 꽃을 피우고 열매를 맺어 대를 잇습니다.

㉑ 씨가 싹 트고 자라 꽃을 피우고 열매를 맺어 씨를 만듭니다.

13 봉숭아는 한 해 동안 한살이를 거치고 일생을 마치는 식물로 해바라기와 같은 한해살이식물입니다. 개나리, 비비추, 진달래, 은행나무는 여러해살이식물입니다.

14 한살이를 여러 해 동안 반복하면서 계속 새로운 씨를 만들어 내는 식물은 여러해살이식물이며, 밤나무, 무궁화, 사과나무 등이 이에 속합니다. 고추, 호박, 나팔꽃은 한해살이식물입니다.

15 ㉠ 벼, ㉢ 강낭콩, ㉣ 옥수수는 한해살이식물이고, ㉡ 감나무는 여러해살이식물입니다.

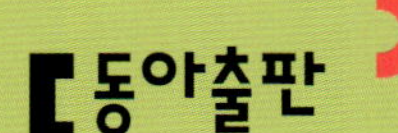

실수를 줄이는 한 끗 차이!

빈틈없는 연산서

- 교과서 전단원 연산 구성
- 하루 4쪽, 4단계 학습
- 실수 방지 팁 제공

수학의 기본

개념 이해가 실력의 차이!

대체불가 개념서

- 교과서 개념 시각화 구성
- 수학익힘 교과서 완벽 학습
- 기본 강화책 제공

실력이 완성되는 강력한 차이!

새로워진 유형서

- 기본부터 응용까지 모든 유형 구성
- 대표 예제로 유형 해결 방법 학습
- 서술형 강화책 제공

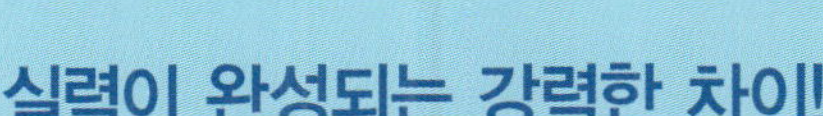

믿고 보는 동아출판
초등 교재

기초학습서부터 교과서 개념 다지기, 과목별 전문서까지!
초등학교 입학 전부터, 예비 중등까지!
초등학생에게 꼭 필요한 영역을 빠짐없이! 동아출판 초등 교재 라인업

BEST

2022 개정
교육과정

초등 1~2학년
공부 단력
초능력

맞춤법 + 받아쓰기

쉽고 빠른
맞춤법 학습
받아쓰기
단계별 연습
국어 교과서
어휘 학습

초등 국어
1·2

초능력
비주얼씽킹 과학

초능력
비주얼씽킹
초등한국사

초능력
수학 연산

초능력
국어 독해

초능력
급수 한자

초등 영역별 기초학습서
초능력 국어 / 수학 / 과학 / 한국사 / 한자

초고필
비문학 독해 1

5~6학년
예비 중등

초고필
우리수의
사칙연산

초고필
지금
국어 문법을 때
해야 할

초고필
지금
국어 어휘

초고필
지금
한국사

반편성
배치고사
진단평가

예비 중등
초고필 국어 / 수학 / 한국사
적중 반편성 배치고사 + 진단평가